MOAR 系统节能理论
与技术应用

瞿英杰　张智勇　张翮辉　瞿思危　著

中南大学出版社
www.csupress.com.cn
·长沙·

作者简介 / About the Authors

瞿英杰，1964 年生，湖南山水节能科技股份有限公司董事长兼总经理，毕业于湘潭大学工业自动化专业，MOAR 系统节能理论创始人，长沙市节能服务协会会长。曾作为流体节能技术资深专家主持参与《泵类系统电能平衡的测试与计算方法》和《节能量测量与验证技术要求泵类系统》等多项国家标准的修订起草，累计申请专利并获得授权十余项，发表论文近 10 篇，其中 SCI/EI/ISTP 收录 3 篇。

张智勇，1973 年生，湖南大学 EMBA 毕业，主要从事水泵及水系统能效优化和工程应用工作，具有 20 余年的行业研发和管理经验。

张翮辉，1987 年生，中南大学能源科学与工程学院博士研究生，主要从事计算机多物理场仿真和流程工业节能研究，累计发表论文 20 余篇，其中 SCI/EI 收录近 10 篇；获得专利授权 10 余项，其中发明专利 2 项。

瞿思危，1989 年生，毕业于加拿大多伦多大学能源工程专业，获学士学位，现任安永公司高级咨询员，主要从事能源与重工业制造领域运营优化项目。

前 言 / Foreword

大量统计数据表明，目前我国流体输送系统(含热交换系统)的平均能源实际使用率只有25%~35%，当然工业系统中能效的高低取决于技术前沿的先进程度，但现代科学技术已经可以使流体输送系统的能源使用率无限地接近于70%。

在国家与市场的双重施力下，MOAR系统节能理论得以催生，这一理论作为一种流体输送系统节能的方法论，是以湖南山水节能科技股份有限公司(股票代码：430573)董事长瞿英杰先生为首的专家团队于2007年首次提出的，这一理论以系统最终需求为约束条件，包含流体输送机械、管网系统、调节设备、换热设备和自动控制系统的全系统优化的实现方法和思想体系。

MOAR系统节能理论是关于流体输送科学体系的一般研究方法的理论，具有探索流体输送相关科学的设计、优化和实施各环节实现方法的一般结构，阐述它们的发展趋势和方向，以及研究各相关子系统和元素中各种方法的相互关系问题。

MOAR系统节能理论是狭义方法论中的一个分支，采用了诸如观察法、实验法和数学方法等一系列的传统手段，也包含了控制论方法、信息方法和系统方法等新的研究手段，并构建以科学思维作用于流体输送科学中的基本原理和形式。

在瞿英杰的带领下，湖南山水节能科技股份有限公司组织了一批技术人员对公司20余年流体系统节能领域的行业经验进行了梳理和总结，并参考了国内外的最新研究成果，最终完成本书。本书包括三大部分的内容：第一部分为理论介绍篇，主要介绍了MOAR系统节能理论的定义及其应用基础，以及MOAR系统节能理论在水系统节能中的应用；第二部分为技术组成篇，主要介绍了在MOAR系统节能理论指导下的各种流体节能技术，这包括湖南山水节能科技股份有限公司独家开发的系列核心技术，也包括近期行业中新涌现的一批先进节能技术，例如石油化工行业的系统节能技术，都可以归纳在 MOAR 系统节能理论的研究框架之内；第三部分为水系统应用篇，主要以工业循环冷却水系统为研究对象，介绍 MOAR 系统节能理论对水系统节能的指导意义。

全书由瞿英杰主持撰写，张翮辉博士负责全书统稿和文档整理工作，张智勇、瞿思危先生分别从不同角度对 MOAR 系统节能理论的创立、完善和发展作出了贡献。另外，湖南省流程工业节能重点实验室常务副主任、中南大学能源科学与工程学院副院长邓胜祥教授对本书的撰写提出了宝贵的指导意见。本书可以作为石化、化工、钢铁、电力和自来水等流程工业节能领域研究人员、教师、研究生和高年级本科生的教学与学习用书，也可以成为系统节能相关领域设计与项目实施人员的参考资料与培训教材。

限于编者水平，且时间仓促，书中难免存在纰漏之处，望广大读者给予指正。

著　者
2016 年 5 月于山水节能九华工业园

目　录 /
/Contents

上篇　理论介绍

中篇　技术组成

下篇 水系统应用

上篇
理论介绍

MOAR

第 1 章　绪　论

1.1　流体系统节能概述

1.1.1　流体系统节能的含义

　　长期以来，系统概念的定义和其特征的描述尚无统一的定论。所以对于流体系统，我们只能以一般工业中常用的方式和一贯的方法进行定义。流体系统是以流体(液体和气体)的属性为依托建立的人工系统；以人工或自然的方法使流体闭式循环或开式循环为手段实现某种特定的目标；由一群有关联的元件组成，根据预先编排好的规划工作，达到服务于生产或生活的目的。整个流体系统必须是由相互作用、相互依赖的若干组成部分(子系统)或元件结合而成的具有特定功能的有机整体，并且这个流体系统又是它从属的更大系统的组成部分，流体系统可以分为：设备集(硬件)、流程集(软件)、元件和组分之间的联系集三个子集。

　　流体系统节能(fluid system energy saving)是以利用流体(流体是气体和液体的总称)属性为依托建立的服务于生产或生活的人工系统，在设备集、流程集、元件和组分之间的联系集中进行优化，尽可能地减少能源消耗量，生产出与原来同样数量、同样质量的产品；或者是以原来同样数量的能源消耗量，生产出比原来数量更多或数量相等质量更好的产品。

1.1.2　流体系统节能的边界条件

　　要研究流体系统节能，就必须分析其外延的边界，也就是研究对象的输入、输出条件。流体系统节能外延边界是根据所研究的具体对象而确定的，一般有以下几种确定的方法。

（1）常规边界（狭义边界）

一般情况下流体系统是指整个生产流程中的某一套形成了开放式循环或内部循环的相对独立并可被区分的流体设备集，而流体系统节能就是这个设备集的能源投入与产出（功能）效果的优化活动；我们把投入理解为输入，产出理解为输出，那么一切包含在输入与输出之间的所有设备集（硬件）、流程集（软件）、元件和组分之间的联系集，都属于本流体系统，它们与输入、输出条件一起构成了常规流体系统，所以输入、输出条件就是这个流体系统的常规边界。

常规边界中输出条件（功能）一般是流体力学参数，例如：压力、流量等，也可能是对某个生产设备的服务效果，例如冷却（加热）温差、燃烧效率等。

（2）广义边界

在实际工程应用中，由于项目要求可能必须要对范围进行扩充，比如在钢铁和化工行业进行流体系统节能时，可能项目要求与产量相关。在这种情况下由于输出条件的变化——输出条件（功能）由对某个生产设备的服务效果变成了产量，所以必须包括输入的能源到产量这个边界中所有的设备集（硬件）、流程集（软件）、元件和组分之间的联系集，要控制的组分及关联的数量扩充了很多，它们与输入、输出条件一起构成了广义流体系统；我们把这种情况定义为流体系统的广义边界。

（3）微观边界

流体系统节能效果取决于元件和组分的能效、元件和组分之间的联系能效，还包括整个系统的流程能效，另外还有更高层面的管理能效；在研究过程中我们往往只能进行分层研究，比如汽轮机高效点及其分布状态研究，在这样的研究过程中，输入条件为进口蒸汽压、背压、蒸汽流量、进口蒸汽温度，输出条件则为汽轮机的转速和转矩，包含的范围就是汽轮机及其附属设备。

以上的研究范围实质上还是一个流体系统，不过它的范围变小了，其中所有的设备集（硬件）、流程集（软件）与输入、输出条件一起构成了微观流体系统，也是我们所说的常规系统中的一个组分（子系统），我们把这种边界叫作微观边界。

（4）渺观边界

在研究汽轮机这个流体系统时发现，必须对汽轮机的级间密封装置进行进一步研究，以提高其效率。那么我们要成立一个新的研发项目，研究的对象是汽轮机多级叶轮之间的密封装置及其泄露情况；输入条件为上级蒸汽压、下级蒸汽压、轴颈、蒸汽物化属性，输出则为泄露量和两端压降。研究范围实质上还是一个流体系统，不过它的范围更小了，其中所有的设备集（硬件）、流程集（软件）与输入、输出条件一起构成了渺观流体系统，也是我们所说的常规系统中的子系统的子系统，我们把这种边界叫作渺观边界。

1.1.3　流体系统仿真技术

（1）系统仿真

所谓系统仿真，就是根据系统分析的目的，在分析系统各要素性质及其相互关系的基础上，建立能描述系统结构或行为过程的、且具有一定逻辑关系或数量关系的仿真模型，据此进行实验或定量分析，以获得正确决策所需的各种信息。

系统仿真的基本方法是建立系统的结构模型和量化分析模型，并将其转换为适合在计算机上编程的仿真模型，然后对模型进行仿真实验；由于连续系统和离散（事件）系统的数学模型存在很大差别，所以系统仿真方法基本上分为两大类，即连续系统仿真方法和离散系统仿真方法，流体系统仿真技术采用连续系统仿真方法。

在以上两类基本方法的基础上，还有一些用于系统（特别是社会经济和管理系统）仿真的特殊而有效的方法，如系统动力学方法、蒙特卡洛方法等。系统动力学方法通过建立系统动力学模型（流图等）、利用 DYNAMO 仿真语言在计算机上实现对真实系统的仿真实验，从而研究系统结构、功能和行为之间的动态关系。

（2）流体系统仿真的主要工具软件

目前市面上有多款关于流体系统仿真的软件，各有不同的技术优势，按以上的边界分类可以分为两类。

①常规系统类：主要包括热流体系统仿真软件 Flowmaster、流体网络系统仿真软件 THLF、管网流体仿真软件 PipeNet、流体散热系统仿真软件 Icepak 以及通用型仿真软件 Matlab/Simulink 等。

②微观系统类：主要包括三维计算流体力学软件 CFX、Fluent、Phoenix、STAR – CD 和 Numeca 等。

1.2　MOAR 的定义

流体系统节能可以通过以下四个基本途径来实现：

①M（Management），管理系统运行。

②O（Optimization），优化工艺需求。

③A（Adjustment），调整能量供给。

④R（Rise），提升元件能效。

由上述四个途径的英文首字母构成"MOAR"，MOAR 系统节能理论以获得国家发明专利授权的(专利号：ZL2012 10108862.7)"一种工艺循环水系统的优化方法"为核心，结合应用行业工艺数据库，可通过后台云计算方式为用户合理调度系统给予决策支持。

下面简单地介绍 MOAR 系统节能理论的基本思想，并且以一般化工行业冷却循环水系统为例加以说明。MOAR 系统节能理论以下简称 MOAR。

1.3　MOAR 的基本结构

MOAR 的基本结构如表 1-1 所示，整个体系架构如图 1-1 所示。

表 1-1　MOAR 的基本结构

实现路径	实施原理	能效提升*	核心技术	平台技术
管理系统运行(此项属于增值服务，如有需要另行协商)	以协调和提高全系统能效作为系统调度质量指标；通过对现场实时监测、由运营中心的专家系统提出建议调度方案，现场运行主管进行调度决策，完成调整，以实现系统处于最佳能效状态运行的目的	5% ~ 10%	①利用流体输送动态方程优化解算②现场监控仪③管网动态仿真技术	①物联网技术②流体输送系统技术经济学③移动互联网技术④远程数据采集技术⑤DCS 系统设计技术
优化需求参数	全面理解生产工艺要求，精确调整系统中用水单元的需求，降低冗余浪费	10% ~ 20%	①数据统计与间断函数分析技术②自适应调节阀	①相关行业产品及工艺数据库②换热装置节能产品数据库③除尘设备节能产品数据库④自适应调节阀设计、制造技术
动态调整供给配置	调整和改善工艺流程需求和供给子系统之间不匹配造成的能效降低	5% ~ 15%	①管网动态仿真技术②(需求驱动)变量供水控制系统③在线可调叶片泵	①流体输送节能产品数据库(泵、风机、压缩机)②复杂配送系统建模及优化技术③变频器设计、生产技术(外协合作)④可调泵设计、制造技术

续表 1-1

实现路径	实施原理	能效提升*	核心技术	平台技术
提高元件能效	提高用能元件的实际运行能效，运用再制造技术降低能耗	10%～15%	①CFD仿真技术（含汽蚀分析）②AS系列高效水力模型③冷却塔提效改造技术④零件强度、振动仿真分析⑤换热器换热效率优化技术	①水力机械设计、生产技术②流体输送机械优化设计技术③主要水力部件快速精密成型技术④风机产品设计、生产技术（外协合作）⑤换热器优化设计、制造技术（外协合作）

*：以上能效提升率不能简单叠加。

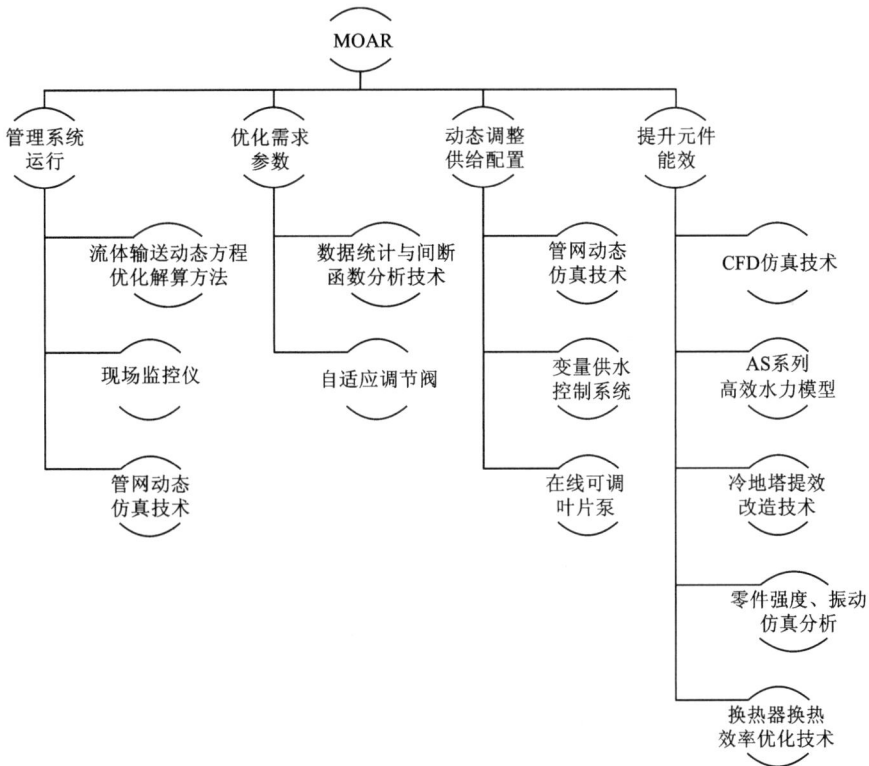

图 1-1 MOAR 的体系架构

　　图 1-2 所示是过程工业中常见的循环水系统示意图,我们一般把循环水系统按图 1-3 中的原则进行分层,以便于后期分析。

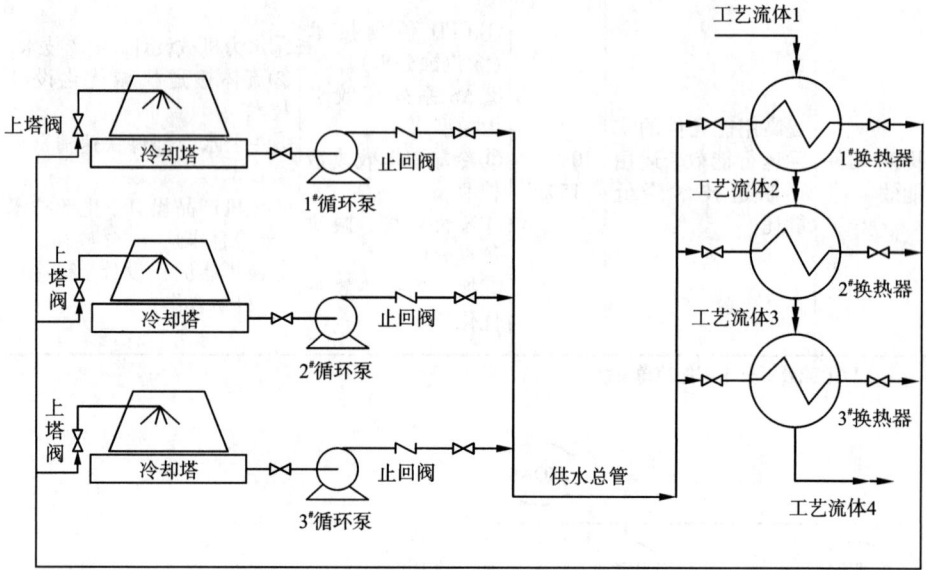

图 1-2　循环水系统示意图

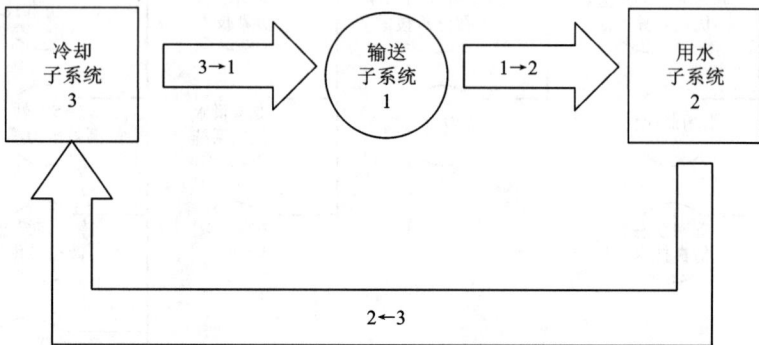

图 1-3　循环水系统分层图

　　石化、化工、钢铁、市政和排灌等应用场合都可以适用于上述模型或是上述模型的一部分。

1.4 MOAR 视角下的系统效率

MOAR 需要解决的首要问题是如何衡量系统的效率。只有在分析各种流体系统各自的特征并提取其共性，并在一个统一的框架下确定系统整体的效率，才能实现流体系统用能效率的主体衡量、整体评估、能耗诊断和节能改造。

对流体系统而言，其用能主要集中在输送和换热(冷却或加热)这两个方面，以下分别进行分析。

1.4.1 系统输送效率

为了理解输送系统的能源使用率，首先要确定一系列的原则：

(1)需求驱动原则

假设每个系统的用水子系统的需求量已被确定，并且其他子系统的存在是为了满足用水子系统的需求。

(2)符合热平衡原则

由于本书所研究的是循环水系统的共性问题，不可能对每种生产流程的全部工艺过程和生产细节进行描述，所以假设现有系统配水符合工艺设计的单位热平衡图。

(3)系统边界清晰原则

假设我们所研究的系统边界是已知的。

(4)工艺设备位置一定原则

为了减少工程中的影响因素，假设目前的工艺设备布局高度和距离是确定的、合理的。

在满足上述条件下就可以清楚地了解整个系统的能耗情况以及系统效率，如下所述：

①对用水子系统中每个用水单元，通过查单位热平衡图，得到单位产量所需的循环水流量，再乘以目前的产量，即可得到每个用水单元的必需流量，形成矩阵 $\boldsymbol{Q} = \{Q_1, Q_2, \cdots, Q_n\}$。

②对用水子系统中每个用水单元，查阅设备说明书或相关行业设计规范，得到每个用水单元的必须工艺压头矩阵 $\boldsymbol{H}_1$，$\boldsymbol{H}_1 = \{H_{11}, H_{12}, \cdots, H_{1n}\}$。

③对用水子系统中的每个用水单元，根据现场实际情况测量其水力最高点到冷却塔水平面的高差，得到每个用水单元的必需位置压头矩阵 $\boldsymbol{H}_2$，$\boldsymbol{H}_2 = \{H_{21}, H_{22}, \cdots, H_{2n}\}$；

④把必需工艺压头矩阵 $\boldsymbol{H}_1$ 与必需位置压头矩阵 $\boldsymbol{H}_2$ 相加得到新的用水单元必需压头矩阵 $\boldsymbol{H}$。

⑤按式(1-1)计算出每个用水单元的功率矩阵 $\boldsymbol{P} = \{P_1, P_2, \cdots, P_n\}$

$$\boldsymbol{P} = \gamma \boldsymbol{Q} \boldsymbol{H}/10^2 \tag{1-1}$$

式中：P——用水单元必需水功率矩阵(kW)；

γ——循环水重度(kg/m^3)；

Q——用水单元流量矩阵(m^3/h)；

H——用水单元必需压头矩阵(m)。

⑥将所有的用水单元的功率累计就得到了系统的必需功率：

$$P_a = P_1 + P_2 + \cdots + P_n = \sum_{i=1}^{n} P_i \tag{1-2}$$

⑦计算用电表计量系统全部的输入电功率 P_b。

⑧计算系统的必须功率和全部输入电功率的比值，即 $P_a/P_b = \eta_t$，η_t 就是所需的系统输送效率或者称为系统的输送能源使用率。

1.4.2　系统换热效率

本书中的系统换热效率，是指流体系统中的系统必需换热量之和与系统实际的热损耗的比值。其中，系统必需换热量是指在当前工艺条件下，所有物料加热或冷却所必需发生的焓变总和；而系统实际的热损耗是指用于换热的循环水为了维持热平衡而通过外界途径(如冷却塔、加热釜和再沸器等)所补充的能量。如非特别指明，本书中在对系统必需换热量进行统计时，采取的做法是将每种物料加热或冷却的焓变绝对值相加。

流体系统的效率由输送效率和换热效率这两部分共同组成。

一般地，考虑到我国流程工业企业的实际情况，流体输送通常采取并联式，即由供水主管将流体输送至各个连接在主管上的用水末端(支管)，各个用水末端的回水再汇聚到回水主管；而流体的换热也是彼此独立的，很少用一种待加热的工艺流体去和另一种待冷却的工艺流体进行换热。因此本书中关于系统输送和系统换热效率的定义是基于现行工业实际情况而来的。当然，我们鼓励并大力提倡余压和余热的利用，譬如供水系统部分地采用串联结构，下一用水元件充分利用上一用水元件的富裕压头；或者利用夹点技术，充分利用冷热工艺流体的特征进行互相换热。但是，由于上述余压和余热的利用涉及大幅度的工艺变更和设备改造，因此不属于本书的讨论范畴。

根据大量的数据统计，目前我国工业企业平均能源实际使用率为 25% ~ 35%。

统计得到整个系统的能耗情况后，就可以利用 MOAR 对系统进行分析、设计和改造。由于 MOAR 以系统最终需求为约束条件，所以在分析时，往往从优化系统需求参数入手，但改造过程则无此要求。

1.5 MOAR 的应用步骤

利用 MOAR 进行流体系统节能的优化设计，总共分为四个步骤：

第一步：O(optimization)，即优化系统需求参数，其原理如图 1-4 所示。

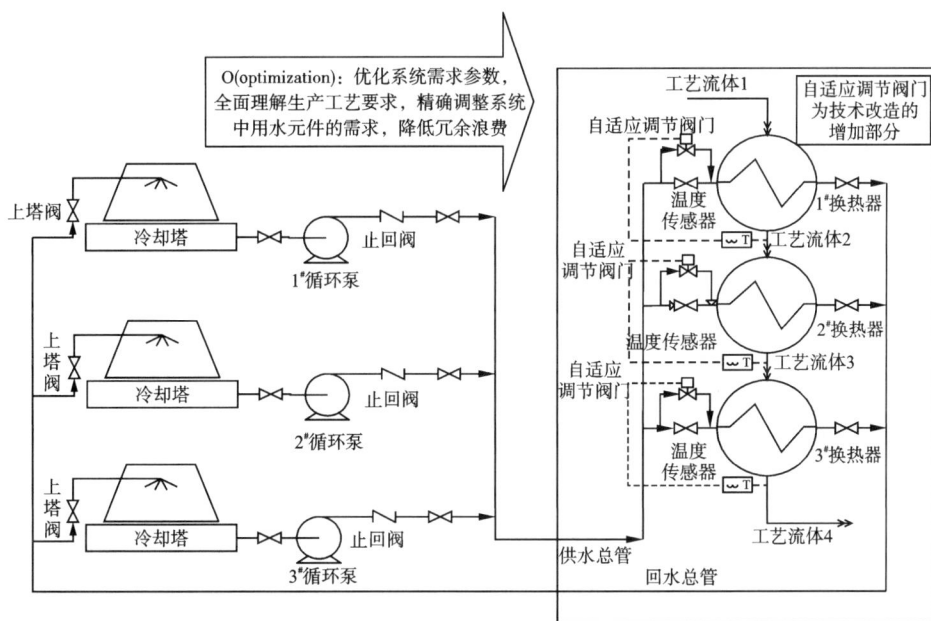

图 1-4 第一步：优化系统需求参数

由图 1-4 可知，工业现场对系统需求参数进行优化设计并进行技术改进，关键是自适应阀门的安装和使用，该阀门的工作原理如图 1-5 所示。

自适应阀门是湖南山水节能科技股份有限公司发明的复杂配送系统 DCS 智能工控元件，采用微处理器分布式控制系统控制各个回路和各个用水单元，同时可以与原有的上一级工业控制计算机或高性能的微处理器之间通过高速数据通道交换信息，分布式控制系统具有数据获取、直接数字控制、人机交互以及监控和管理等功能。

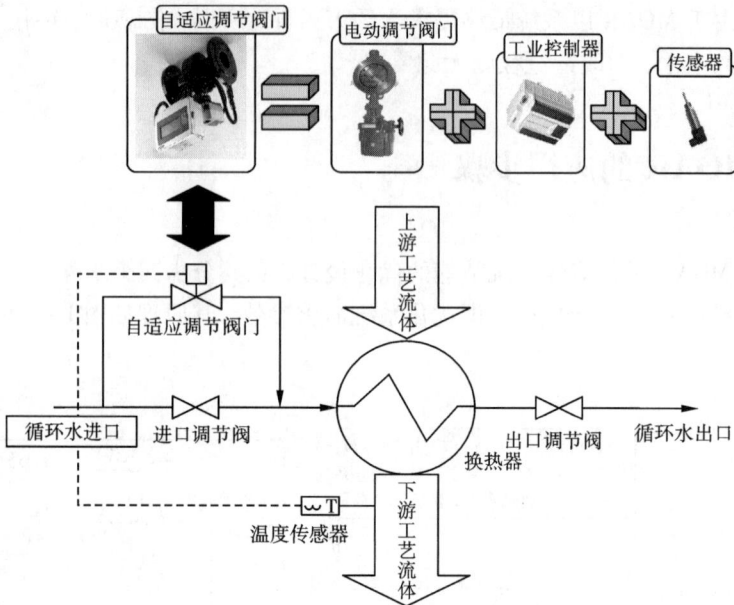

图 1 - 5　自适应阀门的工作原理

自适应阀门一般安装在调节位置所在处，把微处理器直接接在控制执行机构，即可调节阀门，测量装置则安装在附近的换热器出口管道上。自适应阀门属于典型的分散化控制设备，这种控制方式能够大幅度地提高每个用水单元生产过程控制的可靠性，不会由于计算机的故障而使整个系统失去控制，即使管理级计算机发生故障时，自适应阀门仍然具有独立的控制能力。

自适应阀门是工业自动化系统的概念直接深入到企业全面解决方案（total solution）层次的具体体现，其功能如表 1 - 2 所示。

表 1 - 2　自适应阀门的功能

功能名称	功能描述	备注
通信	使用 TCP/IP、MODBUS/MODBUS RTU 通信协议	支持 RS232C、RS485/422 和以太网方式连接
故障诊断	通过通信接口上报的阀门控制系统中的故障诊断信息	该诊断信息由自适应阀门微机控制系统中的标准故障自诊断程序产生
开度显示	触摸屏显示阀门开度	可按百分比和绝对值表示

续表 1 - 2

功能名称	功能描述	备注
输入信号	4 路模拟量输入 1 路开关量输入	4～20 mA、0～5 V 可接入温度、压力、流量、振动等信号
通过流量	触摸屏显示阀门即时通过流量	压差间接虚拟测量
压差	触摸屏显示阀门进出口即时压力	可同时显示压力和压差
报警输出	可设置报警值，达到该值即报警	输出为开关量信号 报警值可设置为温度、压力、流量、振动等信号
自动调节	根据设定程序，即时跟随输入信号调节阀门开度	编程语言：LD、FBD、SFC、ST

注：在对用水单元内压有严格要求时应采用单机双阀门方式，一般应用在高温场合。

在明确了需求参数以后，就可以对供给系统进行配置了。

第二步：A(adjustment)，即动态调整系统供给配置，如图 1 - 6 所示。

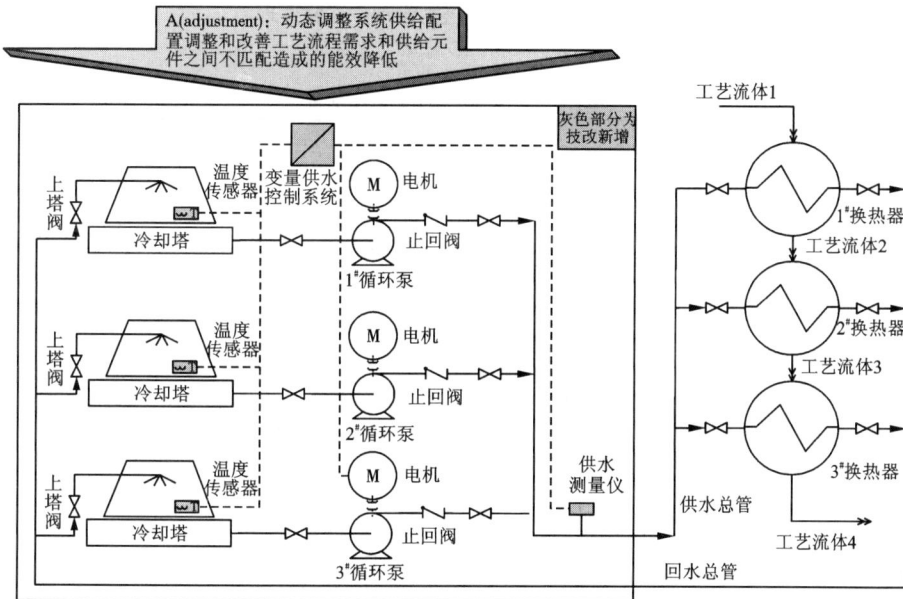

图 1 - 6　第二步：动态调整系统供给配置

图1-6 中的关键设备是变量供水控制柜，这种控制柜的调整原理如图1-7 所示，该变量供水控制柜的主要功能如表1-3 所示。

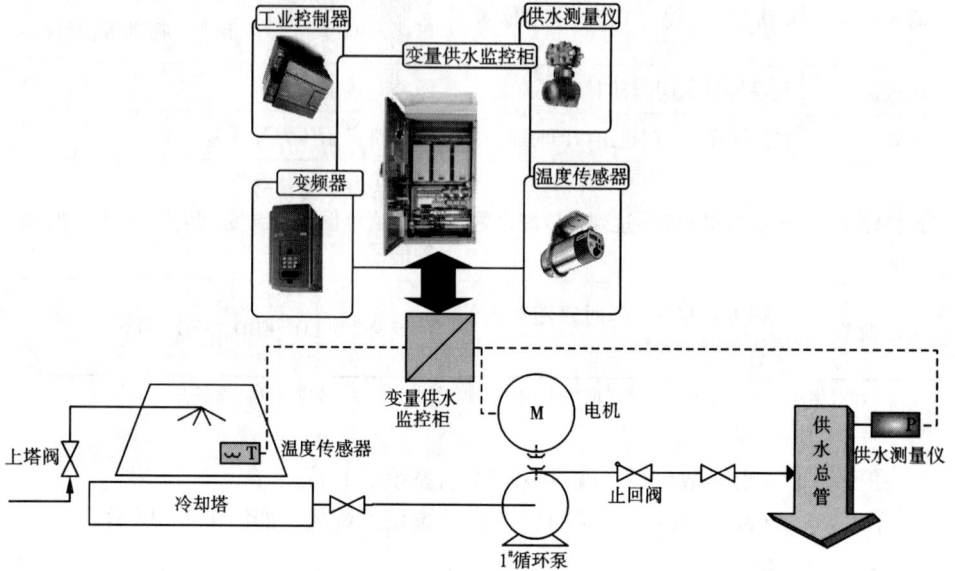

图1-7 变量供水控制柜动态调整原理

表1-3 变量供水控制柜功能

功能名称	功能描述	备注
通信	使用 TCP/IP、MODBUS/MODBUS PLUS 通信协议	支持 RS232C、RS485/422 和以太网方式连接
故障诊断	通过通信接口上报的控制系统中的故障诊断信息	该诊断信息由自适应阀门微机控制系统中的标准故障自诊断程序产生； 故障信息包括：流体机械(泵、风机)、原动机(电机、柴油机)，自动控制系统(控制柜、变频器、传感器)，冷却设备(冷却塔)
输入信号	24 路模拟量输入 8 路开关量输入	4～20 mA、0～5 V 可接入温度、压力、流量、振动等信号
供水流量	触摸屏显示阀门即时通过流量	压差间接虚拟测量(根据用户额外需求可直接接入流量测量仪)

续表 1 - 3

功能名称	功能描述	备注
供水压	触摸屏显示阀门进出口即时压力	可同时显示压力和压差值
供水温度	触摸屏显示冷却塔进出口即时温度	温度传感器直接测量
机组效率	显示原动机与工作机械的机组效率	根据供水水力能量与能耗计算,虚拟测量
能耗	显示原动机能耗情况	智能电表接入信号(系统部分),通过 485 信号接入现场监控仪
供水模式	目前程序采用的供水模式	此部分可选配
报警输出	可设置报警值,触发报警	输出为开关信号 报警值可设置为温度、压力、流量、振动等信号
自动调节	根据设定程序,即时跟随输入信号,调节供水量	编程语言:LD、FBD、SFC、ST 由供水需求和冷却塔出水温度控制

注:在对用水单元内压有严格要求时应采用单机双阀门方式,一般应用在高温场合。

上面介绍的是动态配置过程,由于配置本身属于综合性的系统工程,还应该充分地考虑供水设备之间的静态配置问题。关于供给配置的调整说明如图 1 - 8 所示。

第三步:R(rise),即提升元件能效。

在需求与供给都明确的情况下,还应对所有元件的效率进行一一分析,并对高能耗低能效的元件进行改造或更换。根据笔者多年来现场节能服务的经验,主要应考虑的元件及其提效方式,如图 1 - 9 所示。

第四步:M(management),即管理系统运行,采用数据库和专家系统对运行数据进行跟踪和服务,通过精益管理的途径使系统节能效果更好、系统更安全,最终实现持续节能的目标,如图 1 - 10 和图 1 - 11 所示。

关于管理系统运行,下面以某化工厂甲醇精制过程的循环冷却水为例加以具体说明。该系统供水管网设计简图及参数要求如图 1 - 12 所示,图中包括冷却塔、冷水池、冷却水泵、换热器(被冷却设备)以及调节阀和管道弯头等流体元件。为了更好地管理与优化系统的运行,并制定科学合理的控制策略,采用流体

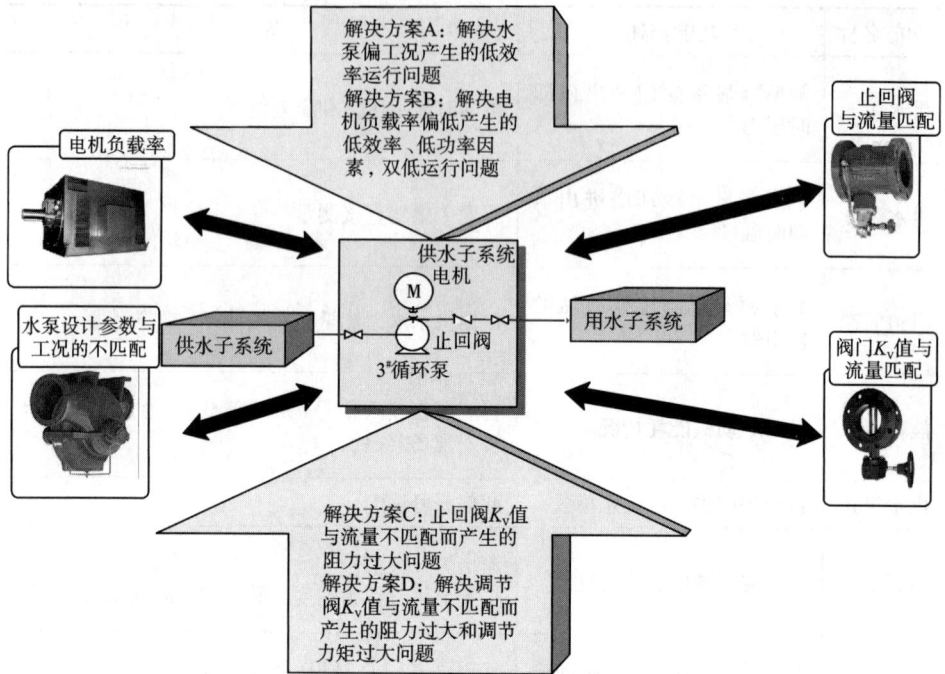

图1-8　供给系统配置匹配调整说明

管网输配专家系统进行自动分析和研究，详细的热流体系统仿真程序如图1-13所示。在流体输配专家系统上经过水力配平衡计算、传热计算以及调节阀 PID 整定，精确评估了水泵的运行点状态，并使用遗传算法等数学优化方法将系统的工况点调节至最优，为水泵的合理选型以及控制算法的设计提供了有力的理论支持。以一个完整的自然日为例，改造前后水泵的功耗对比如图1-14所示。由图1-14可以明显看到，改造后的水泵功耗整体低于改造前，具体来看功耗平均值降低约27 kW，降幅超过了11%；功耗峰值降低约32 kW，降幅达12.5%。与此同时，工艺参数统计表明整个系统的运行稳定性也得到了一定程度的提升。

管理系统运行过程中，充分利用物联网和云计算技术进行系统的精确监控和调整，而在这一过程中，专家系统的正确决策是实现有效节能的关键。为此，以瞿英杰为首的专家团队，积极地与众多行业领域的节能专家合作，共同推进系统节能专家系统的建设。

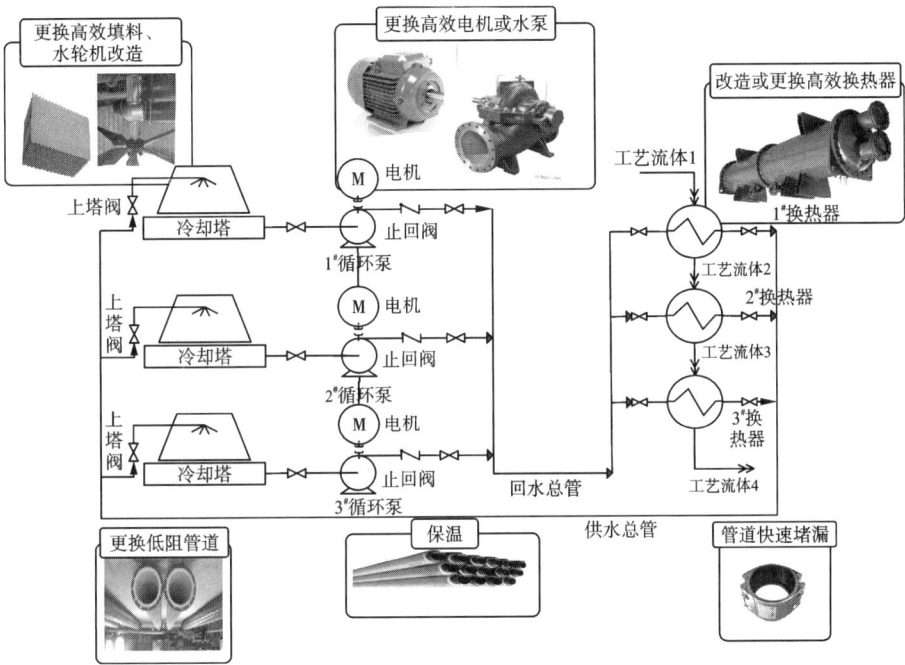

图 1-9 第三步：提升元件能效

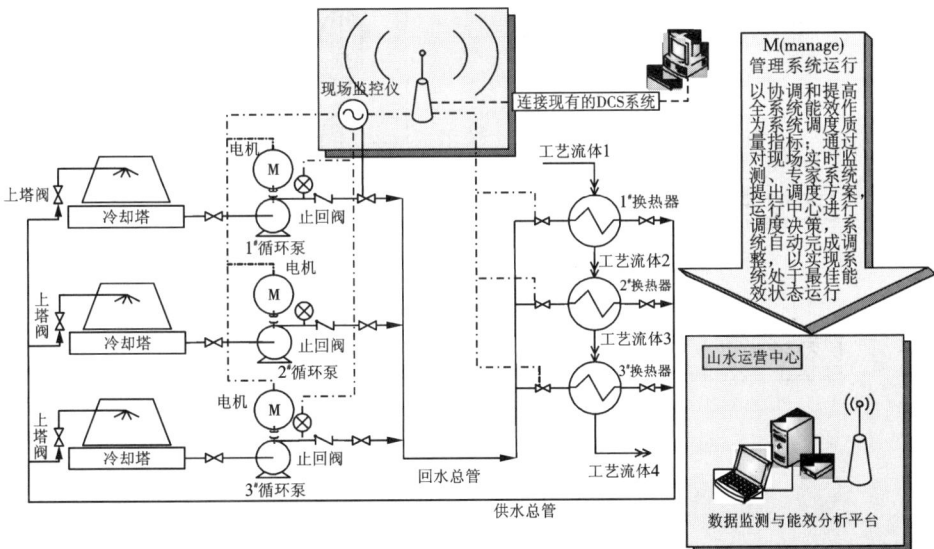

图 1-10 第四步：管理系统运行

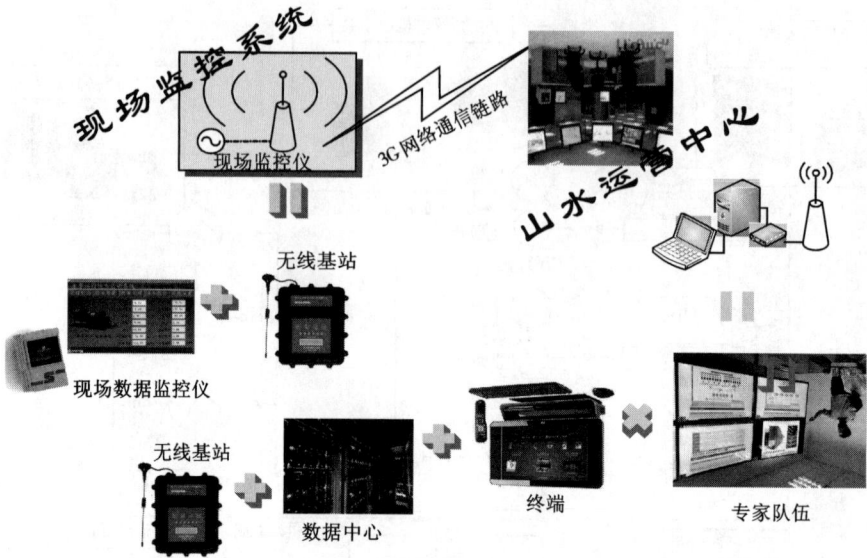

图 1-11 数据监测与能效分析平台运行机制

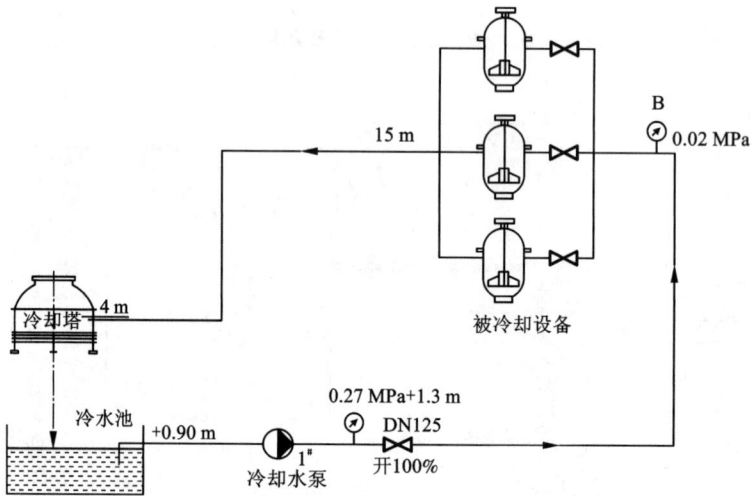

图 1-12 某化工系统循环冷却水设计简图

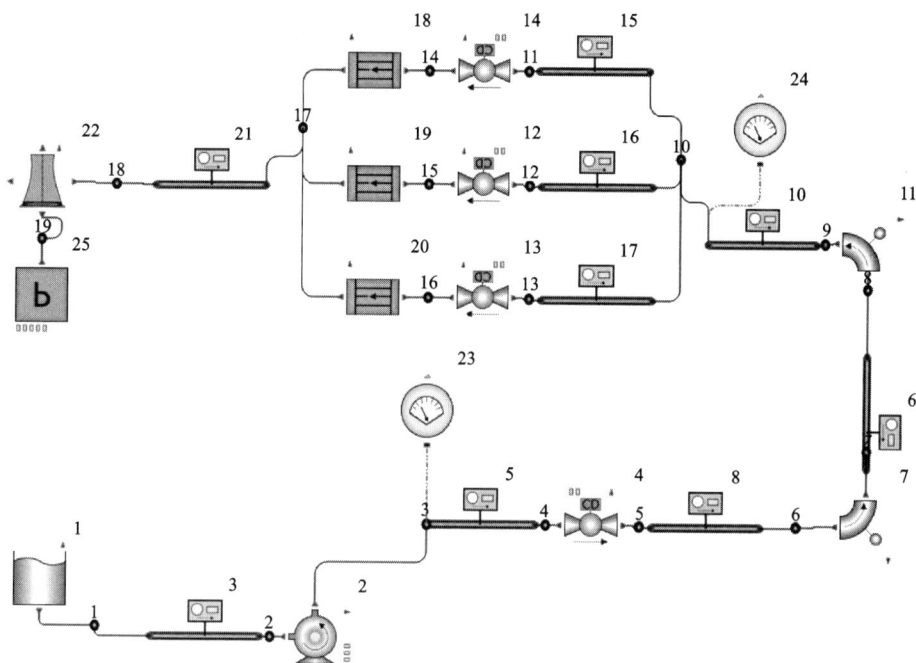

图 1-13 热流体系统仿真程序

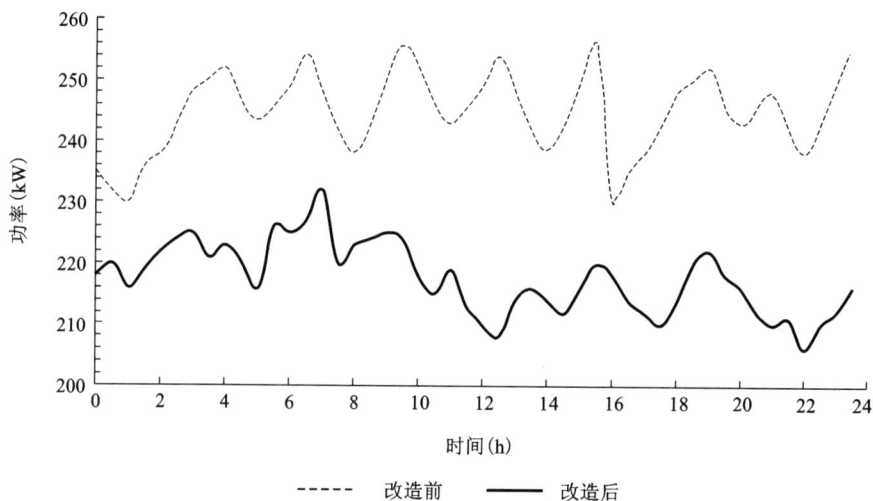

图 1-14 改造前后的水泵实时功耗对比

1.6 MOAR 与 DCS 的关系

1.6.1 DCS 简介

DCS 是分散控制系统(distributed control system)的简称,国内一般习惯称为集散控制系统。它是一个由过程控制级和过程监控级组成的以通信网络为纽带的多级计算机控制系统,综合了计算机、通信、显示和控制等 4C 技术,其基本思想是分散控制、集中操作和分级管理,具有配置灵活、组态方便的优点,广泛应用于现代流程工业的各个领域。

作为生产过程自动化领域的计算机控制系统,传统的 DCS 仅仅是一个狭义的概念。如果以为 DCS 只是生产过程的自动化系统,那不免会引出错误的结论,因为现在的计算机控制系统的含义已被大大扩展了,它不仅包括过去 DCS 中所包含的各种内容,还向下深入到了现场的每台测量设备、调节和执行机构,向上则发展到了生产管理和企业经营的方方面面。传统意义上的 DCS 现在仅仅是指生产过程控制这一部分的自动化,而工业自动化系统的概念,则应定位到企业全面解决方案的层次。只有从这个角度提出问题并解决问题,才能使计算机自动化真正充分地发挥其应有的作用。

1.6.2 MOAR 与 DCS 的比较

基于以上的说明可看出,MOAR 也是一种分散控制、集中管理的思路,集机械、电子、自动控制、水力设计、给排水设计和优化设计方法等全方位全过程的一种流体输送系统综合性优化方法。MOAR 不但是一种方法理论,同时又具有实现方法的手段。DCS 更多的是站在从动化的角度来描述如何实现现场自动化管理的最优方式,而 MOAR 则是从流体输送的角度提出了优化的思路和方法,甚至还细化到了系统的元件与底层的应用的数学方法和系统能源评估的具体算法。

MOAR 是以 DCS 为自动化的承载基础,同时又与 DCS 的设计思路具有很高的相关性和继承性,MOAR 具有以下技术优势:

①高可靠性:由于其把系统控制功能分散在每个用水单元和每个供水系统动力机械自带的计算机上实现、系统结构采用容错设计,因此某一台计算机和设备出现故障时不会导致系统其他单元功能的丧失。

②开放性：实现方法中的元件均采用开放式、标准化、模块化和系列化设计，系统中各台计算机采用局域网方式进行通信，各台设备无论从数据采集模块、动力模块还是执行模块，都是独立构建并且独立运行的，当需要改变或扩充系统功能时，只需要增加、减少或更换节能设备元件即可。

③灵活性：根据不同用户的不同工艺流程进行软硬件组态，即确定测量与控制信号及相互间的连接关系，并从本公司的专家系统库中选择适用的输送控制策略与控制流程，从而方便地构成所需的控制系统。

④易于维护：功能单一的供水设备、原动机、配水调节设备，甚至设备本身的自带传感器、工业控制器、执行机构都已模块化、功能化，具有维护简单、方便的特点，当某一局部或部件出现故障时，可以在不影响整个系统运行的情况下在线更换，迅速地排除故障。

⑤协调性：各配水调节设备之间，调节设备与供水设备之间和各供水设备之间，通过通信网络传送各种数据，整个系统信息共享，协调工作，以完成控制系统的总体功能和优化处理。

⑥控制功能齐全：结合专家库系统，同样具有丰富的控制算法，集连续控制、顺序控制和处理控制于一体，可实现串级、前馈、解耦、自适应和预测控制等先进控制，并可方便地加入具体工艺所需的特殊控制算法。

1.7 水系统节能中的常用方法

本节介绍目前常用的一般节能技术。当前水系统节能公司采用的技术几乎都是动力设备匹配改造。动力设备主要指的是水泵、电机及其控制系统等，主要体现在水泵参数与供水参数的匹配上，部分 EMC 公司也对电机的匹配进行了适当的改造。

下面，结合实践经验，针对一般性节能技术，就改造的理论基础进行简要介绍。

水泵最主要的性能曲线有 3 条：$Q-H$ 曲线（流量－扬程曲线）、$Q-\eta$ 曲线（流量－效率曲线）以及 $Q-P$ 曲线（流量－功率曲线）。

（1）$Q-R$ 曲线

离心泵的 $Q-H$ 曲线如图 1－15 所示。所有离心泵的 $Q-H$ 曲线都是一条在流量为"0"时扬程为最高，随后随着流量的增加而扬程逐步降低的一条向下弯曲的曲线。

我们通过以上的曲线可总结得出以下结论：

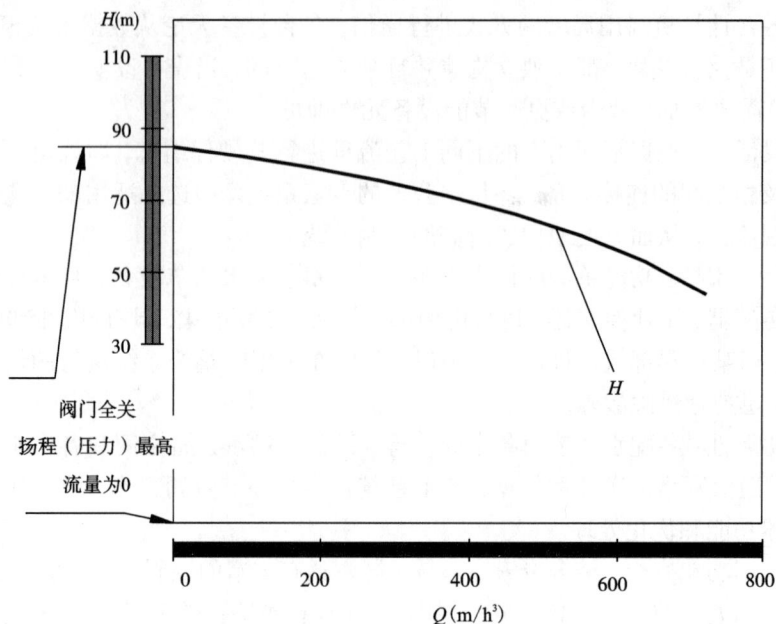

图 1 - 15 离心泵的 $Q - H$ 曲线

①每台泵设计出来后, 都会有一条自己的 $Q - H$ 曲线, 对泵来说, 它的扬程和流量是一一对应的关系。也就是说, 每一个流量点都对应着唯一的压力值, 流量改变了, 压力也就跟着改变; 反过来说, 压力改变了, 流量也会跟着改变。

②在泵的出口阀门关死的时候, 也就是泵的出水量为"0"的时候, 这时候泵的压力最高。

③随着操作工人把水泵的出口阀门逐步打开, 泵的流量越来越大, 这时候泵的出口压力会越来越低。

④用户有时会抱怨泵的流量小了, 实际上泵本身并未改变, 可能是由于用户的用水设备的工况变了, 阻力(压力)变大了所造成的。

⑤用户有时候抱怨泵的压力小了, 实际上泵也未改变, 不过是用户的用水量大了。

⑥随着台泵供水的流量越来越大, 它的出口扬程会下降得越来越快。

(2)$Q - \eta$ 曲线

$Q - \eta$ 曲线, 如图 1 - 16 所示。

所有离心泵的 $Q - \eta$ 曲线都是一条在流量为"0"时效率也为"0", 随后随着流量的增加而效率也随之逐步增加, 但是经过一个最高点(泵的最佳工况点)后又会逐步下降, 最终形成一条像山峰一样的曲线。

效率最高点，也就是这台泵的最佳工况点

η (%)

流量为0的时候，
效率也为0

高效区

Q(m/h³)

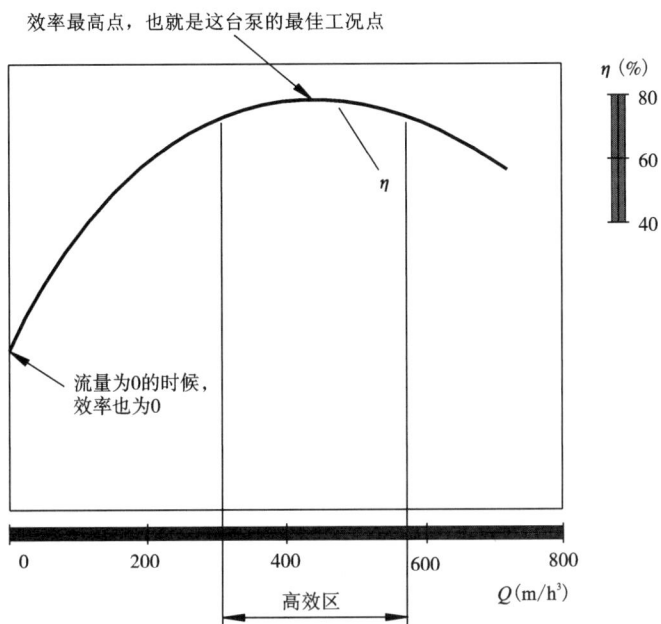

图 1-16 离心泵的 $Q-\eta$ 曲线

我们通过以上的曲线可总结得出以下结论：

①每台泵设计出来后，都会有一条自己的 $Q-\eta$ 曲线，对泵来说它的效率和流量是一一对应的关系。

②在泵的出口阀门关死的时候也就是泵的出水为"0"的时候，这时候泵的效率也为"0"。

③随着操作工人把水泵的出口阀门逐步打开，泵的流量越来越大，这时候泵的效率越来越高，但每台泵都有自己的最高效率工况点，一旦超过了最佳工况点，效率又会逐步降低。

④每台泵的供水流量总有一个最佳值，对应这个流量值时，效率最高，当流量大于或小于它时，水泵的效率都会下降。节能设计就是要选择一台合适的水泵，该泵本身的效率尽量高，高效区尽量宽，而且该泵高效区恰好要覆盖用户实际所需的流量范围。

曲线的最高效率点的左边和右边的一段范围内，被称为高效区，一般是在比最高效率点低3%的区域范围内。

(3) $Q-P$ 曲线

$Q-P$ 曲线如图 1-17 所示。所有离心泵的 $Q-P$ 曲线都是一条在流量为"0"时功耗相应的有一个初始值，随后随着流量的增加而功率逐步增加的曲线。

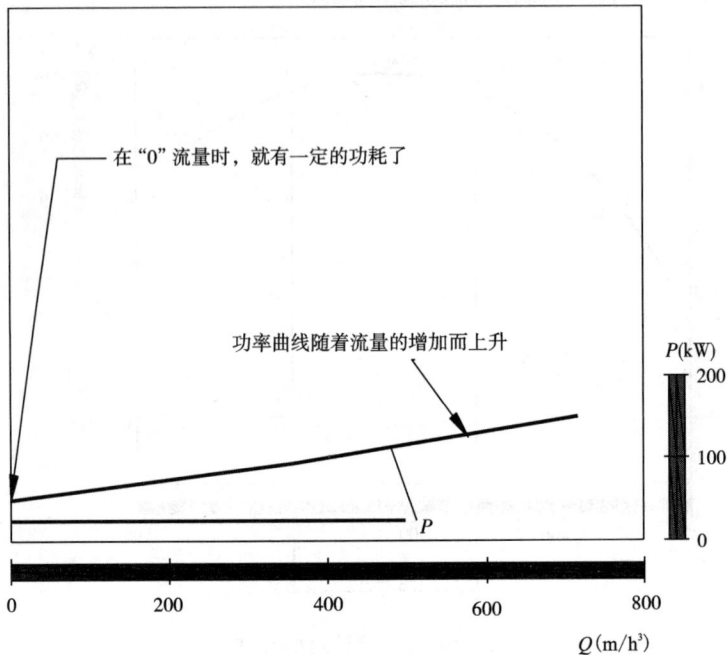

图 1-17　离心泵的 $Q-P$ 曲线

我们通过以上的曲线可总结得出以下结论：

①每台泵设计出来后，都会有三种性能曲线，对泵来说它的功率和流量是一一对应的关系。

②在泵的出口阀门关死的时候也就是泵的出水为"0"的时候，功耗将相应地有个初始值，因为水泵虽然没打水，但它内部的水在不断地旋转和摩擦，消耗的功率转化为热量；水泵轴承和轴封也在消耗功率。因此水泵关阀运行的时间不能太长，因为温度的升高，水泵零件受热膨胀可能卡死而发生事故。

③随着操作工人把水泵的出口阀门逐步打开，泵的流量越来越大，这时候泵的能耗越高。能耗是为了打出一定流量和扬程的水所必须消耗的，其符合能量守恒定律。

④每台离心泵：当它的出口压力大时，耗能减少；当它的出口压力小时，能耗反而增大。

为了方便分析，往往把以上的三种性能曲线的横坐标（即流量）的长度和单位统一后，画在一张图上，这样就是构成了水泵性能曲线图。

图 1 – 18 所示是一台普通的水泵性能曲线图。值得注意的是，每台泵都将会有不同的性能曲线，但离心泵的曲线图中每条参数线的走势都是一样的，所以我们可以通过曲线图来研究阀门调节的基本理论。

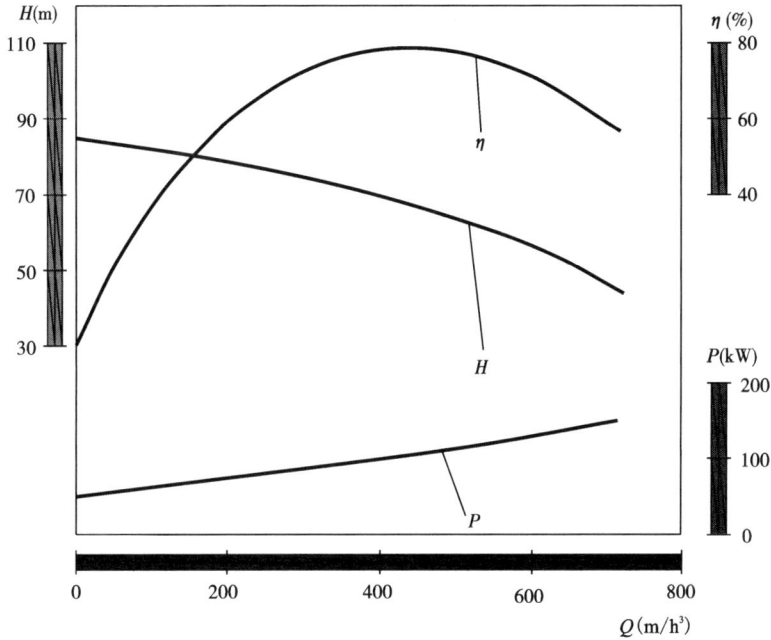

图 1 – 18　水泵性能曲线

在水泵运行过程中，随着出口阀门的逐步打开，水泵会出现"适应性"，也就是水泵将沿着水泵的 Q – H 曲线向流量大的方向偏移，当水泵的扬程与管路的阻力相等时就稳定下来，如图 1 – 19 所示。

从图 1 – 19 可以看出，当用户管路曲线与泵的 Q – H 曲线的交点向大流量方向运动偏离泵的高效区时，会出现效率的下降，这是偏工况带来的损耗。

在工业节能项目中，一般都采用"量身定做"的办法为用户解决这一问题，比如重新为用户设计一台水泵，让它的高效区正好覆盖用户所需的流量点。即使泵的最高效率值与原泵一样，但是，由于泵的实际运行效率提高了，所以能耗将相应地降低，如图 1 – 20 所示。MOAR 就是通过以上的方法来实现对用户泵房进行节能的目的。

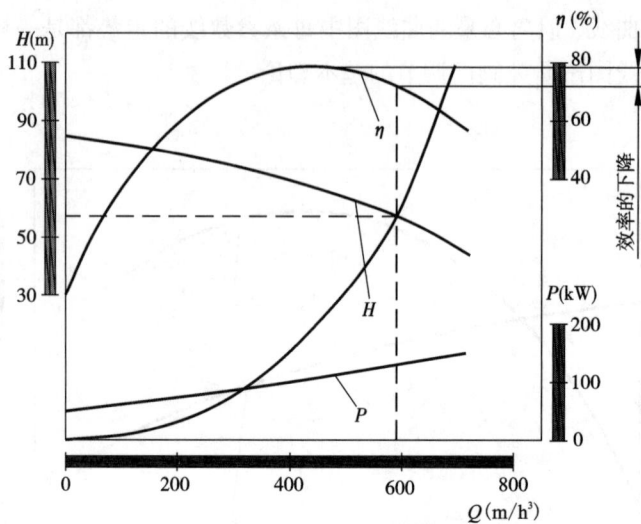

图 1 - 19　水泵性能曲线与管路曲线

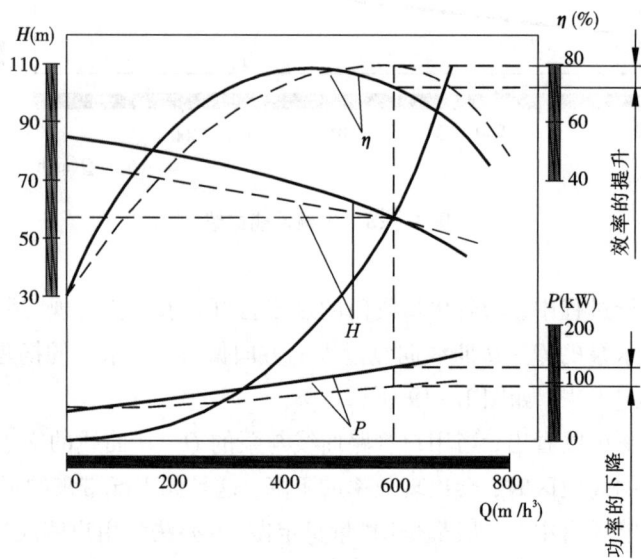

图 1 - 20　定制水泵带来的效率提升

中篇
技术组成

MOAR

第 2 章　MOAR 核心技术

MOAR 的技术结构是由相互联系、相互作用的经验形态、实体形态和知识形态三种技术活动要素组成的有机整体,具有三种类型的技术结构。

按照技术活动要素在技术结构中的地位和作用,相应地可以将其划分为经验型技术结构、实体型技术结构、知识型技术结构。MOAR 是知识型技术结构,由理论知识、自控装置和知识性经验技能等技术活动要素组成,并且是以技术知识为主导要素的技术结构,如图 2 – 1 所示。

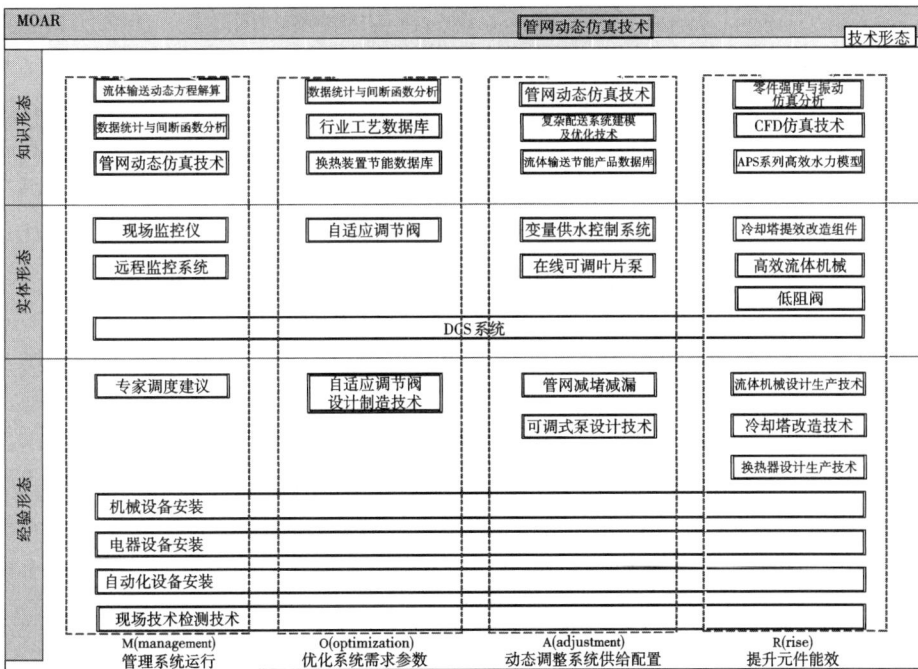

图 2 – 1　MOAR 技术结构组织图

本章以湖南山水节能科技股份有限公司为例，通过对该公司二十余年的技术积累和行业经验进行总结和梳理，针对 MOAR 架构下的具体核心技术的工作原理和应用方式进行详细介绍。

2.1　循环水系优化技术

2.1.1　专利技术

专利名称：一种工业循环水系统的优化方法；专利号：ZL201210108862；专利类型：发明专利；专利创新点：遗传算法(genetic algorithms)。

技术说明：本发明是目前国内专门针对循环水系统节能改造方面仅有的两项专利技术之一，它把整个循环水系统(动力机构、管网平台、用户装置、热交换装置以及其他辅助机构)看作一个总系统，以循环水系统的实际目标(热值传递)为基础，根据现场检测的各项数据以及系统运行历史数据，逆向搭建能耗模型，再以能耗模型为基础建立数学模型进行研究和分析计算。本发明可准确评价用户装置(在企业中也叫作末端)的传热效果、动力机构的能耗利用效果、热交换装置效率利用效果和管网平台损耗效果，以及分析动力机构、管网平台、用户装置、热交换装置、其他辅助机构的关联运行问题，全面地解决了循环水系统能耗优化问题，节能效果十分明显，使循环水系统达到最低能耗运行的有益效果，尤其在石油和化工等行业多用户末端方面的节能效果更为明显，可广泛地应用在工业循环水的能耗监测中，也可以用在对系统节能潜力的预算和节能优化设计中。对比另外一项专利——"一种在线流体系统的纠偏方法"(专利号：ZL200710066873.2)，这种方法在一定程度上也可以改善系统节能降耗的问题，但其主要解决的是水泵机组与系统末端不匹配(俗称大马拉小车)的问题。专利则重新定义了循环水系统，重新定义的循环水系统节能降耗方法可以系统地、全面地从根本上以目前国内最优的方式彻底解决循环水系统节能降耗面临的六大问题：从用户末端需求出发，考虑整个系统的能耗情况，按照"需求温度→(需求流量＋需求压力)→(供给流量＋供给压力)→供水设备→动力设备"这样的程序来进行节能计算和设备的重新选择，这才是真正的系统节能，也是 MOAR 大力提倡的需求驱动原则。下面从理论上予以简单说明。

2.1.2　优化步骤介绍

(1)第一步：推算合理能耗
本步骤的数学模型如图 2 – 2 所示。

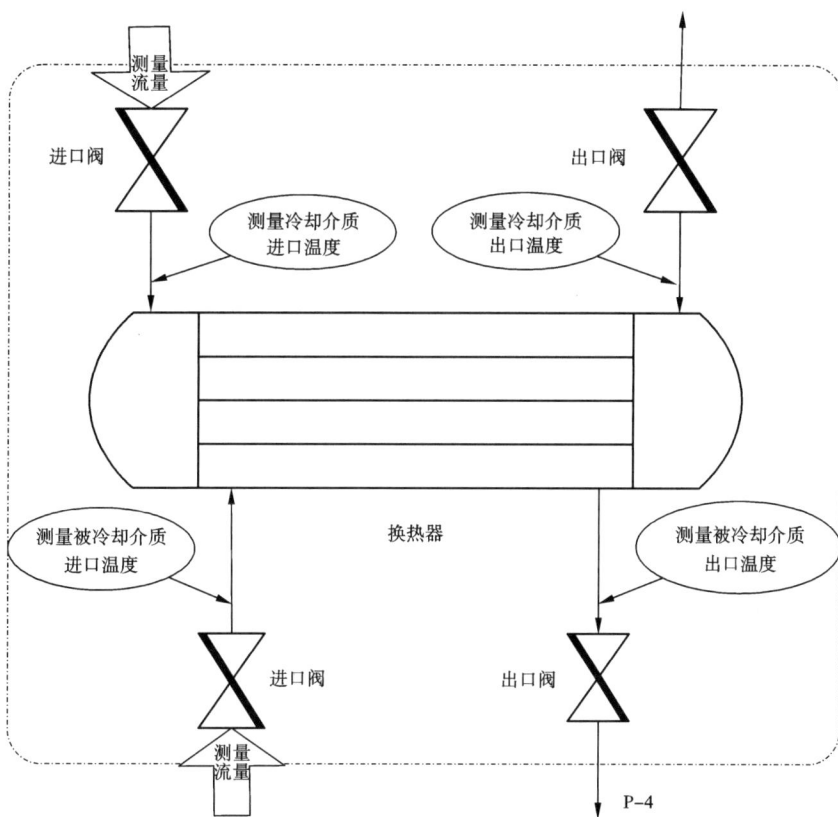

图 2 – 2　数学模型示意图

根据现场测量得到的 t_1'、t_2''、t_1'、t_1''、M_1，用换热器的热负荷平衡公式和迭代计算方法确定每个换热器的冷却介质的最佳质量流量 $M_{2(最佳)}$；然后把所有换热器的最佳流量值累加，得到 $\sum M_{2(最佳)}$。

通过检测数据，并结合下式来计算质量流量 M_2：

$$\begin{cases} M_2 c_2 (t_2' - t_2'') = M_1 c_1 (t_1'' - t_1') = KF\psi \Delta t_{mc} \\ \Delta t_{m,c} = \dfrac{(t_1'' - t_2') - (t_1' - t_2'')}{\ln \dfrac{(t_1'' - t_2')}{(t_1' - t_2'')}} \end{cases} \tag{2-1}$$

式中：c_1——被冷却介质（热流体）在其进、出口温度 $t_1' \sim t_1''$ 范围内的定压质量比热，由工具书查得，属于已知值；

    c_2——冷却介质（冷流体）在其进、出口温度 $t_2' \sim t_2''$ 范围内的定压质量比热，由工具书查得，属于已知值；

    K——换热器整个传热面上的平均传热系数，由厂家的出厂实验来确定（一般为出厂资料），属于已知值；

    F——换热器传热面积，由厂家的出厂实验来确定（一般为出厂资料），属于已知值；

    Ψ——不同换热器的修正系数，由厂家的出厂实验来确定（一般为出厂资料），属于已知值；

    Δt_{mc}——对数平均温差；

    $t_{1(\text{设计})}''$——被冷却介质的设计出口温度；

    M_1，t_1'——现场测量数据，属于已知值；

    t_2'——冷却塔（池）散热处理后带来的温度，也是不变的，为现场测量数据，属于已知值；

我们设定变量 M_2，逐步逼近，使 $t_1'' = t_1''$（设计），采用迭代计算法，求解 $M_{2(\text{最佳})}$。

实际使用过程中，首先把 M_2 在原流量的基础上进行适当减小（一般每步减少量取原流量 M_2 的 1%），然后计算出 t_1''、t_2'' 的数值，这样不断重复以上过程，一直到被冷却介质的现场测量出口温度 t_1'' 等于其设计出口温度 $t_{1(\text{设计})}''$，刚好满足设计要求，这时候的 M_2 即为冷却介质最佳质量流量 $M_{2(\text{最佳})}$。其中 t_2'' 只是在计算过程中维持公式的平衡，并不是我们需要的结果；对于多台换热器的情况，只需将各台换热器的最佳流量 $M_{2(\text{最佳})}$ 数值进行累加来得到 $\sum M_{2(\text{最佳})}$。

$$\sum M_{2(\text{最佳})} = M_{2(1)} + M_{2(2)} + M_{2(3)} + \cdots + M_{2(n)} \tag{2-2}$$

（2）第二步：根据系统最不利点的高差和温度确定系统压力

循环水系统的压力是以维持循环水系统中任何一个位置均为液体状态和正压为原则的，因此系统的最佳压力计算遵循最不利原则，即以最不利点的数值为计算标准：

$$H_{(\text{最佳})} = H_{(\text{安全余量})} + H_{(\text{饱和蒸汽压})} + H_{(\text{管损})} \tag{2-3}$$

式中：$H_{(\text{安全余量})}$——系统的安全余量压力，根据不同的行业和工艺参考行业标准或设计手册确定；

    $H_{(\text{饱和蒸汽压})}$——系统的饱和蒸汽压，可在手册中查找不同温度下的饱和蒸汽压；

    $H_{(\text{管损})}$——系统的管损压力，为整个管路上的沿程水头损失 $\Delta H_{(\text{mo})} = \lambda \dfrac{l}{d} \dfrac{v^2}{2g}$

和局部水头损失 $\Delta H_{(j)} = \zeta \dfrac{v^2}{2g}$ 之和。

式中：λ——沿程阻力系数（查相关手册）；

　　　l——直管段长度；

　　　d——管径；

　　　v——有效断面上的平均流速；

　　　g——重力加速度；

　　　ζ——局部阻力系数（查相关手册）。

在此需要注意管路上的阀门是用来截流还是减压，以用水设备为界，通常在用水设备前的用作截流。

（3）第三步：在以上计算结果上推算合理功率

合理功率的计算按照下式进行：

$$P_e = \frac{\rho g Q H}{1000} = \frac{\gamma Q H}{1000} \tag{2-4}$$

式中：P_e——合理的功率；

　　　ρ——密度；

　　　g——重力加速度；

　　　Q——体积流量；

　　　H——扬程；

　　　γ——重度。

（4）第四步：换热效率验算

为了检查散热器的换热效率，应对换热器的换热效率进行验算，校验换热器平均传热系数，计算公式为：

$$K = \frac{Q}{F\Delta t_m} \tag{2-5}$$

式中：K——平均传热系数；

　　　Q——热负荷；

　　　F——传热面积，由原设计资料查得；

　　　Δt_m——两流体之间的平均温差。

把由式（2-5）计算得到的 K 值与设计的 K 值进行比较，如果实际 K 值小于设计 K 值的 5%，应在换热器上查找原因。

（5）第五步：根据前面所得的流量和压力，用能耗平衡法推算泵房供水效率

本步骤的数学模型图如图 2-3 所示。

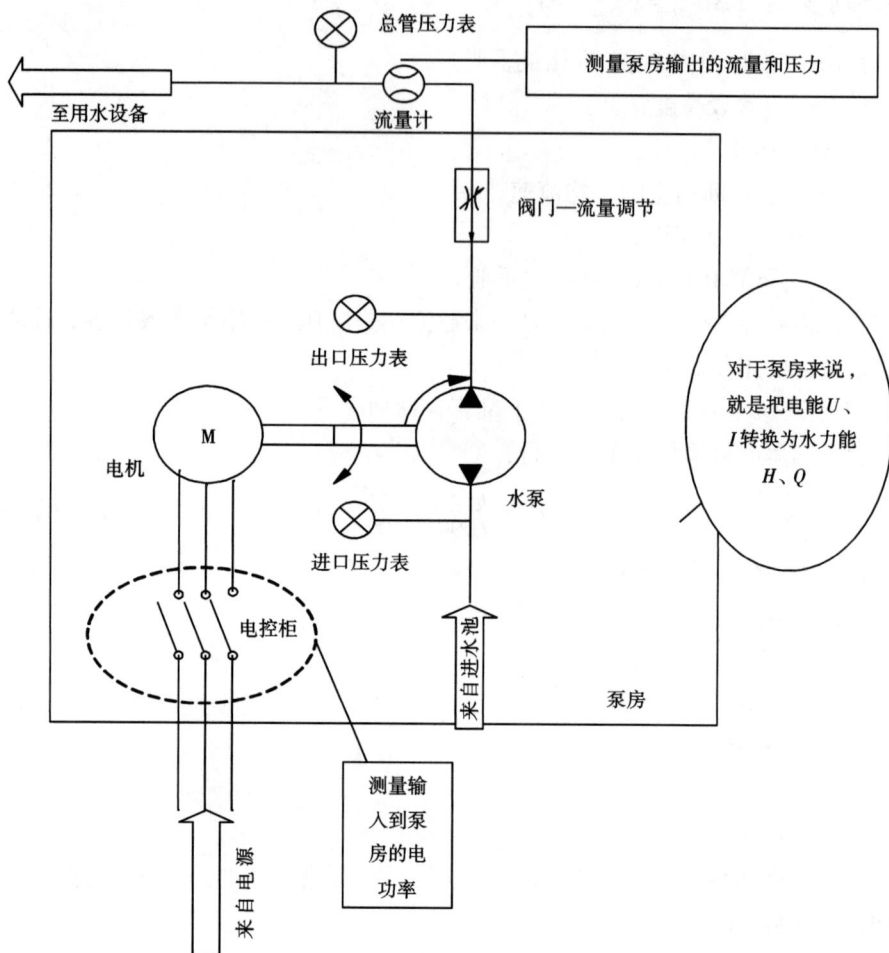

图 2-3 第五步数学模型示意图

水泵对外提供的水力能量通过以下公式计算：

$$P_e = \frac{\rho g Q H}{1000} = \frac{\gamma Q H}{1000} \qquad (2-6)$$

输入能量可以直接用泵房的电能表计量，也可以通过电能计算公式算出。

供水单元集合的平衡方程为：

$$P_{损耗} = P_i - P_e \qquad (2-7)$$

设 P_b 为必须损耗，那么可节能量 P_j 为：

$$P_j = P_{损耗} - P_b \qquad (2-8)$$

首先，通过最佳流量及最佳流量下的管路阻力，计算得到理论最佳能耗，再测量出现在供水设备中的实际耗能，两者对比，就可以推算出系统的能源利用率，找出能耗不合理点。

然后，通过计算得到系统所需的流量、最不利点的压力，并用平衡法推算出系统能量的利用情况，得出可节能量。

（6）第六步：根据前面所确定的最佳流量，重新优化设计、调整循环水系统的关键参数及设备配置

①流量要根据用户要求，在留有一定富余量的情况下得出最终流量。

②根据最不利点确定压力时应在最不利点安装压力测量仪表，不能用理论数据进行推算，以免由于推算误差，给生产带来不利影响。

③设计供水压力，供水压力按下式进行计算：

$$最不利点压力 + 最终流量下的管路损耗 = 设计供水压力 \qquad (2-9)$$

④根据设计的结果，重新配置设备，其中包括平衡推算过程中发现明显不合理的、效率低的供水设备，换热设备和冷却塔等，当电机运行负载率在 75% 以下时，应当配置功率补偿设备，运行负载率在 50% 以下时，应当更换电机，以免由于功率因数低对电网造成不利影响。

2.2　流体系统现场监控仪

2.2.1　概述

流体系统现场监控仪由长沙山水节能研究院有限公司独立开发，具有完全的知识产权，属国内首创。它可根据应用场合、应用要求来进行系统设置，可广泛应用于水泵机主要运行参数的检测。所有的监控数据既可以现场显示，也可以通过 RS232C、RS485/422 接口和以太网等方式与系统原有的 DCS 系统连接，或者还可以根据用户需要应用 3G 网络实现远程传输，为物联网接入、整体系统集成和两化建设提供底层技术支持。

2.2.2　产品外形

流体系统现场监控仪的产品外形如图 2-4 所示。

图 2-4 流体系统现场监控仪外形图

2.2.3 原理图

流体系统现场监控仪的产品原理图及工作方式说明详见图 2-5 所示。

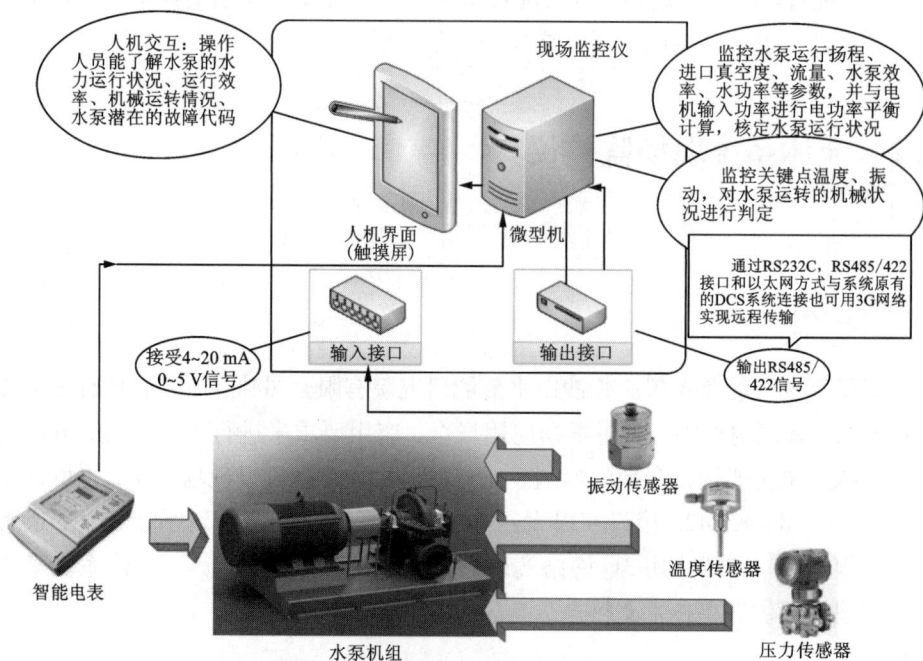

人机交互：操作人员能了解水泵的水力运行状况、运行效率、机械运转情况、水泵潜在的故障代码

现场监控仪

监控水泵运行扬程、进口真空度、流量、水泵效率、水功率等参数，并与电机输入功率进行电功率平衡计算，核定水泵运行状况

监控关键点温度、振动，对水泵运转的机械状况进行判定

通过RS232C，RS485/422接口和以太网方式与系统原有的DCS系统连接也可用3G网络实现远程传输

人机界面（触摸屏）

微型机

接受4~20 mA 0~5 V信号

输入接口

输出接口

输出RS485/422信号

智能电表

水泵机组

振动传感器

温度传感器

压力传感器

图 2-5 流体系统现场监控仪产品原理图及工作方式说明

2.2.4　功能说明

流体系统现场监控仪的主要功能特点如图 2 - 6 所示。

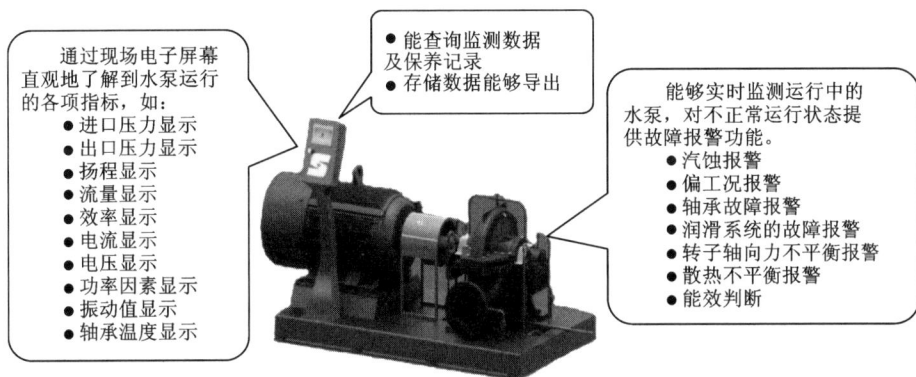

图 2 - 6　流体系统现场监控仪的功能特点

水泵的现场监控仪的主要用途是把泵的运行数据进行数字化处理，构成物联网的基础环境。运行数据通过 RS232C、RS485/422 接口和以太网等方式与系统原有的 DCS 系统连接，也可以应用 3G 网络来实现远程传输，实现整个生产管理运行数据集成功能，为后面的节能体系的数字化调控提供底层技术支持。

当然，实践中也可以把现场监控仪当作独立的单元模块使用，现场监控仪自带的触摸屏能把水泵运行的状态和各项技术指标清晰地显示和输出。

同时，现场监控仪可以方便地与使用者进行交互，包括历史数据查询、保养功能设置、远程通信以及对水泵的运行提供分析报告和建议，以及不正常状况报警等功能。

2.2.5　系统配置

①系统标配有两种设计：一种是配置 1，不带 U 盘扩充接口（自带容量可以存储 100 天以上数据）；另一种是配置 6，带 U 盘扩孔接口，用户可以按照数据保存周期来选择带 U 盘扩充的，并且存储数据可以直接转存到 U 盘中。

②实现画面传输到中控室电脑运行环境：现场要有网线及交换机配置（网线长度以及交换机孔口数根据现场情况而定）。

③实现远程管理运行环境：客户现场一定需要网络信号，网线及交换机配置

（网线长度、交换机孔口数根据现场情况而定）。

④如果画面传输过程距离较远，建议使用光纤传输并采用工业以太网交换机（工业以太网交换机孔口数、光纤长度根据现场实际情况而定）。

2.3 动态管网平衡调整技术

2.3.1 概述

在流体输送系统的节能过程中，每一个工程师都已经或者意识到对多末端的流量调节是无比的重要，但我们实际面临的是一个纷繁复杂的系统，看到那些密密麻麻的管路，工程师想到的第一个问题是"怎么才能保证在调一个单元时，绝对不会影响其他单元的配水量"。之所以会这样是因为流体输送系统的节能到现在还是模块化的节能，而没有形成真正的"系统"节能。

动态管网平衡调整技术提供了正确的在多末端系统中精确配水的方式，可保证在纷繁复杂的多末端系统中，对单个末端或部分末端的任意调节而不会引发整个系统配水失衡，这一技术既可以在系统末端用水量的精确测量过程中作为测试安全的技术基础，也可以作为水系统节能后期改造过程中自动化系统计算的判定依据；动态管网平衡调整简便易行，很好地解决了现有技术无法使各末端支管流量达到准确分配、操作过程非常繁琐且要经过多次反复调试的问题。

2.3.2 技术原理

动态管网平衡调整技术的理论依据是流体连续性方程：

$$\left.\begin{array}{l} \rho_1 V_1 A_1 = \rho_2 V_2 A_2 \\ \rho_1 Q_1 = \rho_2 Q_2 \end{array}\right\} \qquad (2-10)$$

式中：ρ_1，ρ_2——密度；

    V_1，V_2——流速；

    A_1，A_2——截面面积；

    Q_1，Q_2——体积流量。

对于不可压缩流体，密度为常数；则 $Q_1 = Q_2$，$V_1 A_1 = V_2 A_2$，其物理意义是：不可压缩流体做定常流动时，总流的体积流量保持不变；各过水断面平均流速与过水断面面积成反比。

实际上还有另外一种理论依据，就是电流定律(KCL)。

电流定律的第一种表述：在任何时刻，电路中流入任一节点中的电流之和，恒等于从该节点流出的电流之和。

电流定律的第二种表述：在任何时刻，电路中任一节点上的各支路电流代数和恒等于零。

在流入节点的电流前面取"+"号，在流出节点的电流前面取"-"号，如图 2-7所示，在节点 A 上：$I_D - I_A + I_C - I_B = 0$，或者说流入的一定会等于流出的。

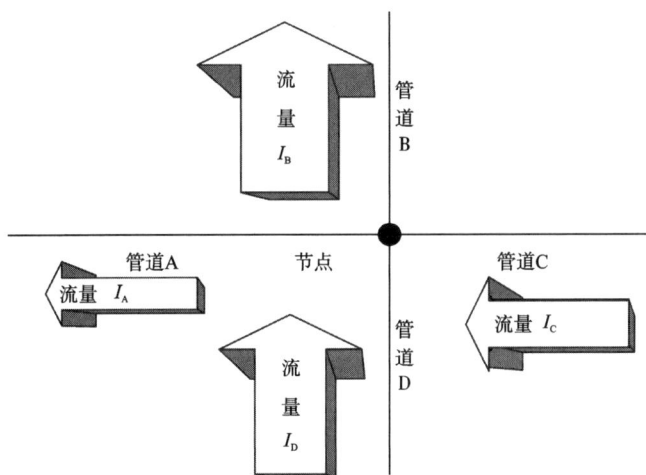

图 2-7　流体质量守恒原理

电流的实际方向可根据数值的正、负来判断，当 $I > 0$ 时，表明电流的实际方向与所标定的参考方向一致；当 $I < 0$ 时，则表明电流的实际方向与所标定的参考方向相反。这一理论叫作霍尔基夫定律，这一定律在流体输送系统中的定常流动时也是成立的，推广到末端配水问题上可进行以下推导，参照图 2-8。

设 ΔI_1 为预计调整流量，在调整 ΔI_1 的同时控制 ΔI_2 的量，使得 $\Delta I_2 = \Delta I_1$，则根据节点定律可知 I_B 没有发生变化：

$$\begin{cases} I_{C1} = I_C + \Delta I_1 \\ I_{A1} = I_A + \Delta I_2 \end{cases} \tag{2-11}$$

当 $\Delta I_2 = \Delta I_1$ 时：

$$I_B = (I_A + \Delta I_2) - (I_C + \Delta I_1) = I_A - I_C \tag{2-12}$$

可见 I_B 没有发生变化，按给排水理论可知，每条管路单流量没发生变化时，压力与流量是一一对应且呈二次方关系，所以压力也不会发生变化。

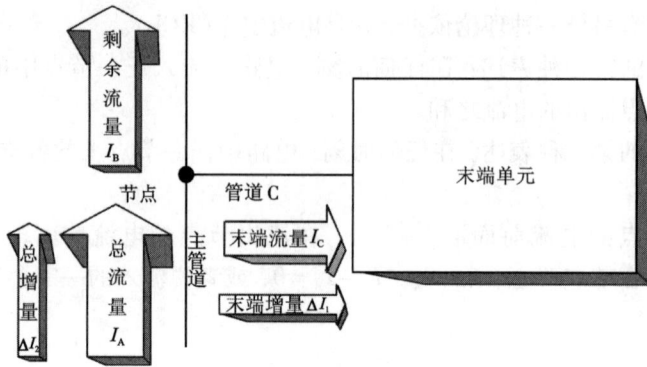

图 2 - 8　末端配水的推导

　　也就是说只要把总管流量与每个用水单元流量调整量的变化控制为一致的，就可以确定对每个单元上的调整没有影响到其他单元，以此类推，我们可以不断重复此操作，直到所有的用水单元调整完毕。这种方法是多末端系统调节的一个定律或者说原则，而且此原则适用于多末端同步调节时的叠加效果，那么用计算机自动地动态调节各个末端时只要把所有的变化量进行累积。

2.3.3　人工调整

　　在人工调节时，在保持其他末端支管上的阀门的开度不变的情况下，调节其中一个末端支管上的阀门的开度，并通过该末端支管上的流量计记录该末端支管流量的变化值；使该末端支管的流量调整到设计流量或改造流量时，再调整供水系统主管上的阀门的开度，通过主管上的流量计记录主管流量的变化值，使主管的流量增减差值与该末端支管流量的增减差值同步。以此类推，逐一完成其他末端支管流量的调节，如图 2 - 9 所示。

　　人工调节时往往无法做到理论上的完全同步，需要对所述供水系统进行了解，或者进行试验，确定一个可接受的误差范围（一般取单元用水量的 3%），此差值 A 就作为调节的依据，要指出的是，A 是在调整 $\Delta I_2 = \Delta I_1$ 过程中的允许误差，是由于人工调节时不能及时协调造成的，最终调节的结果，必须使得 $\Delta I_2 = \Delta I_1$，其误差最多允许 0.1%，否则对大系统来说，会造成较大的积累误差。

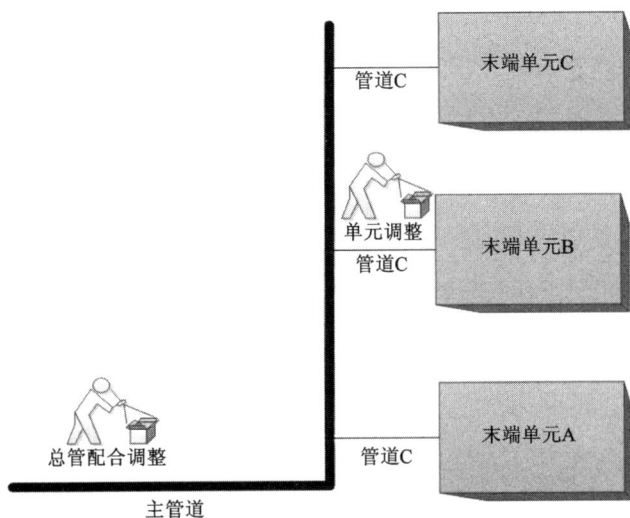

图 2 - 9　人工调整示意图

2.4　在线可调叶片泵

专利名称：一种叶片在线可调离心水泵；专利号：ZL201320173794.2，专利类型：发明专利。

本专利针对系统额定参数变化在 -15% ~ +5% 以内的系统在线实现对水泵的运行参数的无级调节，解决了离心泵自身不能对参数进行调节的国际难题，同时解决了调节阀门能耗大、电机调速成本高且故障率高的问题，从而更进一步降低了循环水系统对能耗的需求，对循环水系统节能降耗具有革命性的意义。

2.4.1　概述

叶片在线可调离心水泵是湖南山水节能科技股份有限公司为满足变工况系统适应性调整而开发的一种全新调整方式的水泵产品，它从根本上解决了当前采取变频器或其他调速方式调整带来的水泵能效下降和采取阀门调节方式带来的能源损失的问题，是一种具有革命意义的产品。

该产品主要是通过调整水泵叶片物理位置，在保证运行可靠的情况下，可轻松地实现水泵出力的调整，调整后的系统运行效率远高于目前变频调速等其他变工况调整方式下的运行效率。

2.4.2 技术说明

在工矿企业，循环水系统随着环境和生产负荷等因素的变化，所需要的流量和压力也存在一定的变化。目前针对系统变化调节系统流量和压力主要采取的手段有两种：一种是阀门调节，另外一种是通过电机调速（变频器、有限挡位减速机、耦合器、黏性联轴器、电机磁极对数、电机降电压、电机内馈调速等方法）。两种方法均有不同的局限性，并非所有场合都能适用。

2.4.3 几种主要调节装置的优缺点比较

对于不同的调节方式，在水力机械行业内一般都用图解法来进行定性的分析，当矢量绘图软件（如 AutoCAD）出现后，图解法的精确计算也就成了可能，在此就分析边界做出以下必需的规定：

用图解法计算时把泵的出口位置某段面定义为泵边界，也叫作出口断面，而把总管上的某段面（可以是出水阀后的某段面）定义为供水边界，也叫作总管断面，如图 2-11 所示。

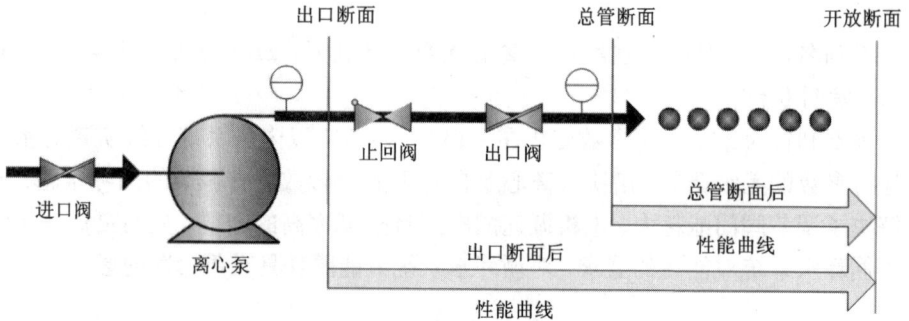

图 2-11 流体管网断面示意图

请注意：

①供水参数只有两个，即供水压力和供水流量。

②系统最后所得到的参数是总管断面上的参数，只要对比这两个断面的参数差，即可清楚地了解能耗的损失情况。

③开放断面是指管道的另一头，一般的循环水系统是指冷却塔上面的出水口。

在此基础上,对各种调节方式原理进行分析说明,并比较各自的优缺点。

(1)出口阀门调节方式

如图 2-12 所示,总断面后的性能曲线为虚线,出口断面后的性能曲线为实线,它们的不同之处在于出口阀调节的作用。相对泵而言,只看水泵性能曲线与出口断面以后的管路性能曲线,可看出调节后的运行点比未调节的运行点流 Q 降低了、而 H 升高了。

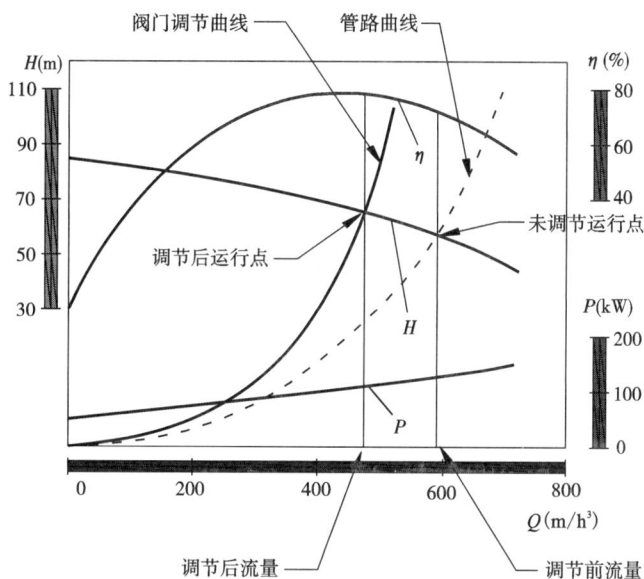

图 2-12　出口阀门调节前后的运行点比较

但用水系统所需的或者说设计泵房的目的是为了得到总管断面的供水参数,下面我们再考察一下出口断面的参数:

从图 2-13 可以看出,根据流体的连续性方程,任何一个断面的流量必须相等,前面求得的 Q 也就是总管断面 Q,而 H 则是此流量的竖直线与总管后性能曲线的交点,此点相对于出口断面 H 降低,这是因为出口阀门调节而产生了阻力。这种调节方法实现了调节 Q 的目的,H 则取决于总管后性能曲线。

该方法的缺点是:调节方式完全靠阀门的阻力损耗来达到降低总管断面 Q 的目的,对能量损耗极大。

(2)变频器调节方式

变频器调节对水泵性能曲线的影响如图 2-14 所示。所有通过原动机(电机、内燃机、汽轮机等)调速而获得水泵运行参数变化的,都是利用离心泵简化的比例定律:

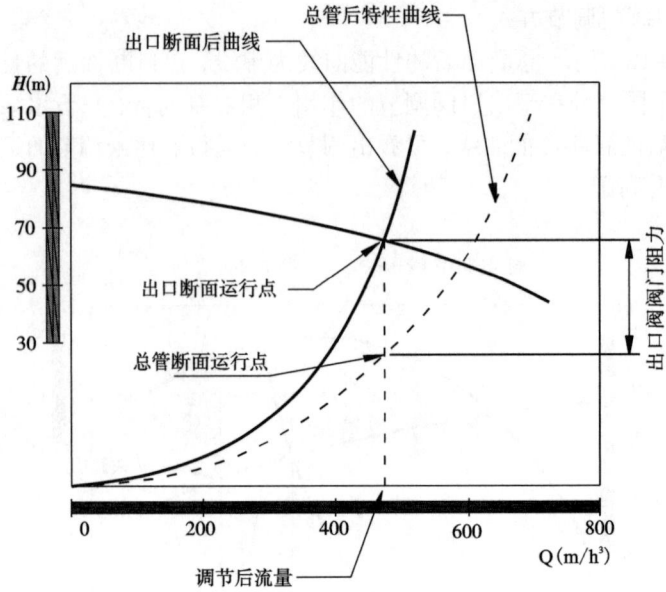

图 2-13　出口阀门的阻力

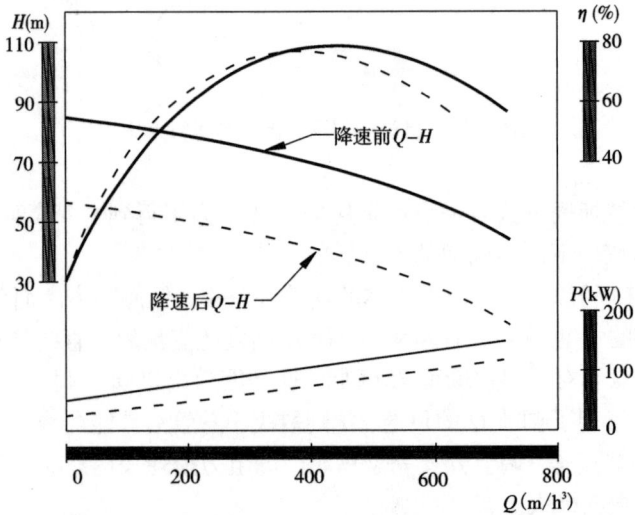

图 2-14　变频前后的水泵性能曲线对比

$$\frac{Q'}{Q} = \frac{n'}{n}, \quad \frac{H'}{H} = \left(\frac{n'}{n}\right)^2, \quad \frac{p'}{p} = \left(\frac{n'}{n}\right)^3 \tag{2-13}$$

式中：Q', Q——全转速和降速后泵的流量（m^3/h）

$\quad\quad$ H', H——全转速和降速后泵的扬程（m）

$\quad\quad$ p', p——全转速和降速后泵的轴功率（kW）

$\quad\quad$ n', n——全转速和降速后泵的转速（r/min）。

变频器本身也有能耗，效率和负载率相关，图 2-15 是其效率随着负载率降低而下降的关系图，可看出变频器的特点：

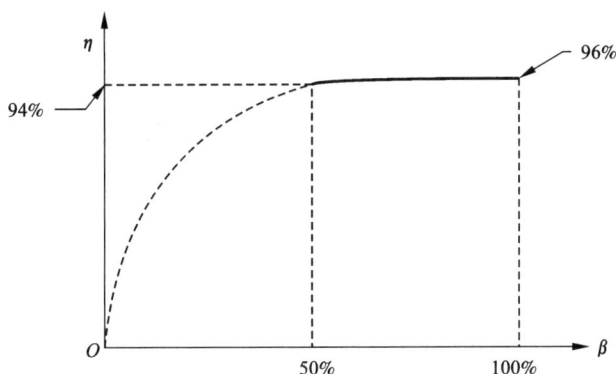

图 2-15　效率随转速的变化关系

①变频器的最高效率是在 96% 附近。

②在 50% 以下调速时，效率将迅速下降。

通过图 2-16 可以看出，随着水泵转速的降低，水泵效率呈较快的下降趋势，一般只在额定转速的 70% ~100% 调整；即使是只降低转速 70%，效率也最少下降 5%；另外，变频器驱动电机电流将增加 5% 左右。

这种调节方式是目前一种较好的方式，有如下优点：

①理论上（就变频器本身来说）调节范围大。

②水泵性能曲线随着转速的降低成等比下降的趋势，更方便分析和计算。

③变频器已经系列化、标准化、产业化，已经成为了通用机械调速的标准手段。

也有如下缺点：

①设备复杂、电子元件极多，相互关联，相应的故障率比较难以控制。

②核心部件 IGBT 至今没有实现完全的国产化，需要依赖进口。

③受限于变频器本身及其调速机理，还有中间的电机的影响，都会随着调节速度的降低而效率下降，这对节能来说很不利。

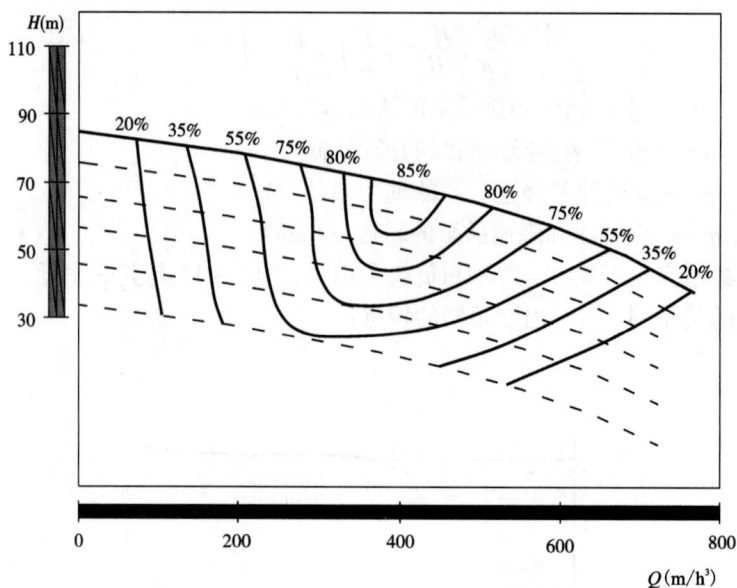

图 2 - 16　离心泵等效曲线(变频器)

④由于高压变频器价格高,故不利于推广和广泛地使用。

(3)液力耦合器调节方式

如图 2 - 17 所示,液力耦合器内主要的零件是一个泵轮和一个涡轮,它的原理可以看作是电机带动水泵(泵轮),再用水泵产生的水力能量带动一台水轮机(涡轮)。不过,在液力耦合器中把它们装在了同一个壳体内。当然,液力耦合器的介质一般都是油,在实际运用中,通过人为地控制油量的大小来达到控制转速和转矩的目的。

液力耦合器的效率按下式计算:

$$\eta = \frac{P_2}{P_1} = \frac{M_2 \omega_2}{M_1 \omega_1} = \frac{M_2 n_2}{M_1 n_1} \tag{2-14}$$

又由于 $M_1 = M_2$,所以 $\eta = \dfrac{n_2}{n_1} = i$。

由此可见,液力耦合器的效率与传动比成正比,如图 2 - 18 所示。

这种调节方式基本已被淘汰,但也有如下优点:

①理论上调节范围大,而且不需要对电机做任何改动,也不影响电机的任何参数。

②由于其调节水泵转速,所以水泵性能曲线随着转速的降低成等比下降的趋势方便分析和计算。

③液力耦合器也已经系列化、标准化、产业化,已成为 20 世纪 80 年代前通用机械的主要调速手段。

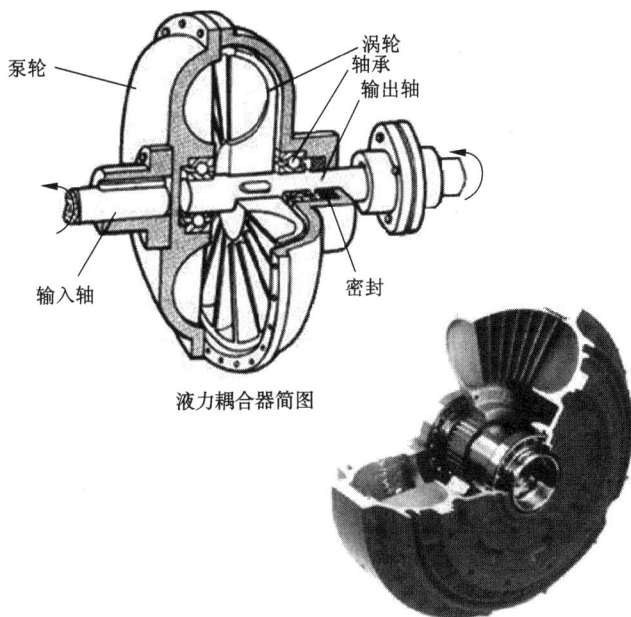

图 2 - 17　液力耦合器示意图

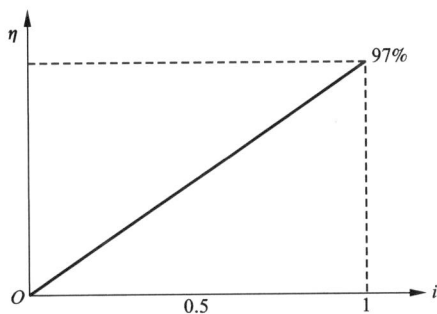

图 2 - 18　液力耦合器效率变化图

缺点如下：

①设备复杂、庞大，占地面积大，故障率比较难以控制，维修很不方便。

②它的效率随着转速的降低而呈迅速下降的趋势，所以它在节能工程实际使用中调速范围受到很大的限制。

③除了主设备外，还必须随机配备液压站和冷却装置。

④价格比较高，不利于推广和广泛地使用。

(4) 在线可调离心泵调节方式

可调离心泵是湖南山水节能科技股份有限公司独立研发的新型高效节能水

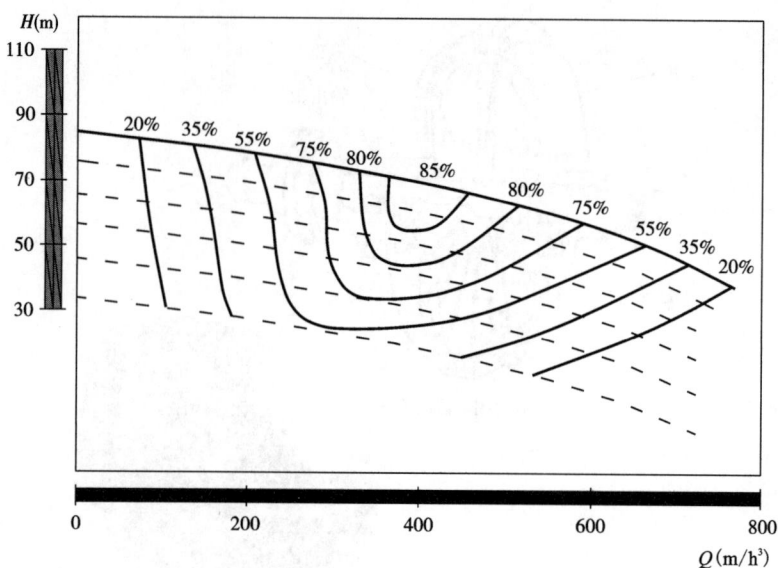

图 2 – 19 离心泵等效曲线（液力耦合器）

泵，能在水泵运行过程中，通过液压方式，随时驱动水泵叶轮，使其宽度发生变化，从而达到改变水泵运行过程扬程和流量参数（H、Q）的目的。可调离心泵的结构原理如图 2 – 20 所示。

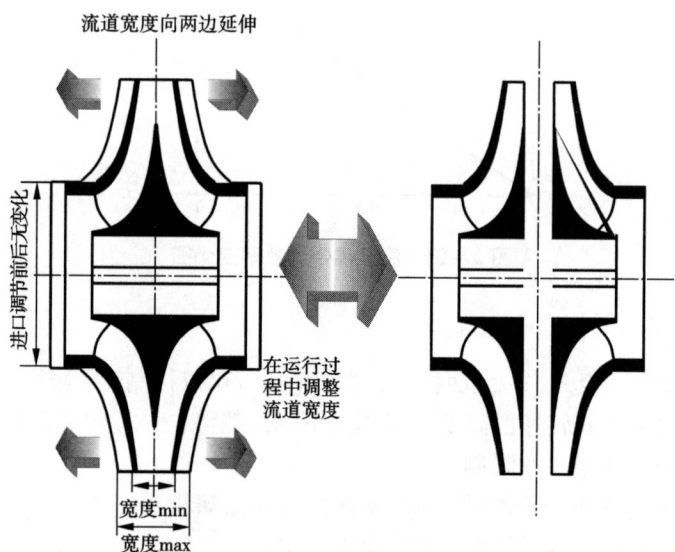

图 2 – 20 可调离心泵结构原理

　　此项调节技术的特点在于, 调节前后的叶轮进口宽度时无变化, 运行时进口条件一致, 而出口宽度则可在最小宽度和最大宽度之间进行无极变化。

　　为了保证两边的叶轮分开后接口部分不产生额外的容积损失, 在两个叶轮的交接部分采用了受压抽屉式接口设计, 利用叶片产生的水压推动承压片, 形成可靠的窄间隙密封。

　　可调离心泵的理论依据是离心泵的速度三角形关系, 如图 2 - 21 所示。按泵的 Q - H 曲线方程式进行可调离心泵的设计:

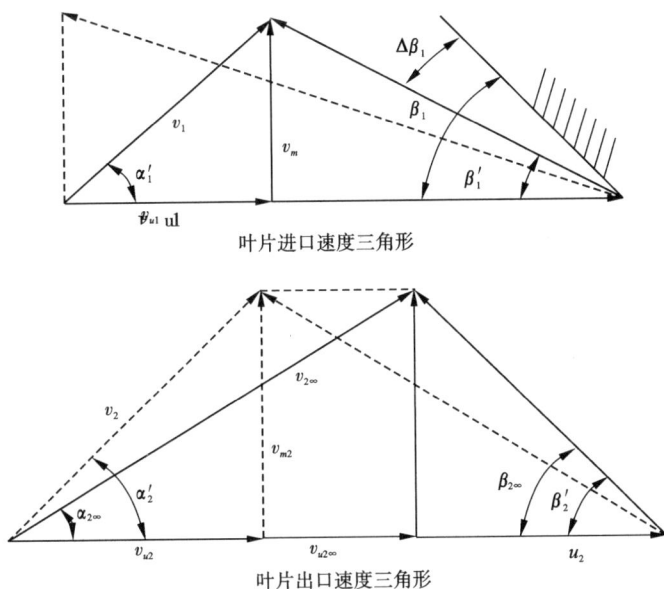

叶片进口速度三角形

叶片出口速度三角形

图 2 - 21　离心泵速度三角形关系

$$H_{t\infty} = \frac{u_2}{g}\left(u_2 - \frac{Q_t}{F_2}\cos\beta_2 \right), \quad F_2 = 2\pi R_2 b_2 \psi_2, \quad u_2 = \frac{D_2 \pi n}{60} \qquad (2-15)$$

式中: $H_{t\infty}$——无穷叶片泵的理论扬程;

　　　　g——重力加速度;

　　　　u_2——叶片出口的圆周速度;

　　　　D_2——叶轮叶片外径;

　　　　n——转速;

　　　　Q_t——泵的理论流量;

　　　　F_2——叶轮出口有效过流面积;

　　　　π——圆周率;

R_2——叶轮外圆半径；

b_2——叶轮叶片出口宽度；

ψ_2——叶片出口排挤系数；

β_2——泵的出口角。

由出口三角形法则可知叶轮出口宽度直接与叶轮出口有效过流面积成正比，而叶轮出口有效过流面积与叶片泵的理论扬程成一次方关系。

也就是说，只要在泵运行过程中改变其叶轮叶片出口宽度，就能保证在关死点扬程不变的情况下，调整泵的 $H-Q$ 曲线的斜率，从而达到与管网流量和压力匹配的目的。如图 2 - 22 虚线部分，随着出口宽度的减小，泵的参数（Q、H）减小；反过来随着出口宽度的加大，泵的参数（Q、H）增大。

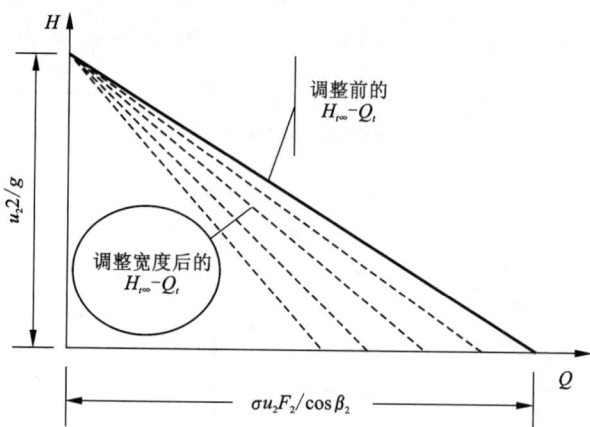

图 2 - 22　调整前后的水泵参数对比

本专利技术采用的是液压驱动方式，通过泵的非驱动端和主轴内的供油孔，提供中压油，并在叶轮内部设置油缸，推动叶轮向两边分开，达到调节叶轮宽度的目的；液压部件在叶轮内部，几乎和被抽送介质没有接触，运动部件内部充满了液压油，而且结构简单，这种结构很大程度上降低了出现故障的可能性。

目前湖南山水节能科技股份有限公司已经发明了四种调节方法，每种调节方法都可以在现有的所有离心泵上进行改造，而无需对泵壳重新设计，轴承体部件也无需更换，只需要对转子部件进行重新设计即可成为可调式离心泵，调节范围可以在原工况点的 +5% ~ -15% 以内确保实现。所以，此技术适用范围广，改造比较简单。

可调离心泵的结构图如图 2 - 23 所示。

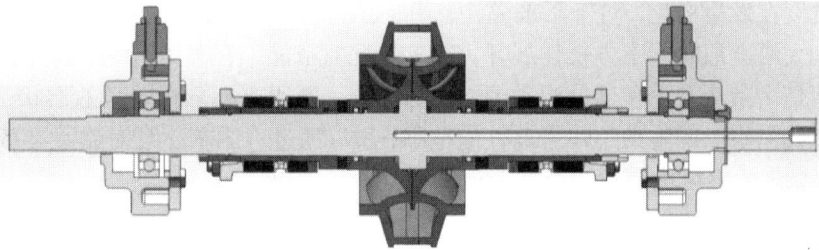

(a)

(b)

图 2 - 23　可调离心泵结构设计图

（a）转子部件；（b）泵壳

图 2 - 24 是对 200S42 泵型的改造设计图，使用本技术改造的水泵最长运行时间到目前为止，已经无故障地运行了一年半之久。

图 2 - 24　200S42 泵型的改造设计图

通过可调离心泵的测试结果绘制的等效曲线图（图 2-25）可以看出，由于叶轮的宽度在发生变化，对于泵来说，等于是在运行过程中改变了水力模型，所以高效区大幅度地向左下方拉伸展开。这种情况对节能工程极为有利，因为管路曲线恰巧是一条从左下角延伸而来的二次方曲线，可调离心泵高效区的形状，正好覆盖了我们想要调整的用户管路性能范围，所以通过可调离心泵对供水参数进行调节，总体效率要比变频调速和其他调节方法高达 2% ~ 5%。

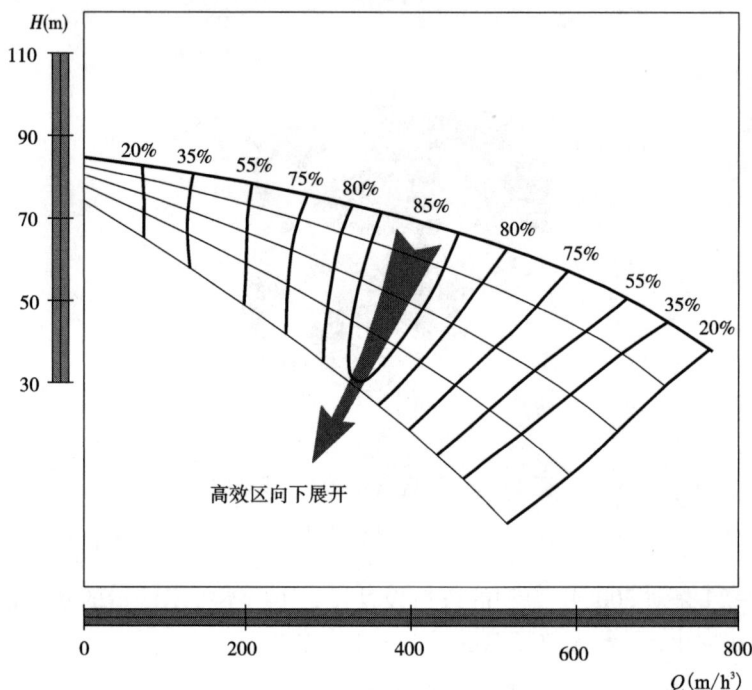

图 2 - 25　可调式离心泵的等效曲线

在线可调式离心泵这种调节是目前流体输送机械中的水力输送最好的方式，有如下优点：

①理论上调节范围大，而且不需对电机做任何改动，也不影响电机的任何参数。

②由于其调节水泵转速，所以水泵性能曲线随着转速的降低成等比下降的趋势，方便分析和计算。

③产品可以在成熟的水泵型号的基础上方便地实现系列化、标准化、产业化，有望成为给排水主要的高效、节能调节手段。

④调节方式原理所决定的高效区范围，与管路性能曲线匹配，整体调节效率

优于目前任何已知的调节方法。

也有如下缺点：

①比普通离心泵结构复杂，故障率虽然很低，但仍必须对现场维修人员进行专业的培训。

②除了主设备外，还必须随机配备小型液压装置，目前正在进行一体化研究工作。

③由于研发成本的摊销，目前价格比较高，这一点完全有可能在后期的批量生产中逐步消化，价格降至更为合理的水平。

2.5　热流体系统仿真技术

2.5.1　概述

为了更精准而快速地开展流体系统节能的理论分析与工程设计，需要从系统的层面开展热流体的仿真研究。根据用户需求定制相应的算法、元器件库、管网网络以及工业应用相关知识库，从而针对适应特定工业需求的流体流量、压力以及温度分布而进行高效计算、精确求解和便捷快速的建模。

2.5.2　功能介绍

长沙山水节能研究院有限公司基于多年研发实践经验开发完善了热流体系统仿真软件包，对于各种复杂的流体系统，可以利用热流体系统仿真技术迅速有效地建立精确的系统模型，并进行完备的分析。

三维 CFD 软件是在单个元器件的尺度上进行三维流场仿真，而热流体系统仿真侧重的则是系统尺度上所发生的事情。每个流体系统由许多的元件构成，如泵、阀、管路和散热器等，热流体系统仿真可以监视系统的运行情况，如改变泵转速、开启和关闭阀门时系统的变化情况；各支路流量的变化及各节点压力的变化情况。热流体系统仿真可以对系统中的各个环节进行精确的压力、流量、温度、流速分析，快速地帮助工程师完成和优化系统的设计。

热流体仿真系统软件包，具有强大的集成和协同仿真功能。可以与已有的设计和制造系统以及其他领先 CAE/CFD 工具集成，确保节能项目策划、实施和维护全过程的高效运行。系统仿真流程的任何阶段，可以对接市面上诸多用户开发专门针对特定问题的仿真软件，这些软件内容丰富，但界面功能很弱。利用系统仿真软件全面、灵活的开发架构，根据用户需求定制专业领域知识库和专业软件工具，可以构造一个界面友好、功能强大、面向特定专业应用的仿真软件。此外，仿真实施过程力求建立尽可能完整且完全可追溯的仿真模型，允许根据具体仿真项目需要随时查找、验证过去的仿真结果以及与之相关的模型参数。通过全方位仿真数据管理工具的集成，当生成模型时自动的捕获查证索引，随时记录每一个分析的模型参数。通过保存模型改变的历程，节能服务团队的任何成员、在任何时候都可以理解模型设计以及发生改变的历程，对设计变化历程的追踪能力增强了对项目全生命周期的质量控制。热流体系统仿真创新性地引入了专家系统，能够将多年的知识积累和经验集成在软件中，减少了对使用经验的依赖，避免了可能的人为错误。内置的专家系统确保正确地插入与所选系统模型兼容的元器件，既提高了建模效率，又避免了模型与元器件不兼容导致的错误结果。

2.5.3 技术优势

热流体系统仿真技术充分考虑了水泵、换热器、冷却塔和管道阀门的水力特性及传热特点，能够根据现场实际情况（如长宽尺寸、标高和粗糙度等）定制开发相应的元件模型并实现复杂管网的精确快速求解。对数百个元件组成的管网系统，仅需要数分钟就可完成求解过程，而这是人为手工计算所不可想象的。

2.6 CFD 仿真技术

2.6.1 概述

湖南山水节能科技股份有限公司建立了行业内最大的 CFD 仿真试验室之一，拥有专业的仿真人员 24 人，仿真服务器 30 余台，水泵仿真准确度和速度已达到国内一流水平，完全具备对所有流体元件特性进行仿真分析的能力，已在数十个项目中应用仿真系统对项目进行仿真，积累了丰富的应用经验。

以下结合实际案例，介绍湖南山水科技股份有限公司利用 CFD 技术提高水泵能效的应用经验。

2.6.2　技术原理

（1）应用过程

建立流体力学数学模型，应用仿真软件，设置边界条件，对流体在元件中的流场、压力场分布情况进行模拟，不断调整水力边界，得到能效最佳的流场分布状态图。再应用精确制造能力进行验证，最终制造得到能效最高的个性化产品。

根据系统元件特性建立数学模型，形成整个流体系统数字化仿真系统，通过改变系统元件特性参数，评估系统出力及能效状况，从而为优化系统结构提供依据。然后，在试验中心按比例构建实体仿真系统，通过实体运行情况验证仿真系统结果，再对系统进行改造。从而，保证系统改造做到一次改造成功。

（2）准确度

对于 $Q-H$ 曲线、$Q-P$ 曲线和 $Q-\eta$ 曲线：

比转数 N_s：$40\sim60$，最大偏差 $\leq4\%$，Ns：$60\sim120$，最大偏差 $\leq2\%$，N_s：$120\sim300$，最大偏差 $\leq3\%$，N_s：$300\sim500$，最大偏差 $\leq5\%$；

对于 $Q-NPSH$ 曲线（流量-必须汽蚀余量曲线）：

N_s：$40\sim80$，最大偏差 $\leq25\%$，N_s：$80\sim300$，最大偏差 $\leq10\%$，N_s：$300\sim500$，最大偏差 $\leq5\%$。

（3）全面性

适用于各种类型水泵，包括常见的离心泵、轴流泵和混流泵等。

2.6.3　汽蚀仿真

以某型号离心泵为研究对象，最佳工作点某进口压力下进行汽蚀仿真，结果如下：

①气泡位于靠近口环的叶片背压面边缘，叶片工作面等其他高压位置无气泡。

②入口静压降至一定水平后，扬程开始随静压的减小而降低，越过必需汽蚀余量点后扬程急剧降低。

③入口静压越小，气泡生成区域越大且气相体积分数也越高，严重时堵塞口环附近进水流道。

④实际仿真效果如图 2-26 所示，仿真结论与实际情况完全一致，汽蚀发生的位置与真实测试出现汽蚀损坏的位置保持完全一致，但发生汽蚀的流量点偏差较大。

经反复研究论证，得出以下结论：水泵的实际必需汽蚀余量 NPSHr，与加工制造工艺密切相关，如叶轮形状尤其是叶片尖角部分的形状，以及表面粗糙度等，故模型预测的不准确性无法完全排除泵的加工因素。而经过两个不同设计方案的汽蚀性能比较，必须以工作点相同为前提；但实际中往往不同设计方案会出现最佳工况点并不一致的现象。

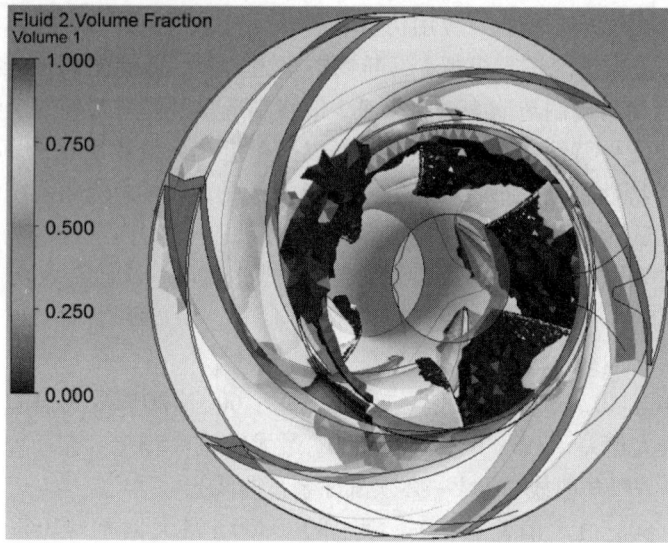

图 2 - 26　汽蚀位置及气泡分布(改进前)

　　虽然目前汽蚀点不能实现绝对准确的预测，但完全可以定性地分析汽蚀的原因和发展的趋势，并可以通过对比性设计的方法，对汽蚀性能不好的叶轮进行调整，以取得更好的效果。

　　图 2 - 27 是对比性设计法取得的效果图，从图 2 - 27 上可看出，改良后的叶轮汽蚀区域与汽蚀强度都有较大的改善，经实际测试证明，此叶轮的 NPSHr 下降了 2.1 m(图 2 - 28)。

　　经过总结，得到以下结论：

　　①汽蚀 CFD 技术涉及复杂多相流问题，相关基础理论尚不成熟且观测困难，该模型尚未实用化，计算所需的时间的资源也较之单相流场计算显著增加，仿真总耗时是现有的稳态单相模型耗时的 30 ~ 50 倍。

　　②需要更多的计算案例验证和模型的不断修正完善。

　　③充分利用模型提供的气泡生成位置和含气率预测功能，用于对比不同设计方案，在无法定量的情况下，可以通过定性结果为设计提供指导意义。

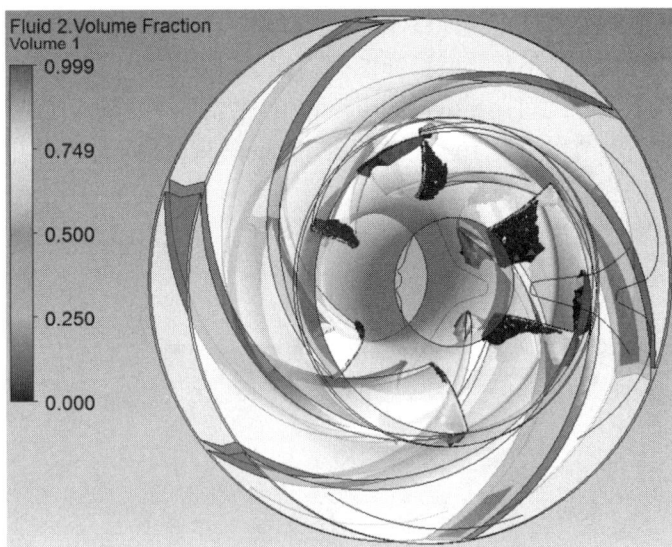

图 2 - 27　汽蚀位置及气泡分布(改进后)

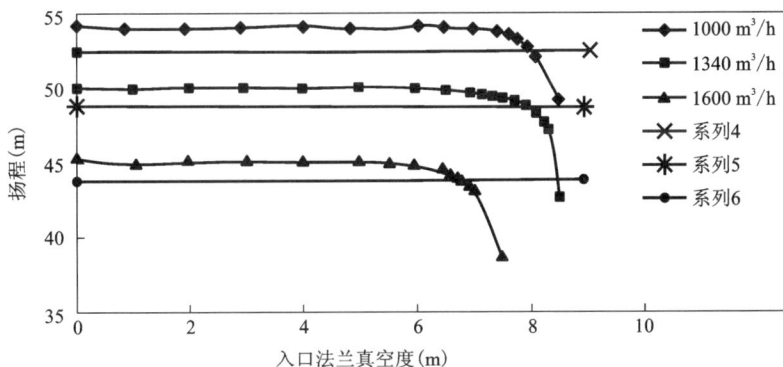

图 2 - 28　扬程随入口法兰真空度的变化

2.6.4　动网格仿真技术

　　一般情况下,各大科研院所采用的水机 CFD 模型属于稳态计算,叶轮区域实际并不运动,而是采用数学工具使其坐标系旋转;叶轮与进出水的交界面的流场信息依靠数据传递的方式实现信息共享。但学术界普遍认为动网格技术才能更真实地反映泵内流场,故动网格技术从原理上来说具有其根本上的优势,基于动网格的水泵 CFD 模型属于瞬态计算,也就是叶轮在仿真中是运动的,叶轮与进出水之间交界面真实相连并设定为允许水的流经。

特别是在评估流场不稳定时引起的振动问题以及包含叶轮与导叶的结构(旋转的叶轮与静止导叶之间存在变化的干涉相位)的情况下,只能使用动网格技术。

目前长沙山水节能研究院已在常用的 Fluent 与 CFX 两大平台开发动网格模型并实现了叶轮旋转瞬态计算。

以下进行稳态模型与动网格的总压仿真对比。首先由图 2-29 观察稳态模型的特点。

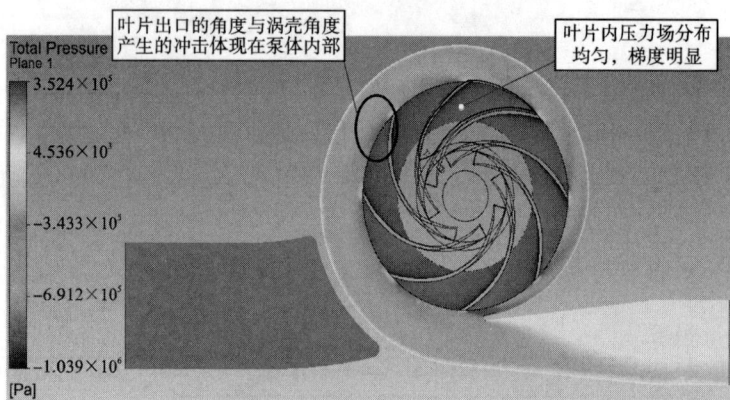

(a)

(b)

图 2-29 总压力分布

(a)全流场;(b)叶轮区域

稳态模型的特点有:

①叶轮与出水相连区域过渡突兀。

②叶轮区域总压差别较小。

③叶片外缘两尖角总压差不明显。

④叶轮内部的压力场分布极为均匀,抽送介质从叶轮流出到泵体涡壳之间产生的冲击是在泵壳中完成的。

再由图 2-30 观察动网格技术计算结果的特点。动网格有以下特点:

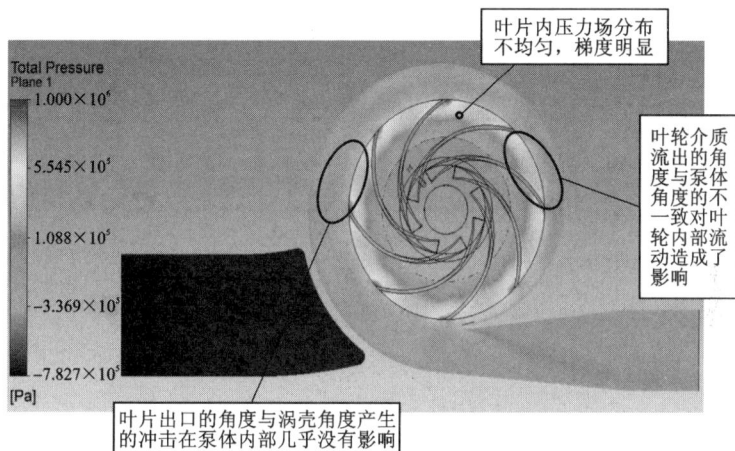

(a)

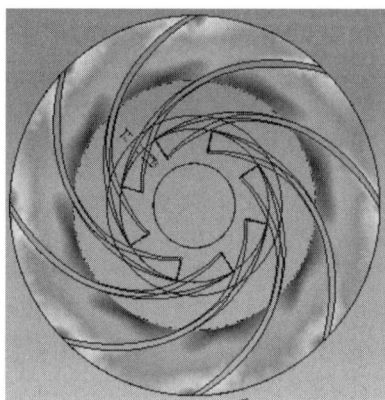

(b)

图 2-30　动网格技术得到的总压力分布

(a)全流场;(b)叶轮区域

①叶轮与出水相连区域过渡自然。

②叶轮介质流出的角度与泵体角度的不一致对叶轮内部流动造成了影响。

③叶片外缘两尖角总压差别明显。

④叶片出口的角度与涡壳角度产生的冲击在泵体内部几乎没有影响。

图 2－31 和图 2－32 所示分别是上述泵型的仿真结果全流场和叶轮区域静压力对比。

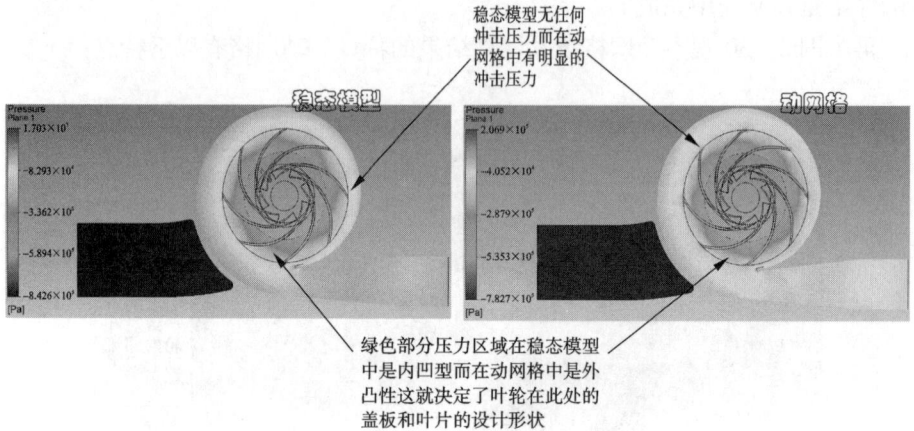

图 2－31　全流场静压力分布对比

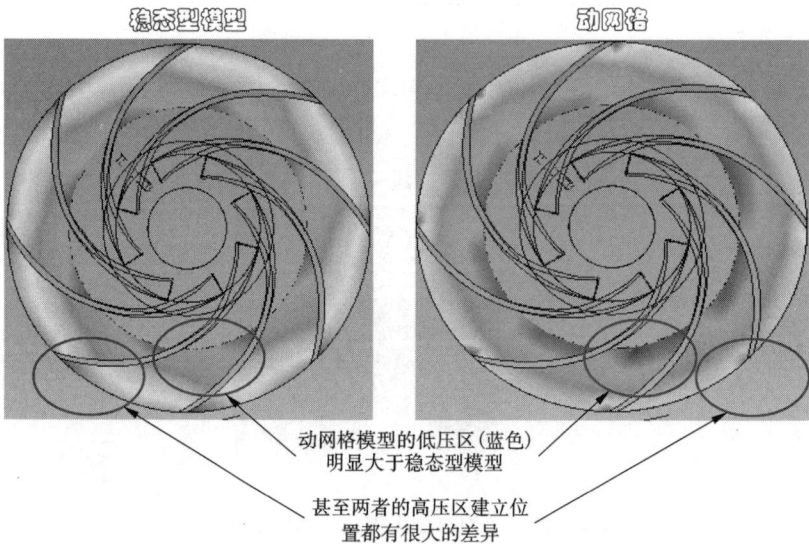

图 2－32　叶轮区域静压力分布对比

由图 2－31 和图 2－32 的对比可见，动网格仿真技术对于流体机械的优化具有指导性意义，动网格仿真与稳态模型仿真的结果虽然基本一致，但两种方法所描述的过程是不一样的，不一样的过程将产生不一样的优化思路和方法，所以 CFD 应用于优化模型应该直接使用动网格技术，通过其压力分布，流线分布和矢量图来确定其优化方法。

以上动态网格模型计算结果如图2－33所示，图中充分体现了动网格模型预测到的水泵扬程和效率随时间的变化情况，而波动周期等于叶轮旋转周期除以叶片数目，亦即每次叶轮上的某个叶片旋转经过隔舌部位时，就将造成扬程以及效率的波动变化。

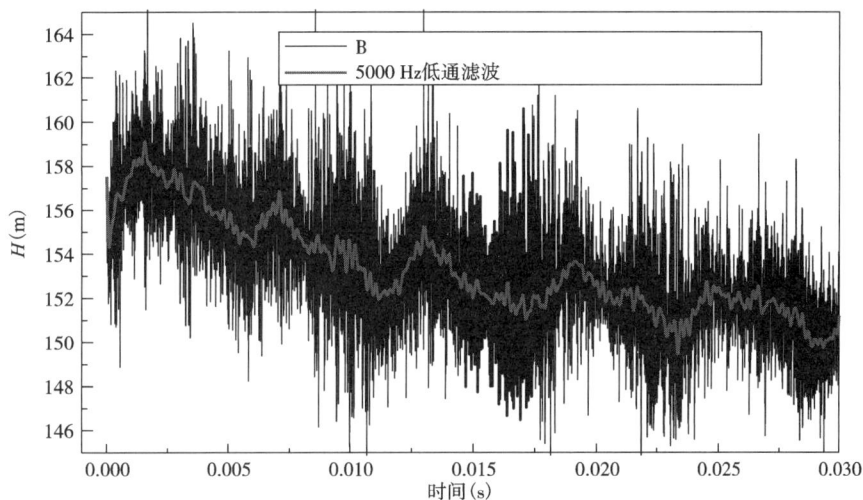

(a)

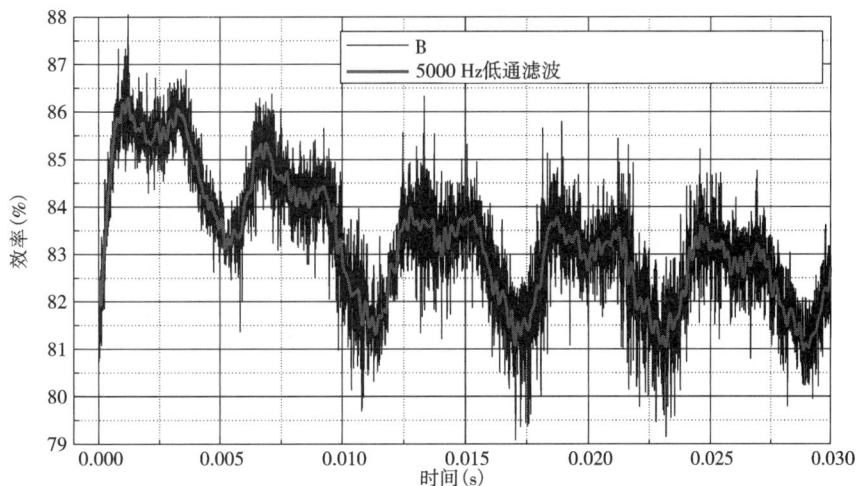

(b)

图2－33　动网格模型仿真结果

(a)扬程随时间变化；(b)效率随时间变化

2.7 AS 高效节能水泵

2.7.1 概述

AS 高效节能水泵是湖南山水节能科技股份有限公司针对石化市场专门开发的高效节能系列泵。由于水力模型是在该公司自有知识产权的水机优化设计理论基础上设计，产品效率比国际上 ANDERITZ、KSB 同类产品的效率高 3% ~ 5%，产品配置、结构和零件设计完全符合美国石油协会 API610 标准。

2.7.2 技术特点

水力模型：AS 泵的水力模型是湖南山水节能科技股份有限公司联合江苏某大学历时三年研发出来的，是具有自主知识产权的优秀水力模型。AS 水力模型最大的特点就是效率高，运行振动小，经国家中国机械工业联合会组织国内各院校和用户单位权威专家的严格评审，被确认为目前国内最优秀的水力模型之一。

结构与配置：AS 全系列结构参照美国石油协会 API610 标准设计，符合该标准对水泵的全部设计要求，并采用了包括 8 项专利技术在内的 22 项新技术。

AS 泵的关键位置留有传感器安装接口，可以分别在轴承体上安装 X、Y、Z 三向振动传感器，温度传感器，进出口压力传感器和压差传感器等，以便与该公司的水泵现场监控仪配套，形成节能控制系统。

某型号 AS 泵的外形如图 2 - 34 所示。

图 2 - 34　AS 泵外形图

湖南山水节能科技股份有限公司开发的 AS 泵型系列产品的效率目前处于国内外领先水平，图 2 - 35 至图 2 - 38 是 AS 泵与 GB/T13007—2011 以及其他国内外知名泵型的比较。

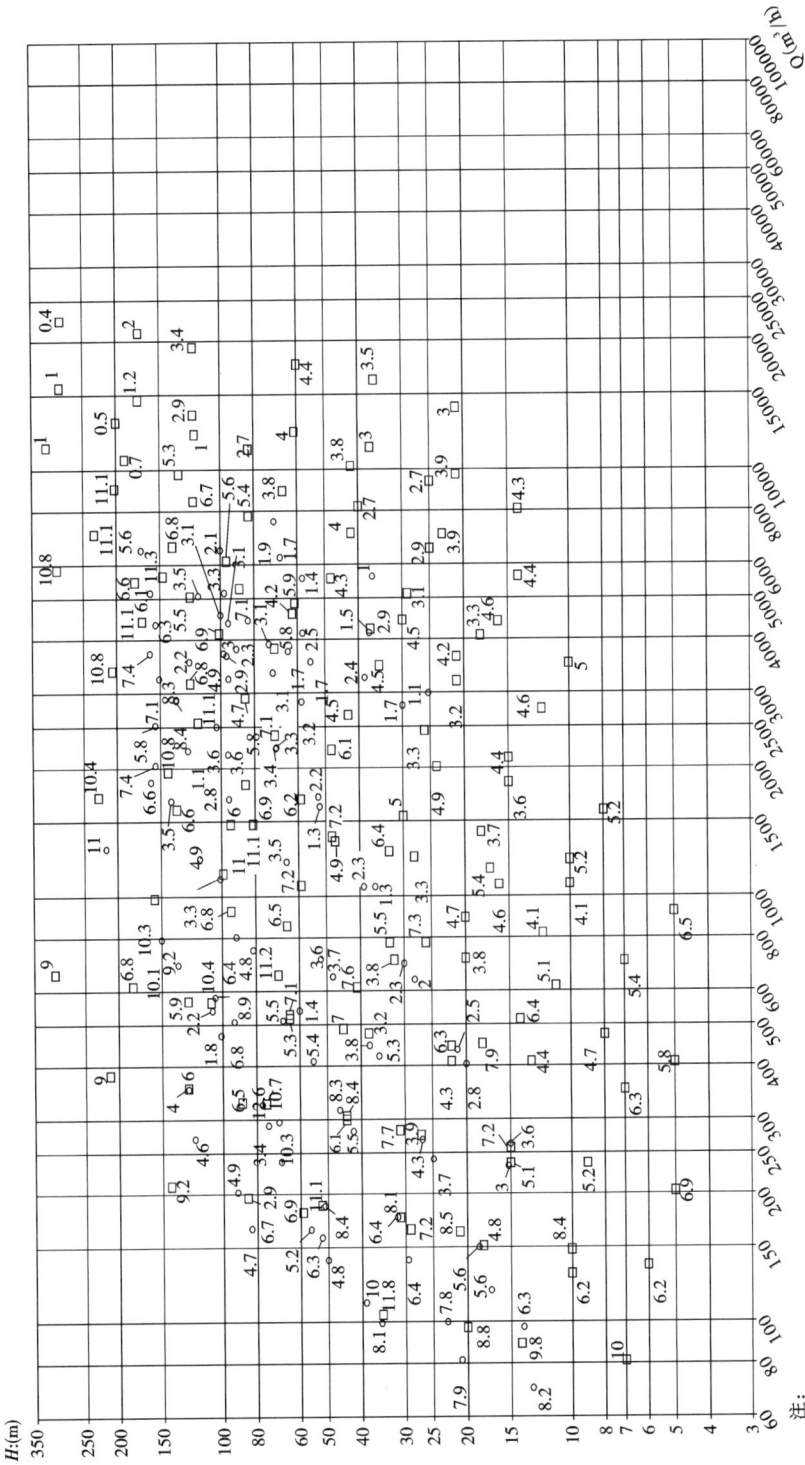

图2-35　AS泵与GB/T13007—2011以及其他国内外知名泵型比较

注：
　□—表示AS泵所在的参数点所在型谱的位置。
　□—表示某国类品牌泵所在型谱的型谱系列，本图为德国某泵系列
　○—表示某国类品牌泵的样泵的本参数点，国标规定的效率点将在后续的对比表中体现。
　数值—表示比GB/T13007—2011所规定的最高效率点所高出的百分点。

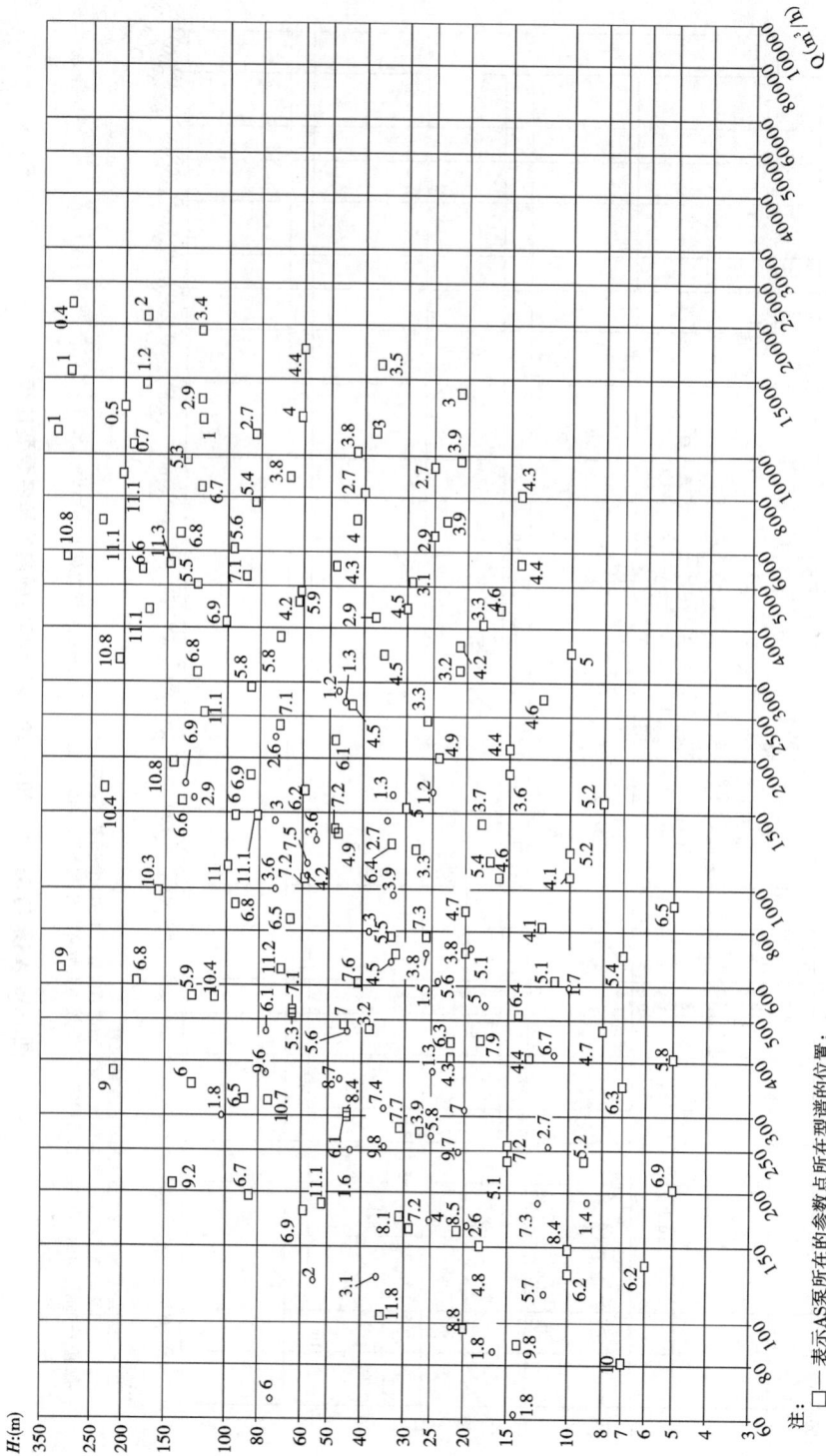

图2-36 AS泵与GB/T13007—2011以及其他国内外知名泵型比较

注：
□─表示AS泵所在的参数点所在型谱的位置；
□─表示AS泵所在型谱点所在的位置，本图为丹麦某泵系列；
○─表示某同类品牌泵的样本参数点的百分点，国标规定的效率点将在后续的对比表中体现。
数值─表示比GB/T13007—2011所规定的最高效率点的最高效率点将在后续的对比表中体现。

图2-37 AS泵与GB/T13007—2011以及其他国内外知名泵型比较

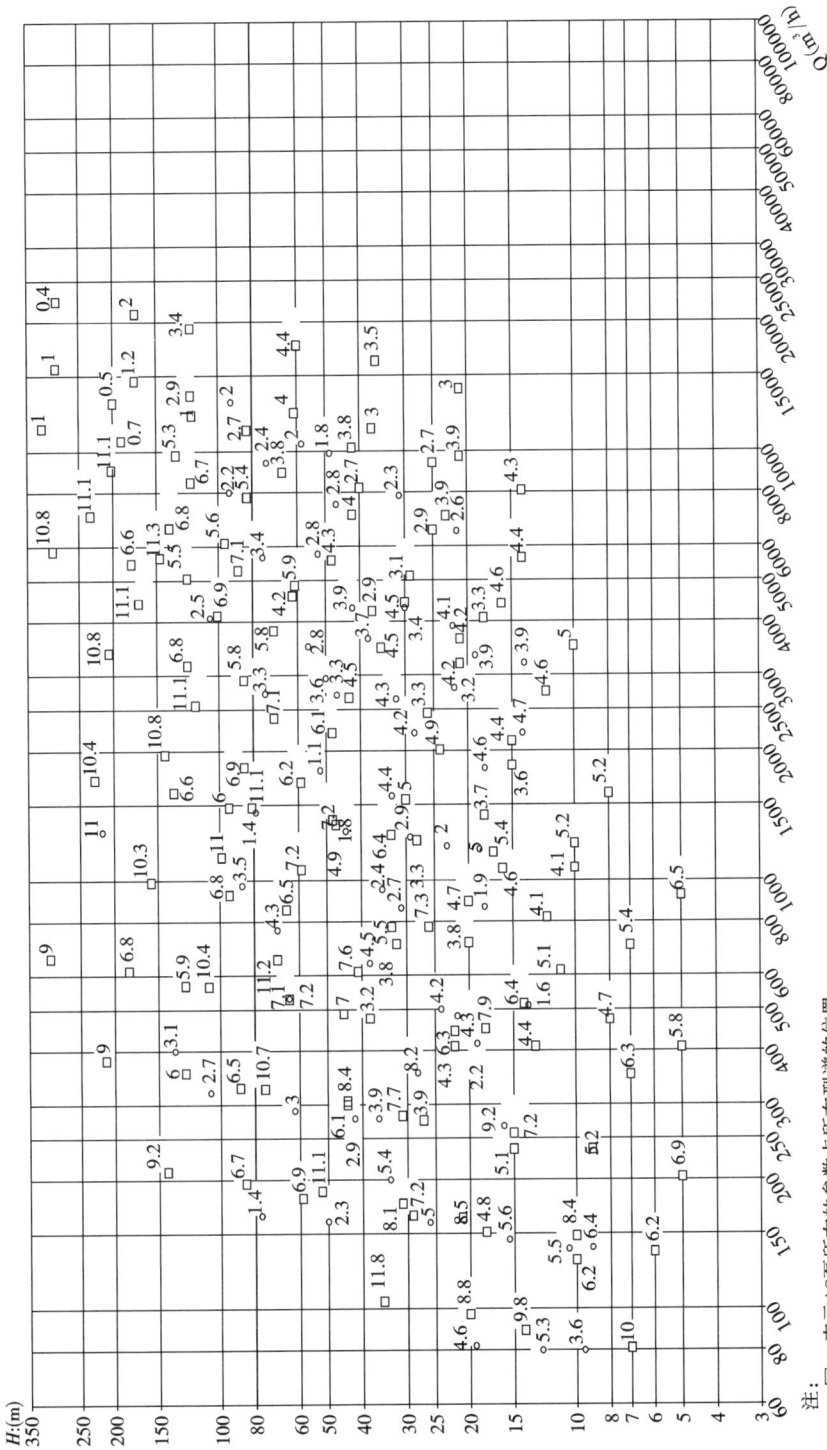

注：
□—表示AS泵所在的参数点所在型谱的位置；
○—表示某同类品牌泵的样本参数点所在型谱的位置，本图为中国广州某泵系列，国标规定的效率点在后续将在表中体现；
数值—表示比GB/T13007—2011所规定的最高效率点高出的百分点，国标规定的对比表中体现。

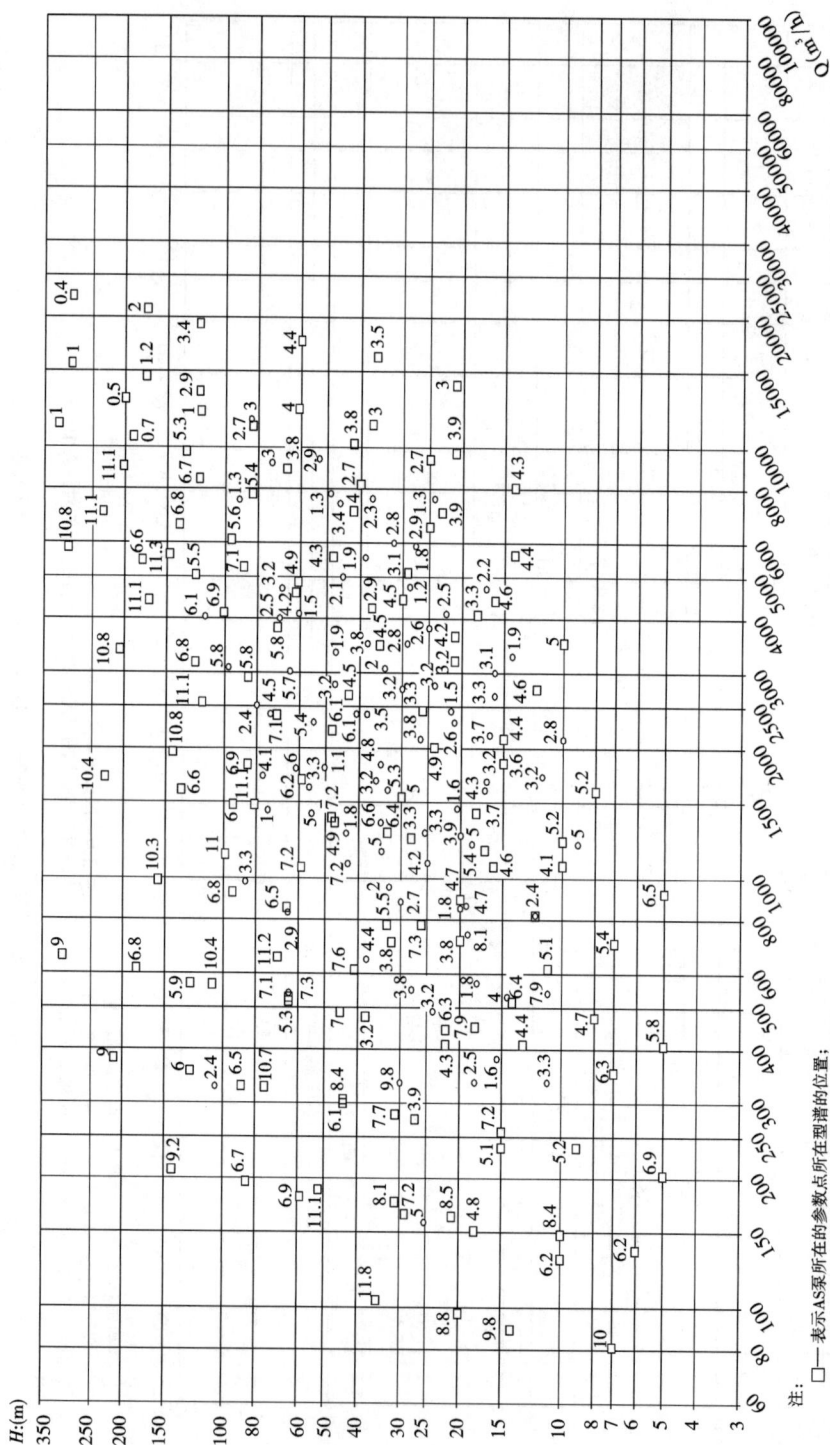

图2-38 AS泵与GB/T13007—2011以及其他国内外知名泵型比较

注:
□——表示AS泵所在的参数点所在型谱的位置;
○——表示某同类品牌泵的样泵的本参数点所在型谱的位置,本图为典型地利某某系列;
数值———表示比GB/T13007—2011所规定的样泵的最高规定的效率点,国标规定的效率点将在后续的对比表中体现。

2.8　ERP 生产管理系统、PDM 产品数据管理与节能服务

　　本书描述了节能行业的很多属性，其中有个很大的特点就是：节能是跨行业、跨学科又集综合性、系统性的新兴行业，其中涉及大量的"量身定制"；比如设备的量身定制、工艺的量身定制、服务方式的量身定制、调度方法的量身定制和操作软件的量身定制，这么多的"量身定制"，作为节能企业如何管理好供应链、销售网络还有设计环节、生产环节、客户档案和数据及售后服务，如何保证在诸多的"量身定制"系统中、在若干年后，还可以找到每次想得到的参数或零件呢？用人工管理的方式？面对如此庞大的信息量和数据量，这是不可想象的！

　　这就对节能企业的档案和数据管理提出了严峻的挑战，可以预言，数据管理不是节能行业的关键性技术，却将成为最重要的技术。

　　下面先介绍一种现代化的管理手段，包括生产管理系统（enterprise resource planning，ERP）和产品数据管理（product data management，PDM）的全过程服务管理系统。

　　ERP 系统是指建立在信息技术基础上，以系统化的管理思想，为企业决策层及员工提供决策运行手段的管理平台。它是从 MRP（物料需求计划）发展而来的新一代集成化管理信息系统，从供应链范围去优化企业的资源。成为现代企业的运行模式，成为企业在信息时代生存、发展的基石。它对于改善企业业务流程、提高企业核心竞争力具有显著作用，目前湖南山水节能科技股份有限公司使用的是智能型企业 ERP 系统，如图 2-39 所示。

　　ERP 的核心目的就是实现对整个供应链的有效管理，主要体现在以下方面。

　　（1）生产控制

　　这一部分是 ERP 系统的核心所在，它将本企业的整个服务过程有机地结合在一起，将各个原本分散的生产流程自动链接，也使得生产流程能够前后连贯进行，可以在设计、生产和销售环节中形成以下必备条件：

　　①零件代码，对物料资源的管理，对每种物料给予唯一的代码识别。

　　②物料清单，定义产品结构的技术文件，用来编制各种计划。

　　③工序，描述加工步骤及制造和装配产品的操作顺序，指明各道工序的加工设备及所需要的额定工时。

　　④工作中心，从事生产进度安排、核算能力、计算成本的基本单位。

　　相对于节能来说更重要的作用在对于销售订单的管理，检测单是 ERP 的入口，所有的生产计划都是根据它下达并进行排产的，对 EMC 合同管理贯穿了产品生产的整个流程。

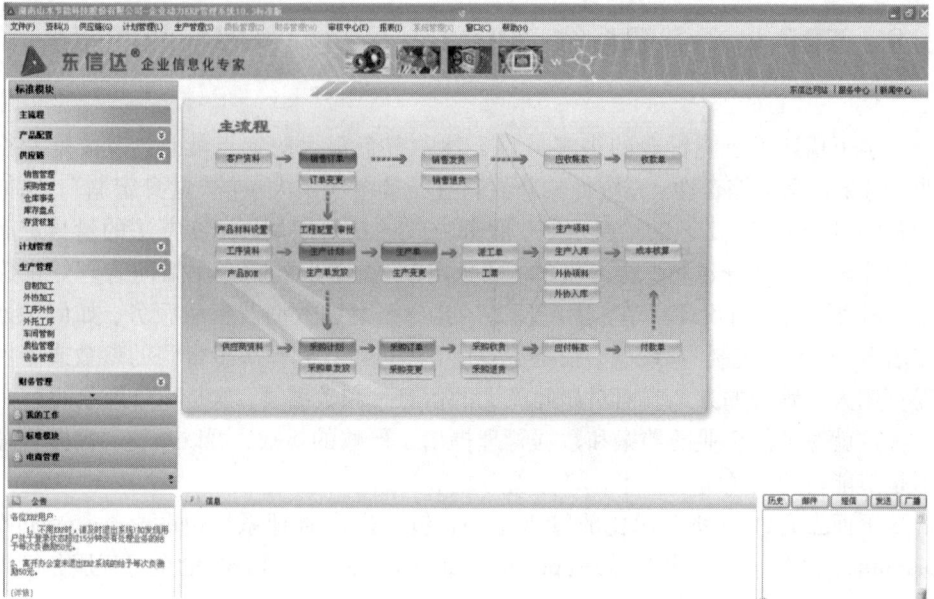

图 2 – 39 该公司智能型企业 ERP 系统

图 2 – 40 是根据 ERP 合同管理流程的规范严格要求加工出来的高精度叶轮零件。

图 2 – 40 叶轮零件

(2) PDM

PDM 是一门用来管理所有与产品相关信息(包括零件信息、配置、文档、CAD 文件、结构、权限信息等)和所有与产品相关过程(包括过程定义和管理)的技术。

　　凡是最终可以转换成计算机描述和存储的数据，PDM 都可以一概管之，如：产品结构和配置、零件定义及设计数据、CAD 绘图文件、工程分析及验证数据、制造计划及规范、NC 编程文件、图像文件(照片、造型图、扫描图等)、产品说明书、软件产品(程序、库、函数等"零部件")、各种电子报表、成本核算、产品注释等、项目规划书、多媒体音像产品、硬拷贝文件、其他电子数据等。功能，包括文档管理、工作流和过程管理、产品结构与配置管理、查看和批注、扫描和图像服务、设计检索和零件库、项目管理、电子协作、工具与"集成件"功能。某 PDM 的软件界面如 2 - 41 所示。

图 2 - 41　PDM 的软件界面

　　在现代制造业企业的信息集成过程中，PDM 可以被看作是起到一个集成框架的作用，各种应用程序诸如 CAD/CAM/CAE、EDA、OA、CAPP、MRP 等将通过各种各样的方式，如应用接口，直接作为一个个对象而被集成进来，使得分布在企业各个地方、在各个应用中使用(运行)的所有产品数据得以高度集成、协调、共享，所有产品研发过程得以高度优化或重组。

　　全过程服务管理系统严格继承和发展了企业的产品全生命周期管理的思想。良好的信息基础环境，使得企业能够实现与供应商和客户之间交换多种类型的产品数据。在产品开发和服务过程中全面协作，任何服务节点不但要访问产品设计数据，而且还需要访问制造过程中的数据，还有其他一些在产品生命周期中的涉及的有关产品信息，面向产品生命周期的产品数据管理系统是现代公司全过程服务管理系统的焦点。

PDM 在节能服务中的功能分为两类：

①保证服务过程完整地实现客户需求，生产过程完整地反映设计意图，流程如图 2 - 42 所示。

图 2 - 42　生成过程设计

PDM 对检测、优化、设计、生产、安装所有的分布式服务过程中，产生的 CAD 绘图文件、工程分析数据、制造计划及规范、NC 编程文件、图像文件、产品说明书、项目规划书、工作流和过程管理文件进行全过程自动集中存档及链接更新，保证完美地实现设计意图和用户需求。

②深入挖掘客户潜在需求，售后服务真实还原初始状态。

售后服务工作以 PDM 为核心，根据复测结果、进一步优化，或者进行售后服务，服务过程中必须依据 PDM 中所有关于此项目的 CAD 绘图文件、工程分析数据、制造计划及规范、NC 编程文件、图像文件、产品说明书、项目规划书、工作流和过程管理文件进行追溯，保证服务过程和设备零件提供的正确性。客户管理流程如图 2 - 43 所示。

图 2-43　用户流程管理

2.9　再制造技术简介

再制造是让旧的机器设备重新焕发生命活力的过程。它以旧的机器设备为毛坯，采用专门的工艺和技术，在原有制造的基础上进行一次新的制造，而且重新制造出来的产品无论是性能还是质量都不亚于原先的新品。

科学地说，再制造是一种对废旧产品实施高技术修复和改造的产业，它针对的是损坏或即将报废的零部件，在性能失效分析、寿命评估等分析的基础上，进行再制造工程设计，采用一系列相关的先进制造技术，使再制造产品质量达到或超过新品。

再制造技术运用在水机及水力控制设备中，主要应在设计中予以体现，下面我们分别从泵及阀门两个方面进行阐述。

通过对叶轮、泵体内部涂层处理，对流道进行全面保护，达到提升水机效率、防腐、耐磨的目的，涂层为 2 层，单层厚度为 1.5 mm，寿命视介质含杂质情况，可达 3 ~ 5 年，当涂层失效后可以磨光后再次涂装，次数无限，如图 2 - 44 所示。

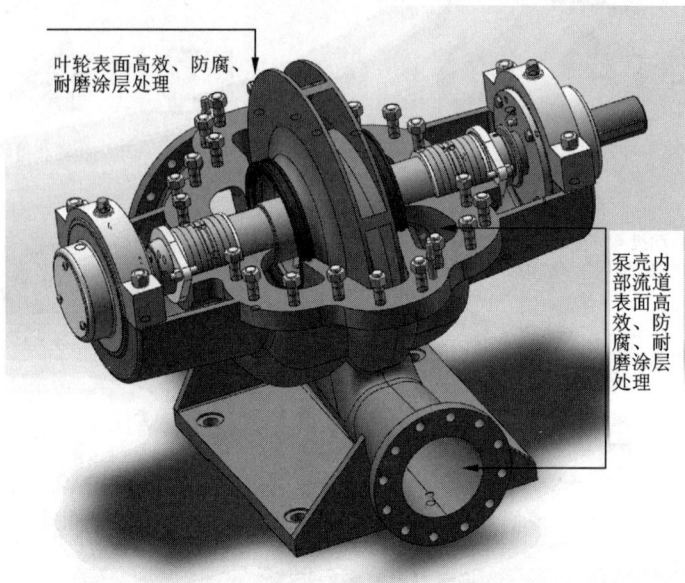

叶轮表面高效、防腐、耐磨涂层处理

泵壳内部流道表面高效、防腐、耐磨涂层处理

图 2 - 44　叶轮及泵壳的再制造技术

中开面和法兰的再制造技术见图 2 - 45，其技术要点为：

①设计中通过对进出水口法兰加厚处理，当法兰密封面失效后可以再次加工，每次加工后寿命为 12 年，次数 5 次。

②设计中通过对中开面法兰加厚处理，当法兰密封面失效后可以再次加工，每次加工后寿命为 6 年，次数 10 次。

转子部件的再制造技术见图 2 - 46，其技术要点为：

①设计中通过对叶轮及泵体分别设置密封环，当密封间隙由于磨损，导致泄露量增大后可以更换密封环，每次更换后寿命为 2 年，次数无限。

②设计中通过对轴套进行镀硬铬处理，当轴套表面由于磨损密封效果变差后可以车削后重新镀铬，镀铬厚度为 1 mm，每次加工后寿命为 1 年（填料密封），次数 5 次，5 次以后更换轴套。

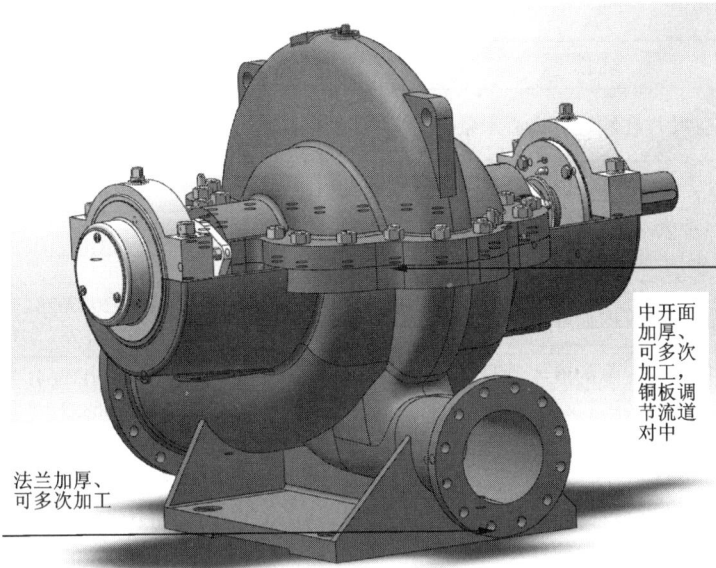

图 2-45　中开面和法兰的再制造技术

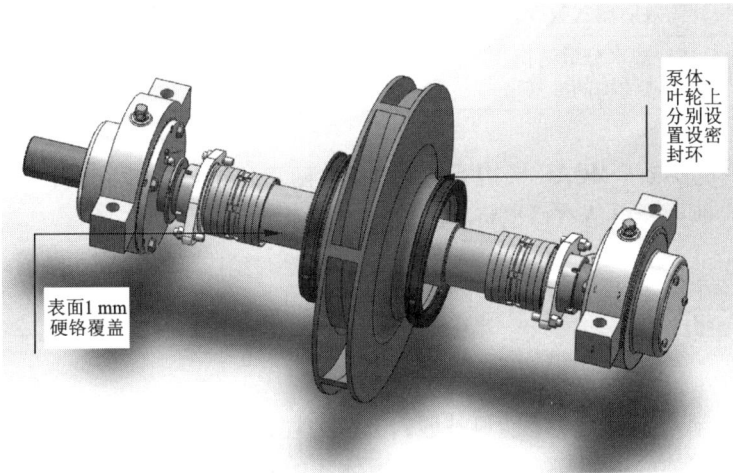

图 2-46　转子部件的再制造技术

2.10　专利技术

截至目前，根据不完全统计，湖南某流体系统节能公司围绕 MOAR 已申请的专利列表如表 2-1 所示。

表 2-1　MOAR 相关专利

序号	名称	类型	专利号
1	一种叶片在线可调离心水泵	发明 + 实用新型	2013101209096（发明） 2013201737942（实用新型）
2	抽真空系统及抽真空方法	发明	2013102464913
3	一种供水系统多末端支管同步调节流量的方法	发明	2013102604641
4	水泵可调节内循环冲洗系统	发明 + 实用新型	2013102605023（发明） 2013203732676（实用新型）
5	动态环形间隙的液体泄漏量测试装置及系统	发明 + 实用新型	2013102611664（发明） 2013203766827（实用新型）
6	一种水泵轴承保护结构	发明 + 实用新型	2013102605381（发明） 2013203731334（实用新型）
7	一种水泵口环密封装置及用于该装置的口环	发明 + 实用新型	2013103558725（发明） 2013204992365（实用新型）
8	一种新型轴承安装固定结构	发明	2013103568977
9	一种双吸泵吸水室的优化方法	发明	2013105149412
10	一种高效射流式吸砂装置	实用新型	2013207346497
11	循环冷却水分散结构及具有该结构的冷却塔	发明 + 实用新型	2014101226804（发明） 2014201498058（实用新型）

表 2-1 形成了 MOAR 架构下的专利簇，随着研究的不断深入和应用领域的扩大，相应地专利申请数目也将不断增长。

2.11　小结

本章介绍的湖南山水节能科技股份有限公司，在 MOAR 理论的指导下紧密围绕流体系统节能的迫切需要，进行了技术体系的布局，既包括了在线可调叶片泵和 AS 高效节能水泵等先进装备，也包括 CFD 仿真和热流体系统仿真等基础性共性技术，还包括了产品数据库和生产流程等管理技术，这些技术的综合利用是当今工业化和信息化融合背景下铸就企业技术竞争力的有力保障。当然，MOAR 理论框架下的技术体系远不仅此，而是随着当前工业 4.0 的浪潮和商业模式的进化而不断丰富和完善。

第 3 章　石油、石化工业的系统节能技术

3.1　概述

石油、石化是控制国民经济命脉的重点产业，关系着国家的能源战略安全。作为能源生产大户，同时也是耗能大户，石油、石化行业的节能成为了国家关注的焦点。由于石油、石化行业工艺流程十分复杂，单元操作耦合程度高，耗能装置众多且各有其自身特点，生产流程运行的稳定性要求特别高，因此，单一的节能技术或装备往往不能满足新形势下的节能要求，从全系统角度对石油、石化行业进行整体节能诊断与改造方案设计，已经成为业内共同认可的必经之路。本章主要针对第二届中国石油、石化节能减排技术交流大会报道的石油、石化行业的若干新型节能装备和技术进行剖析，并最终论证了 MOAR 在石油、石化行业节能中的巨大理论价值与实际意义。

3.2　石油、石化行业的节能形势

3.2.1　石油、石化行业定义

石油是石油工业，对原油进行开采和提炼得到石油产品，可分为：石油燃料、石油溶剂与化工原料、润滑剂、石蜡、石油沥青、石油焦等 6 类。石化是石油化工，是以石油和天然气为原料，生产出一系列中间体、塑料、合成纤维、合成橡胶、合成洗涤剂、溶剂、涂料、农药、染料、医药等与国计民生密切相关的重要产品。1970 年，美国石油化学工业产品，已有约 3000 种。国际上常用乙烯和几种重要产品的产量来衡量石油化工发展水平。广义的石油化工包括炼油，也就是包

括了石油工业。

3.2.2 石油、石化行业节能的基本现状

2014 年 5 月 22—23 日,在青岛召开的第五届全国石油和化学工业节能技术交流及投融资大会上,中国化工节能技术协会发布《2014 中国石油和化工行业节能进展报告》(以下简称《报告》)显示,2013 年,我国石油和化工行业的工业增加值能耗比上年下降 1.98%,完成"十二五"节能目标任务的 30%,并没有达到目标进度要求,重点产品单位综合能耗下降速度减缓甚至出现反弹,行业节能形势依然严峻。

但是,局部来看,部分企业以及部分细分工艺领域在能耗方面也取得了一定的成绩与进步。中国化工节能技术协会理事长方晓骅介绍称,"十二五"期间,特别是十八大以来,石油、石化全行业把节能减排作为调结构转方式的重要抓手,从管理、技术、投资上加大节能减排的力度。2013 年,化工行业面对复杂变化的国内外宏观经济环境,积极推广先进的节能减排新技术、新工艺、新设备、新材料,加强企业能效管理,狠抓节能降耗,取得较好成绩。

《报告》显示,2013 年我国石油和化工行业节能效果主要表现在:①高耗能产品的单位综合能耗进一步下降。原油加工、乙烯、烧碱、纯碱、合成氨、电石、黄磷等七种重点耗能产品,五种产品单位综合能耗下降,占 71.4%。②工业增加值能耗和主营业务收入能耗逐年下降。

中国化工节能技术协会高级工程师张觐桐对《报告》进行了进一步解读,有专家测算,2013 年全国石油和化工行业工业增加值比 2012 年增长 7.5%,达到 28030 亿元。2013 年石油和化工行业的工业增加值能耗 1.779 t 标准煤/万元,同比下降 1.98%,比 2010 年下降 5.5%。2013 年与 2010 年比,按单位工业增加值能耗降低计算,行业实现节能量 2904 万 t 标准煤。2013 年石油和化工行业主营业务收入为 13.32 万亿元,单位主营业务收入能耗为 0.379 t 标准煤/万元,比上年下降 2.06%;与 2010 年相比下降 22.0%。2013 年与 2010 年比,按单位主营业务收入能耗计算,行业实现节能量 14252.4 万 t 标准煤。与此同时,石化各行业情况比较分化,9 个子行业中有 6 个行业 2013 年的综合能耗比 2012 年、2010 年相比实现了双降。其中,2013 年石油和天然气开采业综合能耗为 109.41 kg 标准煤/t,比 2012 年降低 4.09%,与 2010 年相比降低 16.85%;原油加工综合能耗为 65 kg 标准油/t,比 2012 年增加 0.95%,与 2010 年相比降低 3.92%;乙烯综合能耗为 835.89 kg 标准煤/t,比 2012 年降低 0.0158%,与 2010 年相比降低 5.09%;合成材料制造业综合能耗为 434.5 kg 标准煤/t,比 2012 年降低 1.89%,与 2010

年相比降低 7.85%；化肥行业综合能耗为 1.343 t 标准煤/t，比 2012 年降低 11.53%，与 2010 年相比降低 15.32%；化学农药原药综合能耗为 1.272 t 标准煤/t，比 2012 年增加 18.1%，与 2010 年相比降低 9.08%；化学矿采选综合能耗为 6.67 kg 标准煤/t，比 2012 年减少 38.2%，与 2010 年相比降低 28.13%；有机化学产品综合能耗为 1.36 t 标准煤/t，比 2012 年减少 4.62%，与 2010 年相比降低 16.56%；主要基本化学原料（无机化工原料）综合能耗为 0.396 t 标准煤/t，比 2012 年增加 5.1%，与 2010 年相比增加 2.33%。

3.2.3 石油、石化行业节能的发展趋势

虽然我国石油、石化行业目前在节能方面取得了一定的成绩，但是石油和化工行业能源资源消耗高的局面尚未得到根本改变，石油、石化行业的节能形势十分严峻，行业节能任重道远。目前石油、石化的节能重任突出表现在：单位工业增加值能耗没有达到目标进度要求，重点产品单位综合能耗下降速度不理想。据有关专家分析，根据行业节能"十二五"规划，石油和化工行业"十二五"期间工业增加值能耗要比 2010 年降低 16%。2013 年工业增加值能耗 1.779 t 标准煤/万元，2010 年单位工业增加值能耗为 1.8826 t 标准煤/万元，到 2015 年要降到 1.5814 t 标准煤/万元。2013 年全行业的工业增加值 28030 亿元（测算值），如果后两年按 7% 速度增长，到 2015 年，全行业的工业增加值达到 32090 亿元。"十二五"石油和化工行业节能目标为 9666 万 t 标准煤。

据《报告》显示，"十二五"前 3 年，按单位工业增加值能耗计算，2011 年节约标准煤 813.8 万 t；2012 年节约 863.2 万 t；2013 年节约 1006.3 万 t，3 年累计节能 2683.3 万 t。2013 年单位工业增加值能耗 1.779 t 标准煤/万元，比 2010 年下降了 0.1036 t 标准煤/万元，2013 年工业增加值 28030 亿元，全行业实现节能 2904 万 t 标准煤，只完成"十二五"节能目标任务的 30%。不论按环比计算还是按定比计算，都没有达到进度目标。

另外，重点产品单位综合能耗下降速度减缓甚至出现反弹。2013 年乙烯、合成氨、30% 离子膜碱和纯碱的单位综合能耗比 2012 年仅降低 1.58%、1.28%、1.41% 和 1.43%，炼油和电石则比 2012 年上升 0.96% 和 1.87%。这是 8 年来石油、石化行业节能领域第一次出现上述如此进展不利的局面。

3.2.4 石油、石化行业节能的技术推广

首先，石化节能，技术先行，要取得后续节能攻坚战的胜利，全面创新的系

统节能技术的开发应用与行业推广是关键。杨勇认为，尽管近期石油、石化行业节能形势不容乐观，但是目前行业节能空间依然巨大。一方面，受经济增速放缓的大环境影响，石化行业面临产能过剩等问题，结构调整任务艰巨，有些企业效益一般，节能动力不足；另一方面，经过多年努力，行业节能潜力已挖掘了不少，剩下的大多是难啃的"硬骨头"，一些企业节能的意识还有待提高，节能创新技术的应用推广还不到位。

再次，应该针对具体情况因地制宜地制定石油、石化行业节能量的评价制度与技术手段。受经济波动和下游需求的影响，有时石油、石化企业的工业增加值会出现负值，使得工业增加值能耗很难计算，如果用产品单耗来衡量石化行业的节能情况更科学。例如因为受价格因素影响较大，按现价统计工业增加值能耗下降数据并不准确，折合成不变价比较合理。

总之，无论如何，石化行业能耗总量巨大，节能形势严峻，节能空间广阔，还需要坚定不移地推进节能减排战略，这是毋庸置疑的。在节能技术上，石化行业急需重点推广能量系统优化技术、节能管理中心技术、节电技术、热力系统及工业炉节能技术、水系统技术和高耗能产品节能技术等。此外，节能服务公司应该在节能诊断、能源管理体系建设等方面为石油、石化企业提供支持，加大先进节能技术推广力度，力求实现"十二五"行业节能目标。

3.3　MOAR 在石油、石化节能中的应用举例

MOAR 作为系统节能技术的集大成者，也是指导石油、石化节能的有力武器。

2015 年 1 月 13—15 日，由中国石油学会主办的"第二届中国石油、石化节能减排技术交流大会暨节能减排新技术新装备展示会"在福建省福州市成功召开。大会主题是"持续推进节能减排，大力倡导绿色低碳发展"。来自中国石油、中国石化、中国海油、陕西延长石油及所属企事业单位、有关高校、科研院所，以及民营技术服务公司等从事石油、石化节能减排工作的管理和技术人员共 480 余人参加了大会。

本次大会出版了会议论文集，共收录研究论文共计 288 篇，介绍的节能技术、装备与方法累计 1000 余项。按照 MOAR"管理系统运行（M）""优化工艺需求（O）""调整系统供给（A）"和"提升元件能效（R）"的四个法则分类，各个法则下对应的论文篇数及占全部论文篇数的比例见表 3 - 1，由于部分论文同时涉及两项及以上 MOAR 的法则，故表 3 - 1 中四个法则对应论文的篇数相加之和大于总篇

数,占比之和也相应地大于100%。

表3-1 MOAR各法则对应的论文篇数

法则	管理系统运行 （M）	优化工艺需求 （O）	调整系统供给 （A）	提升元件能效 （R）
论文数（篇）	108	73	68	126
占比（%）	37.50	25.35	23.61	43.75

从表3-1可以看出,使用提升元件能效这一法则的相关论文篇数最多,占比高达43.75%,接近论文总数的一半,这是因为通过提升元件能效的方式来实现节能目的,一方面效果最直接最显著,另一方面则对系统内其他元件的影响较为有限,改造量小,投资见效快;管理系统运行这一法则相关的论文篇数为108篇,占比第二。可见石油、石化行业,尤其是油田和炼厂等生产企业,已经充分认识到了日常管理的重要性,管理也是系统节能必不可少的组成部分;应用优化工艺需求和调整系统供给这两个法则相关的论文数量大体相当,约占总篇数的25%,其意义也非同小可。

下面根据会议论文集的报道,结合具体实例介绍每一个MOAR法则在石油、石化节能中的成功应用。

3.3.1 管理系统运行的应用实例

（1）镇海炼化"双轮"驱动节能降耗

镇海炼化位于东海之滨的杭州湾南岸,是我国最大的"炼化一体化"企业,拥有年2300万吨炼油综合加工能力,100万吨乙烯和200万吨芳烃生产能力。近年来,镇海炼化在激烈的市场竞争和严格绿色低碳环保的发展要求下,提出依靠"管理与技术两个轮子"驱动,全面、深入开展能效倍增、节能降耗活动,努力消化企业规模扩张、产品质量升级、环保排放削减所带来的能源消费增长压力,取得了很好的节能成绩:截至2014年11月,完成炼油综合能耗46.1 kg标油/t,乙烯装置检修改造后综合能耗降到520 kg标油/t以下,比检修前下降约10 kg标油/t,其他工艺能耗指标也名列行业榜首。

镇海炼化具体的节能管理操作方式如下:

①推进管理的精细化和规范化。

镇海炼化坚持"平稳是最大的效益"这一核心理念,努力通过精细管理、规范管理来取得管理上的不断进步，切实做好安全、环保、质量、平稳等生产运行工作，为节能减排工作奠定了扎实的基础。具体做法包括：建立现场作业风险管控机制、"低头见黄金"缺陷发现奖励机制、装置薄弱环节整治机制；指定技术、操作人员作业行为规范和装置技术管理规范，并采用行为观察法来进行整治；探索区域资源整合，与宁波化工园区实现原料互供，保证大乙烯等各装置物料平衡，减少非计划停工次数，实现资源价值的最大化。

②密切关注能效指标。

能效是能源利用和节能评价的准绳。镇海炼化开展"能效倍增计划"，从管理、结构调整、技术进步、重点工程、循环经济以及合同能源管理等六个方面开展节能工作。引入专业化团队从事保温管理，推进保温管理的高效化与专业化，如对电站某设备采用稀土工艺进行整改，使得设备表面温度从 80℃ 降低到 50℃ 以下，大大减少了不必要的热量散失；对新建装置，从源头抓起严格执行项目能效评审，确保改建、扩建装置的能耗领先水平；对节能项目则密切跟踪落实项目进展情况，实施监控并且建立项目预警机制；对日常生产则时常进行节能诊断，增加主要用能设备、塔回流比、节能设施投入使用度以及物料热直供等的在线监控，确保用能及时调整优化。

③推进能源管理国际化。

为了引入国际标准和加强能源管理，实现能源管理的国际化，镇海炼化于 2013 年开始开展能源管理体系认证。其能源管理体系具有如下两个方面的显著特征：一是有效融入镇海炼化自身原有的一体化管理体系，有利于节能理念的接受和推广；二是通过构建能源管理体系，实现能源管理的全方位覆盖。

④采用组织激励手段调动全员节能热情。

镇海炼化按照"确保、力争、奋斗"三个台阶，分解各个单元节能降耗指标，并将考核权重提升为 25% ~30%，明确了节能工作的重要性；与此同时建立节能建议的专项奖励以激发广大员工的热情。

(2)EMS 能量管理系统

能量管理系统(energy management system，EMS)是一种信息化的企业能源管理平台，在企业现有设备的基础上，建立全厂装置和公用工程系统的在线模型，定期分析能源使用状况，监控节能技术利用效果，提供并实施整体在线节能优化方案，保持生产操作的最佳化以及能源消耗的最优化。

中国石油兰州石化公司拥有多年应用 EMS 的经验。兰州石化作为大型综合炼化企业，公用工程系统日常操作受装置需求影响较大，操作常常处于一定的波动之中。因此仅仅通过人工经验或是建立离线的数学模型，往往均难以对实际运行出现的问题，有针对性地及时提出优化方案并进行优化调整。建立 EMS 在线模型后，通过在线采集并校准实时工艺数学并提出针对性的优化建议，可以实现动态优化企业公用工程系统的能耗。因此公用工程系统 EMS 成为目前国内外炼化企业研究与应用的重点。当前许多国际大型石油公司都在积极采用和推广现代能源管理平台，对提高炼化业务能源管理水平发挥了十分重要的作用。

EMS 是一套以 WEB 应用为基础，集成流程模拟在线优化运行的综合能源管理工具，主要实现公司能耗的钻取式查询、重点用能设备能现在线监测、节能项目效果跟踪以及蒸汽动力系统在线运行优化等功能。例如针对真气动力系统，可以建立全公司蒸汽动力系统在线优化模型，对全公司不同生产方案、不同动力价格下的公用工程系统进行监控，指导公用工程系统的优化运行。EMS 的结构具体包括以下三大层级：

层级一：以 Proteam 蒸汽动力系统离线模型为核心，搭建数据路桥，实现与 MES 系统中工厂参考模型数据、物料数据及能耗数据等关系型数据库，以及与设备运行参数相关的实时数据库的数据集成，并对采集数据进行有效性检查和校验。用户可以利用这一层级进行蒸汽系统优化方案的研究与验证，以及重点设备小计参数计算和展示等工作。

层级二：以 Visual-Mesa 在线模拟优化软件为核心，对石化公司的公用工程系统进行详细建模，利用实施数据、历史数据或人工输入的用户数据对公用工程系统进行优化；结合设置和确定的价格、约束和运行界限计算出最为经济的系统运行方式，从而提出有关如何以较低的成本运行公用工程系统方面的可行建议。同时，Visual-Mesa 软件还可以支持 SiverLight 技术，有效达到实现受客户端应用并提升系统适用性的目的。

层级三：自主开发基于网页的 B/S 架构 EMS 框架组成，实现公司、分厂、装置不同层级能耗的钻取式查询与追踪；对重点用能设备能效水平及相关运行参数进行检测；并且对已经实施的节能改造项目进行绩效的跟踪管理与实施监控。该系统功能的主要模块包括重点设备能效监测、节能项目跟踪管理、能耗管理、优化模型以及优化结果的动态网页发布。

3.3.2　优化工艺需求的应用实例

（1）天然气终端处理厂的能量优化

中国海洋石油总公司节能减排监测中心选取天然气终端处理厂开展了能量系统优化技术的应用实践。基本工艺流程是：海管来的油气混合物经过段塞流捕集器分离出水相、气相和油相，水相进入闭式分离罐；三相分离器分离出的气相与段塞流捕集器分离出的气相混合，进入脱水系统，脱水工艺一般有三甘醇吸收和分子筛吸附两种方式；脱水后的天然气进入制冷系统变成液相，并与三相分离器油相混合进入分馏系统分离成 LPG、丙烷、丁烷或其他产品。

中国海洋石油利用"三环节"能量理论进行工艺需求的优化改进。从能量演变的角度出发，可以把过程系统描述成"三环节"能量流结构模型，包括能量转化环节、能量利用环节和能量回收环节。"三环节"能量理论中，能量利用是核心，决定了工艺对能量的最低需求；能量回收环节是关键，必须保证工艺内部能量最大限度地回收，并积极降低公用工程的消耗；而能量转换环节是保证，该环节要求能量转化设备能够高效运行，尽量减少转换过程的损失。基于"三环节"能量理论，天然气处理厂的能量利用环节比较少，一般为分馏系统精馏塔再沸器对能量的需求，产品的分离量以及分离精度决定了能量需求的高低；而转换环节主要为输送物料的机泵以及用于将小部分低压气体输送到主流程中的小型压缩机；能量回收环节主要是天然气处理厂中制冷系统冷量的回收，所有处理厂均对天然气的冷量进行了回收，但往往对分馏系统的物流余热回收十分有限。

从能量优化的角度而言，可以对能量利用环节进行细致分析，判断分馏系统对能量的需求是否合理，并积极降低能量需求，同时根据对能量利用环节的分析，将分馏系统工艺物流的余热尽可能回收以降低分馏塔能量的需求。此外，还应该从系统角度进行整体考虑，将分馏系统工艺物流的低温余热用于其他系统。

(2)催化裂化装置余热锅炉的工艺需求优化

催化裂化(FCC)作为一种石油炼制过程，是石油二次加工的主要方法之一，也是炼油系统的核心装置和重点耗能装置。催化裂化是在热和催化剂的作用下使重质油发生裂化反应，转变为裂化气、汽油和柴油等的过程，其主要反应有分解、异构化、氢转移、芳构化、缩合、生焦等。与热裂化相比，其轻质油产率高，汽油辛烷值高，柴油安定性较好，并副产富含烯烃的液化气。催化裂化的流程主要包括三个部分：①原料油催化裂化；②催化剂再生；③产物分离。原料喷入提升管反应器下部，在此处与高温催化剂混合、气化并发生反应。反应温度为 480 ~ 530℃，压力为 0.14 ~ 0.2 MPa(表压)。反应油气与催化剂在沉降器和旋风分离器(简称旋分器)分离后，进入分馏塔分出汽油、柴油和重质回炼油。裂化气经压缩后去气体分离系统。结焦的催化剂在再生器中用空气烧去焦炭后循环使用，再生温度为 600 ~ 730℃。此外，再生器排除的烟气一般还要经三级旋风分离器再次分离回收催化剂，高温高速的烟气主要有两种路径：一是进入烟机，推动烟机旋转带动发电机或鼓风机；二是进入余热锅炉进行余热回收，最后废气经工业烟囱排放。本节主要介绍通过催化裂化装置的余热锅炉工艺需求优化而取得良好节能效果的实施案例。

中国石油四川石化有限责任公司(四川石化)的催化裂化装置承担了全厂70%以上的汽油和40%以上的柴油生产任务,而其总的耗能占据炼油系统总加工能耗的30%左右,因此可以说催化裂化装置既是能源生产大户,又是能源消耗大户,同时还是节能减排的重点关注对象。四川石化 10 Mt/a 炼油与 0.8 Mt/a 乙烯炼化一体化工程中新建的 2.5 Mt/a 重油催化裂化主体装置,由反应再生单元、机组单元、余热锅炉单元、产品精制单元和烟气脱硫单元组成。余热锅炉单元承担着汽轮机 4.0 MPa 蒸汽和全厂 4.0 MPa 中压蒸汽的供给任务,是十分重要的热能供给部分,故余热锅炉单元的低能耗正常运行是实现全厂节能降耗的关键环节,而通过优化工艺需求参数来实现余热锅炉单元的节能是目前业内的主要通行做法。具体的节能改造措施介绍如下:

①再生烟气流程工艺需求优化。

催化裂化装置产生的再生烟气设计值为 515℃,烟气经过高温烟道水平地进入中亚余热锅炉炉膛,并依次经过 1 台高温过热器、两台低温过热器、转弯烟道、4 波金属膨胀节、两台高温省煤器、两波金属膨胀节、两台低温省煤器、1 波金属膨胀节,最后烟气温度降低至 175℃后从出口烟道进入烟气脱硫单元脱硫后排放入大气。

节能改造措施为取消原有设计的低压余热锅炉,只保留设置中亚余热锅炉,充分利用再生烟气的高温热能,最大限度地产生 4.0MPa 中压蒸汽供汽轮机和全厂管网使用;取消原有的炉膛下部设置的燃料补燃器的 1198 Nm³/h 的燃料气补给,因再生烟气进中压余热锅炉温度高达 515℃,故为了最大限度地回收烟气热能,产生品质合格的中压蒸汽(4.0 MPa,420℃),取消燃料气补给,节约燃料气使用量。

②除氧水流程工艺需求优化。

自装置以外输送流量为 238.9 t/h 的除氧水,除氧水流经烟气脱硫单元臭氧发生器、稳定汽油－除盐水换热器换热后进入除氧器进行除氧,除氧所用蒸汽一部分来自装置内 1.2 MPa 过热蒸汽总管;另一部分则来自连续排污扩容器闪蒸蒸汽。自中压给水泵加压后的 211.3 t/h 中压除氧水(6.0 MPa、104℃)经中压余热锅炉省煤器给水预热器换热至 204℃后,168.1 t/h 除氧水送至外取热器汽水分离器、49.5 t/h 除氧水送至油浆蒸汽发生器汽水分离器。

节能改造措施为增加连续排污扩容器,以便合理地利用汽水分离器连续排污水的气化潜热进行除氧,大大节约了 1.2 MPa 过热蒸汽的消耗量;增设中压余热锅炉省煤器给水预热器,以便利用低温段省煤器出口的高温水加热低温锅炉上水,使得实际进入低温省煤器给水温度达到 135℃以上,从而使省煤器换热管的最低管壁温度高于烟气露点温度,避免露点腐蚀的发生,从而保证省煤器的长时间安全稳定运行。

③中压蒸汽流程工艺需求优化。

外取热器中压汽水分离器产生的中压饱和蒸汽(4.4 MPa、257℃)158.6 t/h,循环油浆蒸汽发生器中压汽水分离器中产生的中压饱和蒸汽(4.4 MPa、257℃)48.5 t/h,一起送至中压余热锅炉过热段与再生烟气换热,过热至420℃后共产中压过热蒸汽207.1 t/h,背压汽轮机用汽71 t/h,经汽轮机后的低压蒸汽经减温水调节温度后送至1.2 MPa 蒸汽总管,剩余136.1 t/h 中压过热蒸汽送至系统。来自汽轮机出口减温后的1.2 MPa 蒸汽70 t/h,其中17.9 t/h 经再生器内过热盘管过热至420℃后供装置防焦、汽提使用,30 t/h 供催化装置自用,18.4 t/h 供余热锅炉区除氧器使用,剩余3.68 t/h 送至系统管网。

节能改造措施为增设减温后1.2 MPa 蒸汽至再生器内取热器流程,从而最大限度地回收利用低温蒸汽的热能,以便节约高温蒸汽的消耗量;而在低温蒸汽与高温过热器之间则增设减温水控制阀,控制余热锅炉过热蒸汽的出口温度,从而充分保证蒸汽品质。

四川石化针对余热锅炉单元的再生烟气流程、除氧水流程和中压蒸汽流程等进行工艺需求优化后,取得了良好的节能效果。装置依次开车成功并经过一年的正常运行,设备未发生泄漏腐蚀,排烟温度下降了15℃,增产品质合格的4.0 MPa中压蒸汽17 t/h、1.2 MPa 蒸汽6 t/h、锅炉系统压降降低2.3 kPa、燃料气用量减少1198 m³(标)/h、除氧水用量减少5 t/h。经过系统节能技术改造之后,经测算,余热锅炉单元的4.0 MPa 中压蒸汽增产、1.2 MPa 蒸汽增产、机组省电和锅炉节约燃料气产生的经济效益分别为4026 万元/年、1300 万元/年、60 万元/年和2576 万元/年,总计高达将近8000 万元/年,可见取得了非常显著的经济效益提升。

3.3.3 调整系统供给的应用实例

(1)炼油厂蒸汽系统供给调整

中石化股份公司武汉分公司炼油二期装置开工正常后,因装置自产蒸汽增加、中压透平增设以及动力燃料发生变化等因素,导致全厂蒸汽系统发生了较大的改变,原有的蒸汽生产平衡格局被打破。因此,必须通过调整系统供给的原理来改变蒸汽系统的运行方法并优化供给配置,实现新平衡情况下的蒸汽系统经济运行,在适应新生产格局的同时取得最佳的节能效果。

1)蒸汽系统的变化

①新装置自产蒸汽的增加。

中石化武汉分公司炼油二期新上的装置由 180 万吨/年加氢裂化、180 万吨/年加氢处理、80000 m³(标)/h 制氢和 20000 m³(标)/h 干气提浓等，其中加氢处理和加氢裂化装置自产蒸汽，向系统输送 1.0 MPa 低压蒸汽分别为 17 t/h 和 8 t/h，制氢装置外送中压氢气为 15 t/h。

②动力透平的增设。

炼油二期装置增设动力背压透平，主要包括加氢裂化循环氢压缩机和加氢处理循环氢压缩机，再加上循氢机的运行，共计消耗中压蒸汽 66 t/h，并外输低压蒸汽约为 60 t/h。

③动力燃料的变化。

20000 m³(标)/h 干气提浓装置的投产，因提取干气中的 C2 成分作为乙烯原料，造成作为燃料组分的瓦斯缺口较大。燃料气不能满足工艺炉的需求，不足部分需要靠天然气来补充。一般工艺情况下，天然气的补充量大概为 30000 ~ 60000 m³(标)/d。而在燃料气不能满足工艺炉的需求的条件下，更不可能为原来的 CO 锅炉提供燃料。因此必须优化燃料结构和锅炉运行方法，以适应新的生产变化，实现热力系统的稳定经济运行。燃料供给优化的主要原则是：工艺炉所用燃料气优先于其他工业锅炉，及时停开 CO 锅炉，对焚烧炉则应该尽量维持最低燃料气消耗。

④蒸汽平衡的变化。

受新装置自产蒸汽、增开背压透平和燃料气变化等因素的影响，蒸汽平衡也会发生较大的变化。对于不同的运行方式，蒸汽平衡不同，而且经济性差距也十分巨大。对于不同的工艺运行方式，蒸汽总负荷可以在 160 ~ 200 t/h 调整，通过计算可以分析得知，在新的生产格局下，不增开动力透平，其经济性要远远好于其他的运行方式，即优化的运行方式应该是在满足生产的前提条件下，维持蒸汽总负荷、凝气发电亦即燃料气消耗的最小化。

2) 系统供给的调整

①锅炉供给的调整。

原来的 CO 锅炉燃料主要来源于炼油厂自产的瓦斯，而随着武汉石化炼油二期干气提浓装置的投产，作为燃料的瓦斯缺口比较大，工艺炉所需的瓦斯燃料也难以满足，必须外引天然气作为燃料补充。但是考虑到天然气的外购成本比较高，在这种新的生产条件下，如果运行 CO 锅炉，以天然气作为主要燃料，则蒸汽成本必然居高不下。但是，武汉石化于 2012 年 5 月外购国电青山电厂的蒸汽，采购成本相对较低。因此，在炼油二期项目投产运行后，尽早停止 CO 锅炉的运行，而只保留 CO 焚烧炉的运行，蒸汽不足部分以外购国电青山电厂的蒸汽来取代公司成本较高的自产蒸汽，通过这种调整蒸汽系统供给的 MOAR 提供的方法，每年可以节约蒸汽供给成本达 5000 万元以上。

②机组运行的调整。

随着锅炉供给的调整，炼油二期项目中压透平、自产蒸汽、2# 加氢循环压缩机的动力透平投运，原有的蒸汽平衡已经被打破，必须随着调整机组的运行方式。其主要思路是减少凝气发电蒸汽的负荷，进而降低低品位低压蒸汽的外送量，维持蒸汽系统的平衡与稳定。具体的节能改造措施是停开发电机和透平等动力背压机组，经测算每年可以节约蒸汽供给费用 1000 万元以上。

（2）延迟焦化的能量供给调整

延迟焦化是一种石油二次加工技术，是指以贫氢的重质油为原料，在高温（约 500℃）下进行深度的热裂化和缩合反应，生产富气、粗汽油、柴油、蜡油和焦炭的技术。它是目前世界渣油深度加工的主要方法之一，是渣油处理能力的 1/3。延迟焦化的主要原料减压渣油，经过换热和加热炉加热，延迟在焦炭塔内裂解、缩合反应生焦，在分馏塔内分馏出焦化汽油、柴油、蜡油，其主要工艺特点可以归纳为"既结焦又不结焦，既连续生产又不连续生产"和高温高压。可以说，有温度变化和燃料消耗的工艺就存在能量供给调整的需要，并存在节能减排的空间。锦州石化公司王季军总结了延迟焦化工艺的能量供给调整经验。

1）调整蒸汽供给和操作压力

焦化装置的首要目的是液体收率的最大化，并减少低价值焦炭的产量，生产适合下游装置处理的汽油、柴油和蜡油，因此在实际操作中，合理地提高液收应该是焦化能量优化最主要的目的，同时也成为主要的制约因素，既不能不计代价盲目地提高液收而得不偿失，又不能一味地节能降耗而影响产品的收率和效益。

一方面，温度的提高有利于液收的增加，故一般控制加热炉的出炉温度为 495～500℃，并且根据实际情况进行上限控制，而且还要通过合理的位置注汽，调整蒸汽供给使得 420℃ 以前的裂解反应充分和 420℃ 以后的缩合反应快速地进入焦炭塔内，保证液收的提高和长周期稳定运行，同时注意相关管线和设备的保温以防止能量流失。

另一方面，焦炭塔操作压力的降低也有利于提高液收。降压主要是为了缩短烃类在塔内的停留时间，减少二次裂化以提高液收并减少气收和石油焦的产量。另外还要做好焦炭塔塔顶注剂和急冷工作，减少二次裂解对液收的影响，同时排出不必要的塔内焦的阻力以降低焦炭塔的操作压力。

2）调整燃料瓦斯供给

焦化工艺中最大的能耗来源为燃料瓦斯，往往占据装置能耗的 90%，作为焦化工艺中最为主要的外部热量供给源，瓦斯的消耗量是能耗的关键。因此在保障收液率最大化的前提下要务必减少瓦斯供给，具体的途径则是提高加热炉进料温度并提高加热炉的热效率。

焦化加热炉进料供给主要是采用从分馏塔底抽出进料的形式，而塔底油装置采用原料换热后直接进入分馏塔底的形式，所以其温度主要受蜡油下回流量、循环比和原料换热流程的影响；但是增加下回流量或加大循环比就意味着液收的降低，所以必须充分促进原料换热流程的换热效果。根据 MOAR 调整系统供给的原理，具体的节能改造措施如下：

①需要合理利用分馏系统中蜡油和柴油的热量，根据夹点原理充分换热，按照能量的品位顺序加以充分利用。

②调整好加热炉的供给，优化出最佳的配风比、含氧量和炉膛负压等，从而调整好炉火使得炉管内热量均匀分布且尽量减少结焦以避免热阻的增加。

③动态调整换热流程的操作供给，如提高进料温度以减少加热炉瓦斯用量，优化试压预热和换塔操作时的热量供给。

④积极利用换热和蒸汽伴热等技术措施进行燃料瓦斯的加热，既可以杜绝瓦斯带液现象，又可以提高加热炉的热效率，有助于降低瓦斯的供给量。

(3) 减少公用工程供给

公用工程的能量供给包括新鲜水、软化水、循环水以及蒸汽和电力等，其能耗比例往往占据相当重要的地位。因此要注意水、电、汽的节约。

3.3.4　提升元件能效的应用实例

(1) 天然气长输管道的能效提升

由于天然气资源产区往往分布在交通不发达、自然环境恶劣、人烟稀少的地区，而天然气的使用和消费则主要集中在城市和工业区，因此通过输送管道长距离输送天然气是最为经济有效的手段之一。有数据统计表明，2013 年，全世界油气长输管道总厂超过 2×10^6 km，其中 70% 以上为天然气输送管道。我国目前也在积极建设天然气输送管网，2015 年，我国天然气管道规划总长度将接近 1×10^5 km。油气管道作为能源的输送渠道，自身也存在一定的能量消耗。随着我国工业的迅速发展和天然气需求量的持续增长，天然气输送管道的运输量和自身耗能也必然快速上升，故有必要做好天然气长输管道的能效提升工作。

天然气长输管道的能量损耗主要分为直接能耗和间接能耗这两种方式，前者主要在由压缩机组、管道阻力等气体运输途中而产生的；后者则是由于天然气运输过程中管道漏气和气体放空等过程产生的。相对而言，直接能耗在当前的经济技术条件下虽然可以通过技术的进步和材料的革新加以降低，但在今后相当长的一段时期内难以得到彻底性地减少；而间接能耗则可以通过先进的技术、良好的设备和完善的管理来得到显著降低。具体来说，想要在短时间内迅速有效地降低天然气长输管道的能耗，应该从减少压缩机能耗和降低输送管道气体阻力等方面入手，提出针对性的节能改造措施和办法。

根据中国石油管道公司中原输油气分公司李楠的总结，对直接能耗的降低有以下举措：

①合理选择压缩机及原动机。

压缩机是长输天然气的能量补充站，也是长输系统的主要耗能设备和节能改造的重点关注对象。天然气长输管道用压缩机主要分为往复式和离心式这两种形式，二者的优缺点及适用场合的比较见表 3-2。

表 3-2 往复式和离心式压缩机的优缺点及适用场合比较

	优点	缺点	适用场合
往复式压缩机	压缩比高，可达到 3:1 甚至 4:1，热效率高	存在往复活动部件，易损坏	低排量高压缩比的场合
离心式压缩机	压缩比和热效率较低	没有往复活动部件，容易实现通过自动控制来调节流量	大排量低压缩比的场合

经过表 3-2 的比较，不难发现，考虑到天然气长输管道的输送流量大，要求运行平稳易于维护，同时需要实现自动控制以调节流量来达到节能目的，因此天然气长输管道的压气站应该优先使用离心式压缩机。

对压缩机的原动机械而言，主要又分为电动机和燃气轮机这两种，前者结构简单，运行可靠度高，受工况影响小；后者虽然热效率低，但输出动力大，易于压缩机匹配。因此应该因地制宜地选择原动机的种类：对电力供应充足且电价低廉的地区，适宜采用电动机作为原动机；而对远离电网的边远地区，则应该选用燃气轮机。

②采用先进的输送工艺。

目前最新最先进的输气工艺包括高压输气和富气输送这两种方式，其原理都是提高输送气体的密度，从而降低气体流速，减少摩擦，提高输送效率。就具体的实施方式而言，高压输气增加了天然气的可压缩性和压缩效率，从而降低压缩能耗及压气站的功率；富气输送则是在要输送的天然气中加入密度较大的气体（如乙烷、丙烷等重组分气体）来提高输送气体的密度。

③减少沿程和局部的摩擦阻力损失。

天然气长输过程中相当大的一部分能耗用于克服管线沿程的摩擦阻力。摩擦阻力除了与流体流动的形态有关之外，主要与管道内部壁面的粗糙度大小有关。工程上减小管壁粗糙度最方便有效的办法是进行管壁内涂层减阻处理。此外，还可以优化工艺管路，尽量减少不必要的阀门和管道弯头来降低局部摩擦阻力以减少能耗损失。

④压气站的余热回收利用。

使用燃气轮机作为原动机的压气站用压缩机，燃气轮机燃烧过程会排放大量高温烟气，因此可以设计余热回收系统用于回收这部分烟气散失的热量。工程上回收烟气余热最为方便经济的做法是通过引导设备让高温烟气与锅炉内的循环水进行换热，吸热后的锅炉水可以用作生活热水。此外，增加高温烟气余热换热装置还可以减小燃气降温导致冰堵的可能性，从而也有助于降低管道内气体输送过程的摩擦损失。

⑤压缩机的定期维护。

压缩机是天然气长输过程的主要动力来源和关键耗能设备，因此必须高度重视压缩机的定期巡检与维护，及时更换损坏的配件，充分保证压缩机稳定工作在最优工况点。

除了降低天然气长输管道的直接能耗外，同时还应该重视管道间接能耗的降低。主要措施是尽量减少天然气的防空并防止天然气的泄露。减少天然气放空的方法主要是工艺方面的优化，即在生产运行过程中，通过合理安排管道施工作业方案并优化压缩机的启停来尽量减少放空次数及降低放空的压力值。而天然气的泄露则包括输气设备的泄露和管道的泄露这两个方面，应该加强管理和员工培训，定期进行管道巡检，及时更换缺陷段管道，进行防腐蚀涂层和阴极保护以降低化学腐蚀和电化学腐蚀导致的泄露，必要时还可以加装高灵敏度的在线监测装置以快速准确地对泄露点进行定位。

（2）管式加热炉的能效提升

管式加热炉是一种直接受热式加热设备，主要用于加热液体或气体化工原料，所用燃料通常有燃料油和燃料气。管式加热炉是石油化工企业消耗燃料的主要设备，据统计我国每年加热炉消耗的油气折合成原油高达 174 万吨，几乎相当于一个小型油田的年产量，故提高管式加热炉的热效率对降低石化企业总能耗具有十分重要的意义。目前国内各个炼油厂对管式加热炉的热效率都要求在 90%以上，而相当一部分现有的老旧加热炉往往只有 75% ~88% 的效率，因此提高管式加热炉的热效率并节约燃料消耗是当前石油化工节能亟待解决的问题。

中国石油锦西石化分公司 2013 年度运行的加热炉共计 28 台，2012 年度燃料单耗为 25.60 kg/t，整个全年的燃料消耗高达 13.67 万吨，占全厂总能耗的比例为 30%，当前加热炉的燃料主要为公司自产的瓦斯气和天然气。张家龙阐述了加热炉运行所存在的问题，并介绍了管式加热炉的节能提效措施。中国石油锦西石化分公司提升管式加热炉能效的节能途径和措施如下：

1）优化加热炉的换热流程

同等条件下，加热炉消耗的燃料随着所需要的装置负荷的提高而增加，故减少加热炉的热负荷有助于节能增效。工艺上最为直接有效的做法是提高入炉燃料的温度，例如入炉燃料的预热措施等。

2）降低排烟温度

烟气排放过程带走的热量在加热炉热量损失中占据着绝对性的比例。据估计，一般情况下排烟温度每上升 17～20℃，则加热炉的热效率将损失 1 个百分点。有经验数据表明，较高效率的加热炉（90% 及以上），其烟气排放导致的热量损失占总热损失的 70%～80%；而低效率的加热炉（70% 及以下），烟气排放导致的热量损失占据总热损失的 90% 以上。因此，提高加热炉效率最为关键的措施是降低烟气的排放温度。具体的做法如下：

①减小末端温差，提高入对流室被加热介质的温度，使得末端排烟温度与被加热介质入对流式的温度之差保持在 100℃ 以内。

②采用冷进料 - 热油预热空气工艺，即将管式换热器的对流段用作换热器，将一部分的冷油料和另一部分热油品同时引入对流室末端进行换热。

③定期使用吹灰器除去炉管表面的积灰，减小热阻。

④适当预热空气，在管式加热炉的其他工作参数和工艺条件不变的情况下，通过预热使空气温度每升高 20℃，则可提高加热炉的效率约 1 个百分点，但是空气的预热温度一般不应超过 300℃ 以免导致燃烧产物中氮氧化物含量上升和燃油喷头的结焦。

3）尽量保证燃料的充分燃烧并降低空气过剩量

通常工业实践中供给加热炉燃料燃烧的空气量比化学平衡理论计算量要略高以保证燃料的充分燃烧，炼油用管式加热炉的过剩空气系数一般为 1.05～1.15（以气体为燃料）或 1.15～1.25（以油品为燃料）。但是，过剩的空气量较大时，会增加加热炉的排气量并导致排烟损失的增加。因此在保证燃烧充分的情况下应该尽量降低空气过剩系数，具体做法是选用优质燃烧器并进行经常性维护，封堵漏风减小外界空气灌入，同时加强监测和日常操作监管。

4）减少散热损失

管式加热炉与环境之间存在对流和辐射，二者导致部分热量散失于外界环境。通常新建的管式加热炉具有良好的炉壁保温措施，其散热损失仅占总的热损失的 3% 以内；但对部分老旧管式加热炉，可能存在一定的炉壁内衬等保温材料损坏，应该及时检查修补。

5）强化对流换热

提高对流段的热负荷，可以有效降低辐射段的操作强度和烟气排放温度，在提高加热炉处理量和热效率的同时还能缓解过剩空气系数对燃料充分燃烧的敏感性。强化对流换热主要是从设备上入手，一方面要扩大对流段的换热面积，如增加排管数目或使用面积更大的翅片管和钉头管；另一方面则要加强清灰除垢工作，保证设备的高效稳定运行。

中国石油锦西石化分公司通过加热炉的系统节能技术改造后，加热炉普遍提效 1% ~5%，燃料消耗有所减少，折合天然气的消耗量计算得到其减少量为 1442 m^3（标）/h，按照加热炉年工作时间 8000 h 计算，则每年可以节约天然气 1150 万标准立方米，节约资金成本高达 3400 万元以上，整个系列的管式加热炉节能改造项目可以在两年内收回投资成本。

3.4　小结

我国石油、石化企业承担着艰巨的政治、经济和社会责任，为国民经济发展和社会进步做出了重要贡献，在保障日益增长的能源需求的同时，也面临着节能降耗、保护环境、清洁生产和绿色低碳可持续发展的挑战。为更进一步促进企业转变生产和发展方式，应该转变理念并且更新思路，注重系统节能，推动建设资源节约型和绿色环保型石油、石化企业。

通过总结和分析石油、石化行业大量成功的节能改造案例，可以看到 MOAR 既能够有效地指导节能技改思路和方法的展开，又能够紧密结合具体的装置特点和工艺情况，它提出了一系列操作性强且卓有成效的节能改造举措，因此 MOAR 未来将为石油、石化行业的节能减排工作继续做出更大的贡献。

第4章 流程工业的余热利用

4.1 工业余热简介

余热资源属于二次能源,是一次能源或可燃物料转换后的产物,或是燃料燃烧过程中释放的热量在完成某一工艺过程后剩下的热量。工业余热主要指工矿企业热能转换设备及用能设备在生产过程中排放的废热、废水、废气等低品位能源,利用余热回收技术将这些低品位能源加以回收利用,提供工业、生活热水或者为建筑供热,不仅可以减少工业企业的污染排放,还可以大幅度降低工业企业原有的能源消耗。余热资源十分丰富且广泛存在于各种生产过程中,特别在煤炭、石油、钢铁、化工、建材、机械和轻工等行业更是如此,被视为继煤、石油、天然气、水力之后的第五大常规能源。在我国,各主要工业部门的余热资源率平均达7.3%,而余热资源回收率仅为34.9%,回收潜力巨大。因此,从国家能源战略的角度出发,充分利用余热资源是实现工业节能减排战略目标的主要手段之一。余热利用也是 MOAR 框架下重要的研究内容。

4.2 余热的利用方式

余热利用是回收生产工艺过程中排出的具有高于环境温度的气态(如高温烟气)、液态(如冷却水)、固态(如各种高温钢材)物质所载有的热能,并加以利用的过程。在玻璃、冶金、冶炼、石化、建材、陶瓷、轻纺等行业中都具有排烟温度高于280℃的工业锅炉、流化床锅炉、导热油炉、冶炼炉、冶金炉、高炉热风炉、加热炉,其余热回收利用空间较大。常见的余热利用方式主要有:余热锅炉、热水法、预热空气、烟气 – 流体换热器、加工物料等。

余热的可利用性和价值取决于其数量和质量两个方面。余热的数量是指余热量的大小，余热的质量是指余热的品位高低，可以用温度、压力以及携带热量的介质给予表征。余热品位愈高、数量越大它的可利用性和价值也就愈大。余热的可利用性和价值不等于余热利用的效果。前者是指余热本身的品质和性质，它仅表示余热具有的可用性，但并不表示余热利用的有效性。后者不全由余热本身品质所决定，还决定于余热利用的场所、环境以及利用的方法，即决定于使用余热的对象和条件。比如，余热作为热量利用比作为动能利用的效果好，因为热变功要付出冷源损失的代价。

余热的回收利用方法一般说来有三种：第一是直接利用，第二是动力回收利用（产生蒸汽用来发电），第三是是综合利用。同时，不同品质的能量源，工艺需求也不一样，在这种情况下，企业应该做到因地制宜，事先做好能耗分析和能源系统评估。在实践中，有些企业却没有按照这些原则认真分析，这就难以取得好的效果。比如：一些企业高温炼焦的热量没有得到回收利用，却在利用低温低压的余热；一些企业优质煤炭还没有开采出来，却利用煤矸石发电。在水泥行业中也存在这种情况，品质高的能量没有得到充分利用，就在追求低品质热量的利用，而低品质热量的利用又不高效。

当前，我国能源利用仍然存在着利用率低、经济效益差、生态环境压力大的问题，节能减排，提高能源的综合利用率，是解决我国能源问题的根本途径，应处于优先发展的地位。余热资源属于二次能源，是一次能源或可燃物料转换后的产物，或是燃料燃烧过程中释放的热量在完成某一工艺过程后剩下的热量。余热利用的潜力很大，在当前节约能源中占重要地位。

4.2.1　余热的直接利用

直接利用是余热最常见的回收利用方式。具体应用如下：

（1）预热空气

利用锅炉、加热炉高温排烟预热其本身所需空气，以提高燃料效率，节约燃料消耗。

（2）干燥

利用工业生产过程的排气来干燥加工零部件和材料，如铸工车间的铸砂模型等，还可以干燥天然气、沼气等燃料。在医学上，工业余热还能用来干燥医用机械。

（3）生产热水和蒸汽

利用低温余热来产生 70～80℃或更高、更低温度的热水和低压蒸汽，供生产工艺和生活的不同需求。

（4）制冷或供热

利用低温余热来加热吸收式制冷机的蒸发器，或作为热泵的低温热源，达到制冷或供热的目的。国外对余热的直接利用已经开展得比较成熟。R Tugrul Ogulata 等设计了一种热量回收系统，以用于纺织行业中纺织品的烘干。在纺织品烘干过程中，被用来干燥的空气温度升高，湿度增加并且被一些灰尘以及化学物质所污染，因此不能用于再次干燥。在传统工业中，这些"废气"会被直接排放到大气中，其中的热量就被浪费掉。Ogulata 设计了一种废气循环系统，运用同流换热器，将用过的高温、高湿的废气对纺织品进行预热，并加以循环利用，很好地降低了能耗。

4.2.2 余热的动力回收

余热的动力回收是对高、中温余热回收的最佳方式，可使热能转变成动能。这种回收方式是通过汽轮机直接作用于拖动水泵、风机、压缩机等设备或带动发电机发电。例如，各种工业窑炉和动力机械的排烟温度大都在 500℃以上，甚至达 1000℃左右，可装设余热锅炉产生蒸汽来推动汽轮机产生动力，拖动水泵、风机、压缩机等设备或驱动发电机发电，达到余热动力回收的目的。

4.2.3 余热的综合利用

余热的综合利用根据工业余热温度的高低而采取不同的方法，以做到"热尽其用"，因而它是最有效的利用余热的途径。例如，利用高温余热产生的蒸汽，通过供热机组取得热电联供的效果；利用有一定压力的高温废气，先通过燃气轮机做功再利用其排汽通过余热锅炉产生蒸汽，进入汽轮机做功，形成燃气－蒸汽联合循环，以提高余热的利用效率，同时使用汽轮机抽汽或排汽供热。余热经过多次利用，就更扩大了其回收利用的效果。

在余热回收利用系统中，若采用热泵技术，可进一步提高余热的能级和利用效果，S Spoelstra 等人对使用高温热泵回收的工业废热进行了研究。他们改良升级了异丙醇热泵和盐/氨水混合蒸汽热泵这两种可用于废热利用的系统，并分别进行了模拟实验,其结果表明:前者具有更高的焓效率和化学需氧量(COP),且无副产品的形成,因而能更有效地回收利用余热,其平均内部收益率(IRR)达到了14%。

余热源来源广泛、温度范围广、存在形式多样,从利用角度看,余热资源一般具有以下共同点:由于工艺生产过程中存在周期性、间断性或生产波动,导致余热量不稳定;余热介质性质恶劣,如烟气中含尘量大或含有腐蚀性物质;余热利用装置受场地等固有条件限制。因此工业余热资源利用系统或设备运行环境相对恶劣,要求有稳定的运行范围,能适应多变的工艺要求,设备部件可靠性高,初期投入成本高。从经济性出发,则需要结合工艺生产进行系统整体的设计布置,以提高余热利用系统设备的效率。

4.2.4　余热回收原则

余热回收方式各种各样,但总体分为热回收(直接利用热能)和动力回收(转变为动力或电力)两大类。在回收余热时,首先应考虑到所回收余热要有实用性和经济性,如果为了回收余热所耗费的设备投资甚多,而回收后的收益又不大时,就得不偿失了。进行余热回收的原则是:

①对于排出高温烟气的各种热设备,其余热应优先由本设备或本系统加以利用。如预热助燃空气、预热燃料等,以提高本设备的热效率,降低燃料消耗。

②在余热余能无法回收用于加热设备本身,或用后仍有部分可回收时,应用来生产蒸汽或热水,以及生产动力等。

③要根据余热的种类、排出情况、介质温度、数量及利用的可能性,进行企业综合热效率及经济可行性分析,决定设置余热回收利用设备的类型及规模。

④应对必须回收余热的冷凝水,高低温液体,固态高温物体,可燃物和具有余压的气体、液体等的温度、数量和范围,应该充分考虑并制定利用具体的管理标准。

4.2.5　各行业的余热利用

在各种工业炉窑的能量支出中,废气余热占15%~35%,这些废气净化处理后是一种输送和使用方便、燃烧后又无需排渣和除尘、不易造成环境污染的优质能源。若能按工艺要求提供合适热值的煤气作为能源,还有利于改善产品质量。

但是由于企业生产结构和工业炉窑配置等原因，目前我国许多冶金企业仍排放大量废气，这是造成企业能源消耗高的一个重要原因。以下分别简要介绍钢铁、水泥、玻璃、建材、石油化工和有色冶金等六大行业的余热利用方式。

（1）钢铁行业的余热利用

钢铁行业常用的废气余热利用方式有：①安装换热器。②在换热器后安装余热锅炉。③炉底管汽化冷却。④发电（热电联产）。⑤制冷。回收后的热量主要用于预热助燃空气、预热物料、预热煤气和生产蒸汽等。对电炉而言，预热废钢或进料可减少电炉的电能消耗，缩短熔炼时间；对加热炉而言，预热空气、燃料或工件，烟气余热返回炉内，可使火焰稳定、提高燃料温度和燃烧效率以及炉子的热效率。

（2）水泥行业的余热利用

水泥窑存在大量的余热，窑尾一级预热器排出的废气带走的热损失和窑头冷却机废气带走的热损失约占总热量的50%。水泥窑的余热除了工艺自身利用外，还有很大一部分热量，一般在窑头、窑尾设置余热锅炉，通过汽轮机组进行余热发电，目前广泛采用的是纯低温余热发电技术。

（3）玻璃行业的余热利用

玻璃行业主要余热为玻璃熔窑产生的高温废气，除自身工艺利用外，一般都采用余热发电的形式。

（4）建材行业的余热利用

建筑陶瓷行业消耗的热能中，主要集中于干燥和烧成工序，它们的能耗占整个企业能耗的80%以上。其中，约有61%用于烧成工序，干燥工序能耗占比约20%。我国陶瓷行业的能源利用率为28%～30%。建筑陶瓷企业的窑炉所产生的烟气带走的热量是巨大的，而且温度较高的可达400～500℃，占窑炉总热量的25%～35%，喷雾塔所产生的烟气和水汽热能虽然温度较低（80～120℃），但热量巨大。目前已经逐渐开始推广利用窑炉余热直接加热干燥坯体或喷雾泥浆、在换热器中用烟气余热加热助燃空气和气态燃料、设置余热锅炉生产蒸汽以及用于冷热电联产等。

（5）石油化工行业余热利用

石油化工行业高温、高耗能的生产特点决定了企业具有丰富的余热资源，包括高温废气余热、冷却介质余热、废汽废水余热、高温产品和炉渣余热、化学反应热、可燃废气废液和废料余热等。这些余热资源约占其燃料消耗总量的17%～67%，可回收利用的余热资源约为余热总资源的60%左右。化工装置热除包括余热蒸汽、余热热水、余热空气等回收利用方式之外还可用于工艺自身利用、热电联动。

(6)有色冶金行业余热回收利用

在有色冶金行业的能耗构成中,有效热只占了32%,另有8%的热量随着炉墙等散失掉,其余的60%都是有色金属冶炼过程中的余热量,而在这些余热量中烟气余热占的比例高达80%左右。在有色冶金行业的烟气余热中,温度高于1000℃的高温烟余热占总烟气余热的52%,而温度为600～1000℃的中温烟气余热和温度低于600℃的低温烟气余热分别占总烟气余热的26%和22%。目前较为普遍的对有色炉窑的烟气余热进行回收利用的方法有:①在烟道安装余热锅炉生产蒸汽。②利用余热发电。③利用烟气余热预热空气或物料。④安装汽化水套生产低压蒸汽或安装冷却水套产生热水等。

此外,除以上各行业外,余热利用在汽车、船舶、造纸、纺织、酿酒、橡胶、冷藏冷冻等行业和领域中也日渐得到重视,出现了许多与生产相结合的余热利用方法,这些行业中产生的余热也逐渐得到利用。

4.3 余热利用技术

余热源来源广泛,能量载体形式多样,又由于所处环境和工艺流程不同及场地固有条件的限制,设备形式多样,有空气预热器,窑炉蓄热室,余热锅炉,低温汽轮机等。工业余热回收利用有多种分类方式,根据余热资源在利用过程中能量的传递或转换特点,可以将国内目前的工业余热利用技术分为热交换技术、热功转换技术、余热制冷制热技术。

4.3.1 热交换的方式及主要设备

余热回收应优先用于本系统设备或本工艺流程,尽量减少能量转换次数。对余热的利用不改变余热能量的形式,而只是通过换热设备将余热能量直接传递给自身工艺的耗能流程,降低一次能源消耗的技术设备,可统称为热交换技术,这是回收工业余热最直接、效率较高的技术方法。该类技术不改变余热能量的形式,只是通过换热设备将余热能量直接传递给自身工艺的耗能流程,降低一次能源消耗。相对应的设备是各种换热器,有传统的各种结构的换热器、热管换热器,也有余热蒸汽发生器(余热锅炉)等。

热交换是由于温差引起的两个物体或同一物体各部分之间的热量传递过程,一般通过热传导、热对流和热辐射三种方式来完成。工业中的换热方式主要有间壁式、蓄热式和混合式三种，主要的设备有间壁式换热器、蓄热式换热器和余热锅炉等。

下面分别对不同的换热设备进行介绍：

（1）间壁式换热器

间壁式换热器主要有管式、板式及同流换热器等，是工业余热回收中应用最广泛的热交换设备，常用来回收中高温烟气余热，作为预热空（燃）气或物（燃）料的热源来预热空气助燃或加热物料，降低烟气的排放温度；用于中低温余热回收预热锅炉给水或补水。

（2）蓄热式热交换器

蓄热式热交换设备原理是冷热流体交替流过蓄热元件进行热量交换，属于间歇操作的换热设备，适用于回收间歇排放的余热资源。蓄热器分为变压式和定压式两种，定压式蓄热器多用于高温气体介质间的热交换，如加热空气或物料等。变压式蓄热器又称蒸汽蓄热器，蒸汽蓄热器是一种有效的节能装置，在保证热用户气压和流量的前提下，平衡汽源、供汽量和波动的汽负荷，使供热系统在一个连续稳定的状态下运行，从而实现最高的热效率。常用于不连续性的间歇式余热资源，如利用钢铁行业转炉余热通过饱和蒸汽发电的技术。

作用于预热点火助燃空气的换热器叫作空气预热器，多用于高温烟气的余热利用，采用的是热交换技术。其工艺就是将换热器安装在烟道内部，利用工业窑炉尾部烟道中的烟气将进入工业窑炉前的空气预热到一定温度，用于提高锅炉的热交换性能，降低能量消耗。

空气预热器一般可分为管箱式、回转式两种，其中回转式又分为风罩回转式和受热面回转式两种。目前电站锅炉较常采用受热面回转式预热器。

管箱式空气预热器是管式换热器的一种，主要传热部件是薄壁钢管。管式空气预热器多为立方形，钢管彼此之间垂直交错排列，两端焊接在上下管板上。管式空气预热器在管箱内装有中间管板，烟气从钢管内部通过预热器，空气则横向从钢管外部通过预热器，也有烟气从钢管外部流经，而空气从钢管内部通过空气预热器完成热量传导。

回转式预热器是蓄热式交换器的一种：预热器转子部件由很多的传热元件组成，当空气预热器缓慢旋转时，烟气和空气逆向交替流经空气预热器，蓄热元件在烟气侧吸热，在空气侧放热，从而达到降低锅炉排烟温度，提高热风温度的预热作用。

预热锅炉给水或补水的换热器称为给水加热器，用于电站蒸汽锅炉的给水加热，采用的是热交换技术，其主要工艺是在凝汽器和除氧器之间安装换热器，利用汽轮机中间抽进的蒸汽来加热锅炉给水进行蒸汽水热交换。

给水加热器按蒸汽水传热方式可分为表面式和混合式两种，给水加热器多采用表面式 U 形管壳式换热器。U 形管式换热器根据进水部位及布置方式分为立式和卧式两种，而根据进水管部位又分为正立式和侧立式两种。

（3）余热锅炉

余热锅炉中不发生燃烧过程，而是利用高温烟气余热、化学反应余热、可燃气体余热以及高温产品余热等，生产蒸汽或者热水，用于工艺流程或进入管网供热。同时，余热锅炉是低温汽轮机发电系统中的重要设备，为汽轮机等动力机械提供做功蒸汽工质。

余热锅炉是余热回收生产蒸汽系统的一部分，余热回收生产蒸汽系统通常由烟－气系统和蒸汽水系统组成。烟－气系统主要是由烟道和烟道附件组成；蒸汽水系统由除氧器、给水泵、省煤器、汽包、蒸发器、过热器、分汽缸、汽水管道及附件组成。余热锅炉也就是由烟道和安装在烟道内的热管式换热器也就是省煤器，蒸发器和过热器组成。

余热回收生产蒸汽系统的工艺是水处理的软水经过除氧器除氧后，由给水泵送经省煤器加热然后进入汽包，由汽包下降管流入蒸发器，经蒸发器产生的饱和蒸汽返回汽包，经汽水分离装置将汽水分离饱和蒸汽进入过热器加热成过热蒸汽，经主汽管送到分汽缸，再分配到热用户。

4.3.2　热功转换技术的原理及主要设备

热功转换技术是一项提高余热品位的工业余热回收技术。热功转换技术主要是利用余热资源高于 350℃ 的中高温烟气通过余热锅炉产生蒸汽推动汽轮机做功，如玻璃、水泥等建材行业炉窑烟气或经一次利用后降温到 400~600℃ 的烟气进行余热发电和拖动风机、水泵、压缩机等，单机功率在几兆瓦到几十兆瓦，包括钢铁行业氧气转炉余热发电、烧结余热发电，焦化行业干熄焦余热发电，水泥行业低温余热发电等多种余热发电形式。

余热发电是指利用生产过程中多余的热能转换为电能而不改变生产工艺和设备的技术。余热发电技术的应用不仅节约了能源，给企业带来经济效益，还有利于环境保护。余热发电的重要设备是余热锅炉。它利用废气、废液等工质中的热或可燃质作热源，生产蒸汽用于发电。但是，由于工质温度不高，故锅炉体积大，耗用金属多，制造成本较高。

4.3.3　余热制冷、制热技术的原理及主要设备

（1）余热回收制冷技术

与传统压缩式制冷机组相比，利用工业余热采取吸收式或吸附式制冷系统可利用廉价能源和低品位热能而避免电耗，缓解电力供应不足问题；同时采用天然制冷剂，不含对臭氧层有破坏的含氯氟类物质，具有显著的节电能力和环保效益，所以从 20 世纪末开始逐渐得到了推广和应用。

吸收式和吸附式制冷技术的热力循环特性十分相近，均遵循"发生（解析）—冷凝—蒸发—吸收（吸附）"的循环过程，但吸收式制冷的吸收物质为流动性良好的液体，其发生和吸收过程通过发生器和吸收器实现；吸附式制冷吸附剂一般为固体介质，吸附方式分为物理吸附和化学吸附，常使用分子筛—水、氯化钙—氨等工质对，解析和吸附过程通过吸附器实现。

（2）热泵技术

热泵可以将低品位热能提高为高品位热能。热泵在运行过程中，通过蒸发器从低温热源处吸收低品位热量，所以热泵热源对于整个热泵系统很重要。热泵可利用热源可分为两大类：一是自然界中的热源，如空气、土壤、水（地下水，湖水，河流，海水等）、太阳能等；二是生活或工业生产中排放的余热、废热，比如工业废水等，尤其工业废热，温度高，来源稳定，是近年余热利用的重心。上述两种热源都属于低温热源，不能直接用于生产或发电，但可以通过热泵来回收利用这部分热量。

热泵的分类方法有很多，主要有按其工作原理、驱动热源、低温热源及用途四种分类方法。热泵按工作原理可分为蒸汽压缩式热泵、气体压缩式热泵、吸收式热泵、吸附式热泵、喷射式热泵、热电式热泵等，其中在流程工业中应用较多的是蒸气压缩式热泵、吸收式热泵和喷射式热泵；按驱动热源分类为：用少量高品位能源制取大量中高温热能的热泵叫作第一类热泵，用大量中低温热能制取少量高温热能的热泵叫做第二类热泵。热泵按其低温热源分类为：①空气热源热泵；②土壤源热泵（也称地源热泵）；③水源热泵（地下水，湖水等）；④废热源热泵（工业废热，城市污水废热等）；⑤太阳能热泵。

吸收式热泵是按工作原理划分的名称，可以分两类：第一类为吸收式热泵，也称增热型热泵，是以消耗高温热能作为代价，通过向系统输入高温热能，进而从低温热源中回收一部分热能，提高其温位，以中温位的热能供给用户。第二类为吸收式热泵的制热系数大于1，一般为 1.5～1.9。第二类吸收式热泵，也称升

温型热泵,是利用大量中温热源和低温热源的热势差,靠输入中温热能(通常是废热)驱动系统运行,将其中一部分热能的温位提高,即吸收过程放出的热量,送至用户,而另一部分热能则排放到环境中。第二类吸收式热泵制热系数总小于 1,一般为 0.4~0.5。两者应用不同,有各自的侧重点。

工业生产中存在大量略高于环境温度的废热(30~60℃),如工业冲渣水、油田废水等,温度很低,但余热量大,热泵技术常被用于回收此类余热资源。

热泵以消耗一部分高质能(电能、机械能或高温热能)作为补偿,通过制冷机热力循环,把低温余热源的热量"泵送"到高温热媒,如 50℃ 以上的热水,可满足工农商业的蒸馏浓缩、干燥制热或建筑物采暖等对热水的需求。

当前生产应用得最多的是压缩式热泵,压缩式热泵中以水源热泵技术应用最为广泛,可用于火电厂或核电厂循环水余热、印染、制药等行业的余热回收。例如,电厂以循环水作为热源水,通过热泵机组提升锅炉给水品位,使原有的锅炉给水由 15℃ 提升到 50℃,减少锅炉对燃煤的需求量,达到节能降耗的目的。

4.4　小结

余热通常按温度高低分为三类:①高温余热(温度高于 500℃ 的余热资源);②中温余热(温度在 200~500℃ 的余热资源);③低温余热(温度低于 200℃ 的烟气及低于 100℃ 的液体。目前的工业余热利用技术分为热交换技术、热功转换技术、余热制冷、制热技术。高、中温余热已被广泛利用,如:采用热交换技术直接用于预热空气、干燥物料、生产热水和蒸汽供热;采用热功转换技术对余热进行动力回收,使其热能转变成动能,直接作用于拖动水泵、风机、压缩机等设备或带动发电机发电。低温余热利用率不高,一般采用热泵技术进行回收,生产热水用于供暖或用于空调制冷。热泵以消耗一部分高质能(电能、机械能或高温热能)作为补偿。

热交换技术用于余热回收利用是传统的余热利用方式,用于自身生产工艺系统的物料加热和助燃空气余热成熟的技术,且应用技术工艺简单,易于掌握,在各行各业得以广泛的应用。

热功转换技术用于余热回收利用是一项提高余热品位的工业余热回收的重要技术,主要是利用余热锅炉对高中温余热进行回收利用,多用于余热发电。虽然经过余热发电行业的先行者们多年的开发和应用,使余热发电技术趋于成熟,在各行业得以推广应用,但基于余热资源波动性的特点,技术应用比较复杂,难于掌握。考虑余热源设备的作业率和非正常停机的频率，故余热发电技术不适于用在单台(条)余热源设备系统上。余热利用拖动则要求汽源稳定，否则将对生产带来损失。余热利用制冷制热技术主要是采用吸收式热泵技术，对冷却介质低温余热进行回收，多用于空调和供暖。

第 5 章　流体输送系统的余压利用

5.1　概述

工业余压是工业企业生产过程中存在的多余副产压差能，这些压差能在一定的经济技术条件下回收利用。对流体输送系统而言，流体输配管网中设置有大量阀门，阀门在实现配水系统迅速、稳定和准确调节的同时，也因阻力损失而不可避免地造成大量压差能量的耗费。如果能够回收阀门耗费的压差能用于做功，则对流体输送系统的节能具有重要的意义。目前流体输送系统领域主要利用余压推动叶轮机械旋转获得机械能，然后再通过轴将机械能输出推动风机水泵工作或连接发电设备将其转化为电能。

本章在 MOAR 框架下介绍了目前工业循环水系统余压回收的技术发展动态及应用现状，并重点针对目前报道较少的机械能转化为电能的技术进行研究，提出了能量回收阀岛的设计方案，探讨了该余压回收系统的经济技术可行性和应用前景。

5.2　余压转化为机械能

将流体的余压转化为机械能是目前应用最为广泛和成熟的形式，其主要出发点是用余压产生的机械能带动风机、水泵等旋转动力机械做功，从而全部或部分省去电动机的电功。本章分别以石化行业和循环冷却水系统的冷却塔为例，介绍余压转化为机械能的技术应用。

5.2.1　液力透平及其在石化领域的应用

液力透平是一种能量回收装置。透平是将流体工质中蕴有的能量转换成机械能的机器，又称涡轮机。透平是英文 turbine 的音译，源于拉丁文 turbo 一词，意为旋转物体。透平的工作条件和所用工质不同，所以它的结构形式多种多样，但基本工作原理相似。透平的最主要的部件是一个旋转元件，即转子，或称叶轮，它安装在透平轴上，具有沿圆周均匀排列的叶片。流体所具有的能量在流动中，经过喷管时转换成动能，流过叶轮时流体冲击叶片，推动叶轮转动，从而驱动透平轴旋转。透平轴直接或经传动机构带动其他机械，输出机械功。透平机械的工质可以是液体、蒸汽、燃气、空气和其他气体或混合气体。以液体为工质的透平称为液力透平。液力透平是将液体流体工质中的压力能转换为机械能的机械设备，利用液力透平可将工艺流程中的液体余压回收再利用，转换为机械能驱动机械设备，以达到节能。根据美国 I. D. P 公司的经验，单机液力透平功率在 22 kW以上，多级液力透平功率在 75 kW 以上时，能量回收液力透平在经济上具有合理性；而瑞士苏尔寿公司则把最低经济回收功率定位为 50 kW。国家发改委编发的《节能技术政策大纲》明确提出发展液力透平为风机水泵等旋转机械提供机械能。

液力透平可以对石化工艺流程中产生的高压液体进行再利用，是一种能量回收装置，目前广泛应用于石油化工加氢裂化装置、大型合成氨装置以及海水淡化装置等，是具有长远经济效益的节能装置。除了工厂用水的剩余压力能回收之外，对气体吸收和解吸系统中溶液压力能回收，特别是大型合成氨装置的 CO_2 脱除系统中吸收塔底出口的富液压力能回收再驱动贫液泵，加氢裂化装置中的高压分离器和低压分离器之间设置了液力托盘用以辅助驱动进料油泵；而铂重整装置上，可以利用抽提塔至汽提塔液流的压差来设置液力透平。例如，某石化厂120 万吨/年加氢裂化装置是 2004 年 8 月投入生产的新装置，该装置原设计中热高分油液体出入口温度为 230℃，入口压力为 13 MPa，为高温高压，而国内同类企业该装置一般不回收或不能回收高温高压介质的压力能。该液力透平出入口压差为 11 MPa。重油加氢脱硫装置用能量回收液力透平：作为能量回收设备，多级液力透平与电机共同驱动双壳体高压多级加氢进料泵，电机与泵及透平与泵之间分别配有增速箱和离合器。透平流量为 300 m^3/h，扬程为 1565 m，输送介质为335℃的常渣油，进口压力为 12.8 MPa，转速 3680 r/min，回收功率为 650 kW，年节省电能可超过 5×10^6 kWh。

液力透平作为一种节能的装置，是近几年才兴起来的。在使用上，常常以反转离心泵作为液力透平，这样更经济。作为能量回收的液力透平属于泵系统节能的范畴，只是因为液力透平本身就是一台泵，并且其动力输出端往往驱动的是另一台泵。液力透平是用液体驱动设备回收能量，也就是回收液体能量，一般采用逆运行泵来充当透平。因此，水力回收透平的研究主要是来自专业泵制造厂，水力回收透平的参数选择和系数确定主要是由工厂大量试验得出来的，国内目前少见有关液力透平的专门研究机构。

随着液力透平技术的普遍应用，一些学者加入到该技术的研究行列。泵行业技术工作者王立于 20 世纪 90 年代末开始在国内率先研究液力透平技术和泵系统节能技术。目前，研究液力透平的技术手段为试验结合 CFD（计算流体动力学）技术。

5.2.2　水动风机及其在冷却塔节能改造中的应用

工业上现有的普通冷却塔一般是用电动机通过联轴器、传动轴、减速器来驱动冷却塔的风机，风机的抽风使进入冷却塔的水流快速散热冷却，然后又由水泵加压将水流输送到需要用水冷却的设备，使用后再引入冷却塔冷却，达到冷却水循环使用的目的。

由于工业冷却水在热交换设备和冷却塔之间的循环是通过水泵来驱动的。在设计、制造、选型及使用中，因考虑可靠性等多种因素，使该系统的水泵有大量富余扬程和流量，这主要表现在以下几个方面：

①每个循环水系统中的水量很难被精确的计算出来，工艺工程师计算系统水流量时，为了安全生产及各方面的因素考虑都会在满足最大需求水量的基础上加至少 10% ~20% 的余量来确定水泵的流量，这样整个系统的水量一定是富裕的。

②在整个循环水系统中，每段水管、弯头都有一定的阻力，冷却塔的位置高低、换热部件的阻力及压力要求都会在系统中产生阻力，这些阻力也不能很精确的计算出来，所以工艺工程师计算的阻力值只是一个大概的数据，根据这个数值在选型水泵的扬程时，为满足更安全的生产需求，就在克服所计算出的阻力数值的基础上至少加 10% ~20% 的余量来选型，因此整个循环系统中扬程在大多数情况下是富裕的。

③因配水和调节的需要，部分冷却塔的上水管道设置阀门用于限流减压，大量的水力能被阀门耗费。

于是，某些节能公司提出使用水轮机来充分利用这些多余的压差能量推动从而带动风扇的转动，从而诞生了水动力冷却塔风机这一节能装备。

总的来说，在水动风机冷却塔中，是以水轮机取代电机作为风机动力源。水轮机的工作动力来自系统的富余流量和富余扬程。改造后，水泵提供的热水经过水轮机并带动其旋转。水轮机的输出轴直接与风机相连，进而带动风机旋转。水动力冷却塔水轮机采用涡轮增压水轮技术，水轮机轴直接与风机相连接，中间无需再通过其他减速器、传动轴等连接。利用冷却塔设备原有的循环冷却水推动风机散热，水力带动风扇转动，可改造旧冷却塔，不改变冷却塔尺寸及冷效，就可实现节电效果。改变在传统的冷却塔中用电机驱动风机的降温方式，省却机械减速装置和电机，从而实现"零"电能消耗新节能环保型冷却塔。由于水动风机冷却塔移除了风机电机和减速箱，因此可大大降低冷却塔的震动和噪声，减少对环境的污染。

冷却塔水动力风机的改造必须因地制宜，根据现场工况的数据测试分析结果进行"量身定制"，才能尽可能地保证改造的成功率。这其中的关键则是根据冷却塔进塔循环水的压头、流量以及阀门和管路等阻力损失加以综合考虑，确定水轮机的选型，并保证水轮机在设计高效点工作。一般来说，冷却塔的进塔循环水压头通常为 5~8 m。由此可推算进冷却塔的水流中具备着水头 5~8 m 乘上相应的进塔水流量的功率。如 100 t/h 标准塔的能耗为 2.2 kW 左右，即 100 t/h 标准塔所用的风叶的实际轴功率为 2.2 kW 左右，风机效率高的还低于 2.2 kW，200 t/h 塔是 4.5 kW 左右，1000 t/h 是 22 kW 左右，4000 t/h 是 90 kW 左右，依次类推。冷却塔的进水压头的要求是根据塔的管路损失、塔的高度和布水的喷射力等所需的总和来确定。其中布水的喷射力所需的压头仅为 0.5~1 m 就足够了。这些工作压力来自于循环水泵，水泵的扬程选型计算是冷却塔所处位置的高度、沿程管路损失、弯头、阀门的阻力，以及用水设备阻力的总和。泵的流量口是按冷却塔公称名义匹配的，如 100 t/h 塔即匹配 100 t/h 泵，500 t/h 即匹配 500 t/h 泵。泵的扬程乘上流量即为水流所具备的功率，进塔水的压头是总扬程减去供水系统阻力损失以后所剩下的 5~8 m。而正是这宝贵的 5~8 m 富余压头，则是水动力风机旋转的动力来源。将富余水压通过水轮机而获得输出功率来驱动风机，可以完全省去风机电机。实际上工业选泵的扬程，为了确保流量，还必须考虑泵的效率，按规定扬程只允许大、不允许小，它为水轮机提供了富裕的水头。所以凡是冷却塔符合常规设计选型，完全可以由水轮机取代风机电机，大可不必担心水轮机的原动力不够而影响风量、冷效。而通过水轮机以后的余压足够完成布水和其他管路损失。

水动力风机冷却塔集节能、环保、经济、安全、性能稳定于一身，是一种新型高效节能型产品。其核心技术是用水轮机取代传统的电机作为风机动力，使风机由原来的电力驱动改为水力驱动，水轮机的工作动力完全来自于循环水系统的能量，把原先循环水系统的能量回收二次利用，确保不另增水泵电耗。

5.3　余压转化为电能

使用液力透平将余压能转化为驱动风机水泵等旋转动力机械做功的机械能，只涉及一次能量转移，具有能量转换效率较高的优点；但是，使用液力透平进行机械能的转移，很大程度上受到客观场地和工艺条件的适用限制，往往很难在现场同一地点找到具有很大能量回收潜力的阀门和耗能较大的风机水泵，且一旦能量回收功率不稳则会影响耗能的风机水泵的正常工作。湖南山水节能科技股份有限公司立足工业循环冷却水系统节能的实际情况，提出能量回收阀岛的节能系统设备，将原来流体输配管网中阀门浪费的余压能转化为电能回馈至工厂内部电网，实现循环水系统节能的"加法效应"，这对于提升公司系统节能水平、打造独家节能普适性节能技术并开辟新的节能蓝海，具有战略前瞻意义。

5.3.1　设计简介

（1）系统结构

湖南山水节能科技股份有限公司研发的能量回收阀岛，针对循环水系统阀门调节浪费的问题，在原来的阀门基础上增设水轮发电机组进行余压能量的回收并将其转换为电能输送。该系统在正常的工作状态下能够充分回收循环水系统的余压；而在设备故障或检修模型下能切换为原来的阀门调节状态，故具有高度安全可靠的保障。

下面以最常用的调节阀——手动调节蝶阀为例，进行能量回收阀岛方案的技术说明。改造前，供水管路上仅设有一个蝶阀S_1，通过调节蝶阀S_1的角度来改变其阻力，最终实现该管路流量的控制，如图 5 - 1 所示。将其改造为能量回收阀岛后，原供水管路上蝶阀S_1的位置由开关阀S_2和液力透平 T 替代，而原有的蝶阀S_1移动至并联支路上（两条并联管路的管径完全相同），如图 5 - 2 所示。

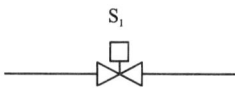

图 5 - 1　蝶阀及供水管路（改造前）

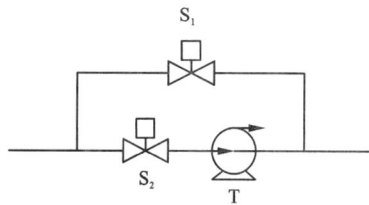

图 5 - 2　能量回收阀岛及供水管路（改造后）

　　能量回收阀岛的工作状态具有正常发电模式、调节模式、全关模式和水轮发电机组检修模式这四种状态，能够完全满足现场的工况需要，以下对每一种模式进行简要阐述：

　　①正常发电模式：蝶阀 S_1 全关，开关阀 S_2 全开，流体全部流经液力透平 T 并推动其发电。

　　②调节模式：在正常发电模式的基础上，有时候因工艺参数波动等原因将会涉及阀门的调节，则需要开度增加时（流动阻力减小），可以增加蝶阀 S_1 的开度直至全开；需要开度减小时（流动阻力增加），可以将开关阀 S_2 闭合，则整个能量回收阀岛完全切换为单一调节阀即蝶阀 S_1 的工作模式，与改造前完全一致，故可以作为单一调节阀进行调节。

　　③全关模式：蝶阀 S_1 和开关阀 S_2 都全关，则整个能量回收阀岛无流体通过，实现该管路的全关。

　　④水轮发电机组检修模式：开关阀 S_2 全关，蝶阀 S_1 调节，将主回路切出，流体只流经并联支路，此时可以组织对水轮发电机组进行维护检修。

　　需要指出的是，能量回收阀岛设计的关键在于水轮发电机组的选型，需要保证在工作流量下水轮机按照设计转速转动时的流动阻力与改造前的阀门阻力相当。为了保证水轮机的发电效率，必须尽可能维持水轮机在设计转速下运行。为此，需要安装负反馈调节装置根据来流的动能大小调节水轮机转矩以灵活适应运行转速。

　　(2)能量回收路径

　　正常的发电情况下，循环流体只流进主回路带动液力透平 T 旋转，而液力透平 T 外接发电机，发电机发出的电经并网设备传输至工厂内部电网，发电量的多少由电表计量，具体的能量传输路径如图 5 - 3 所示。

| 液力透平 | ⇒ | 发电机 | ⇒ | 并网设备 | ⇒ | 电表 | ⇒ | 内部电网 |

图 5 - 3　能量回收的传输路径

　　图 5 - 3 中描述的是总的设计方案，具体实现方面可能会因发电和并网方式而有所不同，大体分为"交流发电 + 变频器并网（发电机输出交流电整流成直流电，直流电再逆变为与电网侧一致的交流电上网）"和"直流发电 + 逆变器并网（发电机输出直流电，再由逆变为与电网侧一致的交流电上网）"这两种技术方案。考虑到采用"交流发电 + 变频器并网"路线，市场上存在大量现成的液力透平外接交流发电机的机组，目前变频器技术比较成熟且产品的系统封装较好，故本章选用"交流发电 + 变频器并网"技术路线来介绍能量回收阀岛的电能回收技术方案。"交流发电 + 变频器并网"路线的示意图如图 5 - 4 所示。

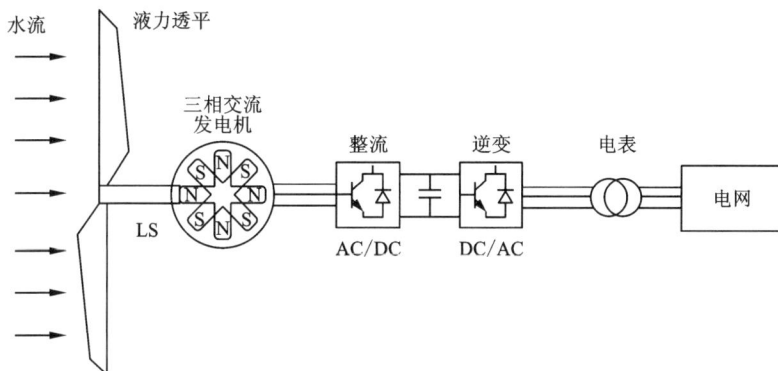

图 5 - 4　"交流发电 + 变频器并网"路线示意图

5.3.2　并网设备

　　能量回收阀岛实际上属于分布在循环水系统各处的微型电站，可以看作是分布式能源的组成部分。受目前光伏和风力发电等新能源产业蓬勃发展的积极带动，目前分布式电站的并网设备的设计制造都比较成熟，且型号分布十分广泛。总体而言，发电并网设备可分为自动准同期并网控制器、并网逆变器和变流器三类。自动准同期并网控制器适用于恒定转速的交流同步发电机和交流异步发电机组，其中普通型自动准同期装置只具备自动并网功能，即在跟踪监测到发电机具备并网条件时，可以自动并网；智能型自动准通气装置除具备自动并网功能外，还具备调节发电机的频率和电压功能；并网逆变器适应于输入电能为直流发电设备，目前应用最多的领域是光伏电站的并网；变流器适用于非固定转速的交流同步发电机和交流异步发电机组。

5.3.3　经济技术分析

　　下面对能量回收阀岛的经济技术可行性进行分析，并给出投入产出比的大致估算方法。

　　(1)投入分析

　　在不考虑人工成本、财务成本(利息)、税收成本、输运安装和维护成本的前提下，仅简单计算设备的一次投入成本，可以近似只计算发电机组、变频器及其附属配件的采购成本(包括液力透平 + 发电机 + 并网设备 + 蝶阀 + 计量设备 + 开关柜)，二者的比例大概为发电机组：变频器等于 2∶1。经过大量供应商选型和询价,并适当选取较高水平的报价,以设备的功率计,不同功率范围内单位功率的设备采购成本如表 5 -1 所示。

表 5 -1 设备采购成本

功率范围	采购成本
0 ~ 5 kW	25000 元
5 ~ 20 kW	5000 元/kW
20 ~ 50 kW	3500 元/kW
50 ~ 100 kW	3000 元/kW
100 ~ 200 kW	2500 元/kW
> 200 kW	2000 元/kW

(2)产出分析

①可供回收的水力功率。

针对流体输送系统管道上安装的某处阀门,可回收的水力功率是指原阀门限流所耗费的流体机械能,其大小只与流量和扬程相关,即水力功率 P 的表达式为:

$$P = \rho g Q H \tag{5-1}$$

式中:ρ——水的密度(997 kg/m³);

g——重力加速度(9.8 m/s²);

Q——流量(m³/s);

H——扬程损失(m)。

当流速一定时,扬程损失 H 只与阀门开度有关,实践中可以根据阀门开度大小来大致推算扬程损失的高低。

对循环水系统而言,在未能直接测出通过某根管道的流量的情况下,可以根据经济流速和管径进行大致的估算。经济流速在数学上表现为求一定年限内管网造价和管理费用之和的最小流速。经济流速是指在设计供水管道的管径时使供水的总成本(包括铺设管路的建安费、水泵站的建安费及水泵抽水的经营费之和)最低的流速。通过管道的循环水流速并非是任意设定的,从流体力学可知当管内介质流速越大时阻力越大。当流速越小时,虽然流动阻力小了,对于同样的流量所需要的管径却大了,造成设备成本的升高。于是人们考虑到这两条因素取了一个合理的流速称为经济流速,人们根据流量选择管径就是依靠经济流速计算得出的。介质为水时,用于一般给水:主压力管道,流速为 2 ~ 3 m/s;低压管道流速为 0.1 ~ 1 m/s。对工业用水:离心泵压力管,流速为 3 ~ 4 m/s;离心泵吸水管流速为 1 ~ 2 m/s(管径小于 250 mm),和 1.5 ~ 2.5 m/s(管径大于 250 mm);对给水总管，流速为 1.5 ~ 3 m/s；排水管流速为 0.5 ~ 1 m/s；冷水管流速为 1.5 ~ 2.5 m/s。在确定经济流速的基础上，可以根据下式估算通过管道的流量：

$$Q = 0.25\pi D^2 v \qquad (2)$$

式中：Q——流量(m^3/s)；

　　D——管道直径(m)；

　　v——经济流速(m/s)。

②能量转化效率。

通过大量技术参数的分析和比较，并结合第一手的测试调研资料，最终可以大致确定能量回收阀岛系统各设备的效率如表 5 - 2 所示。

表 5 - 2　设备效率

设备名称	效率(%)
液力透平	70
发电机	90
并网设备	95
计量设备	100
线路传输	100

最终表中各设备效率相乘，得到整个能量回收阀岛机械能转化为电能的效率为 60%。

(3)年产出曲线

能量回收阀岛的产出为其回馈至电网的电能，每年的产出收益 O 为：

$$O = P\eta tb \qquad (5 - 3)$$

式中：P——可回收的水功率(kW)；

　　η——转化效率，取值为 60%；

　　t——年发电时间，取值为 8000 h；

　　b——电价，取值为 0.5 元/kWh。

为了能有更加直观的印象，通过管径能大致判断不同扬程损失下的发电量，根据给排水设计规范，取经验设计流速为 1.5 m/s，得到不同管径和不同扬程损失(水头)下的年发电额，如图 5 - 5 所示。图中管径从 50 mm 到 1400 mm，完全覆盖循环水系统输送管路尺寸，水头分别取 5 m、10 m、15 m、20 m 和 50 m。图 5 - 5 中横坐标为输送管路的公称直径，主要纵坐标(左)为对应公称直径的管路每年能够贡献的发电价值，次要纵坐标(右)为对应公称直径的管路的流量，以便于观察者对输送流量有较为直观的印象。

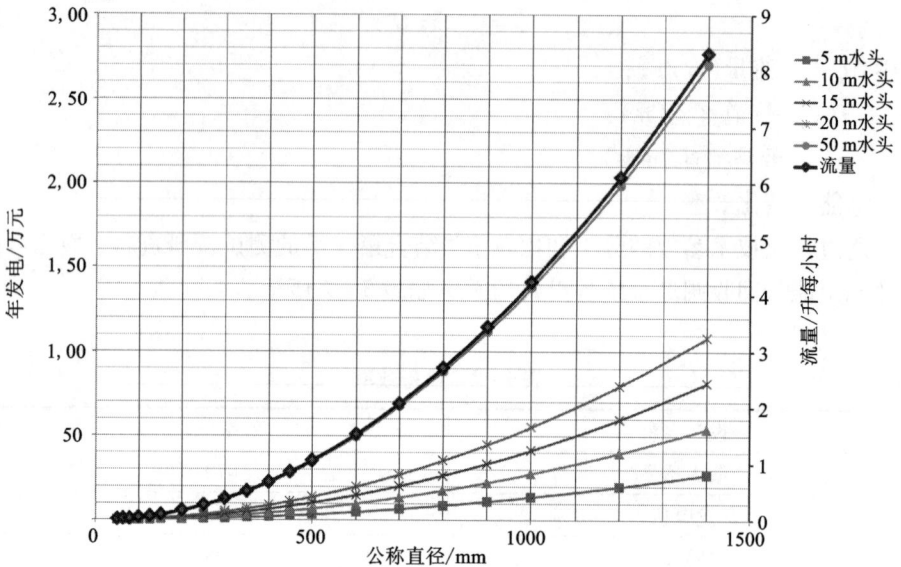

图5-5 不同管径、不同水头损失下的年发电额

(4)投入产出比

在不考虑财务成本、人力成本、维护成本等费用的前提下,投入只计入一次设备采购成本,产出则为电费收入,则不同管径/流量、不同水头损失下的投资回收年限见图5-6。为了使读者更好地观察和理解,图5-6(a)的横坐标用管径来表示,图5-6(b)的横坐标则用输送流量来表示。本报告中投资回收年限等于一次设备投入除以年产出。

由图5-6可以看出,基本上只有管径在900 mm以上(对应流量约1500 m³/h)且水头损失在20 m以上时(可回收功率约200 kW),才能保证1年内收回改造成本,这在实际工业场合中,恐怕改造机会并不多。若投资回收年限放宽至2年,则可以应用的范围会大大扩大:10 m 水头时,管径为400 mm(对应流量约700 m³/h)以上即可(可回收功率约20 kW);20 m 水头时,管径可进一步减小至300 mm(对应流量约400 m³/h,可回收功率约20 kW)。因此,以5年节能收益期计算,投入产出比为1:2.5左右,单机功率应该为20 kW 以上。

以节能服务收益期为5年计算,不考虑甲方分成,不同管径/流量、不同水头损失下的5年累计收益见图5-7,计算方式为:5年累计收益等于5×年发电额减去一次设备投入。图5-7中可以看出,当管径较大或水头较高时,5年累计节能收益还是相当可观的;而当管径较小或水头较低时,虽然节能收益不是很高,

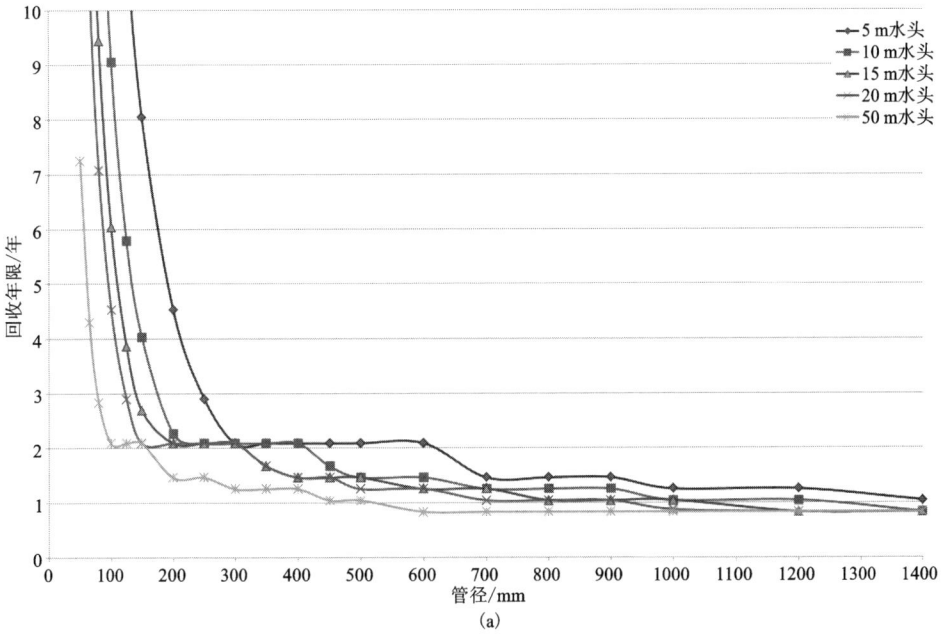

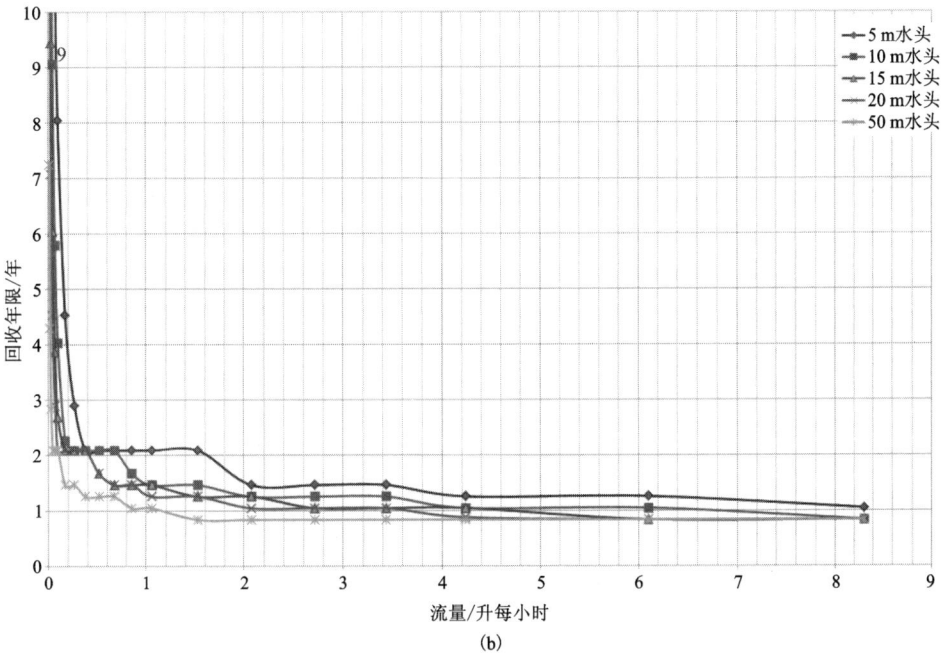

图 5-6　投资回收年限

(a) 不同管径、不同水头损失；(b) 不同流量、不同水头损失但往往在工业循环水现场可以找到多处改造点，因此可以发挥累加规模效应，同样可以得到较高的节能收益。

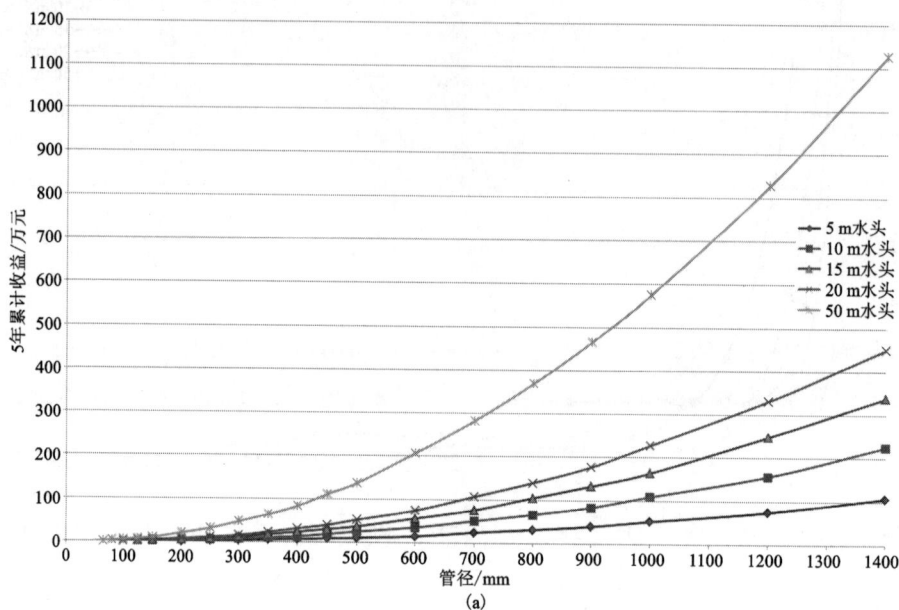

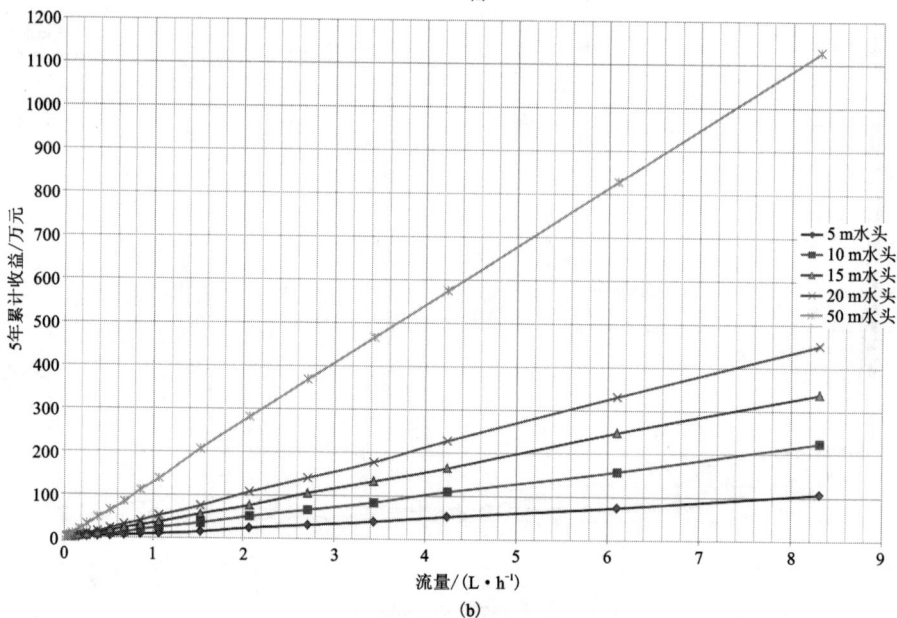

图 5-7　5 年累计收益
(a)不同管径、不同水头损失；(b)不同流量、不同水头损失

5.3.4　技术前景

能量回收阀岛技术的主要特点在于应用面广，普适性强，可以短时间内大量铺开形成规模效应。据统计 2014 年全国发电量为 5.4×10^4 kWh，以水泵用电量占全国发电量的 20%、循环水系统水泵耗电占水泵总耗电的 30%、能量回收阀岛技术提升循环水系统节电率的 2%、节能改造市场占有率的 20% 计算，则每年节电 1.3×10^4 kWh，年产值逾 6 亿元。

目前的节能服务分为合同能源管理、设备租赁和节能托管三种模式，能量回收阀岛技术因单个设备成本不高且节能量有限，不适用于设备租赁模式，而更应考虑容易多个部署的合同能源管理和节能托管模式。尤其是节能托管，甲方的干扰较少，容易大量改造；而合同能源管理，则需要强调系统节能的概念，以提高节电量为出发点，多做甲方工作以争取甲方的认可与支持。

5.4　小结

针对工业余压能回收问题，在 MOAR 框架下以流体输送系统为重点考察对象，分析了余压回收的技术方案。余压回收分为余压能转化为机械能和电能这两条技术路线，前者主要采用余压能推动液力透平并带动风机水泵等动力旋转机械转动做功；后者则是利用余压带动水轮发电机组转动发电。由于余压能转化为机械能受到客观环境与工艺条件的制约，故其应用场合较为有限；而余压能转化为电能的技术路线相比较而言普适性更为广泛，故具有较大的应用前景。湖南山水节能科技股份有限公司最新研发的流体节能装备——能量回收阀岛是余压能转化为电能的典型设备，具有效率高、稳定性好、不影响原有阀门调节功能和投资见效快等显著优点，有望开辟一片新的节能蓝海。

第 6 章 变频技术及其在风机水泵调速中的应用

6.1 概述

据统计，全世界的用电量中约有 60% 是通过电动机来消耗的。为了保证生产的可靠性，各种生产机械在设计配用电机动力驱动时，都留有一定的富余量。电机不能在满负荷下运行，除达到动力驱动要求外，多余的力矩增加了功率的消耗，造成电能的浪费，在压力偏高时，可降低电机的运行速度，使其在恒压的同时节约电能。

流体系统中风机水泵是最主要的耗能设备，而电机则是风机水泵的驱动设备。由于考虑启动、过载、安全系统等原因，高效的电动机经常在低效状态下运行，采用变频器对交流异步电动机进行调速控制，可使电动机重新回到高效的运行状态，这样可节省大量的电能。根据 MOAR 的"提升元件能效"原理，利用变频器对风机水泵匹配的处于低效状态下的电机进行调速，可以取得大幅度的节电效果。本章对变频技术进行详细的介绍，并重点针对风机水泵的调速节能问题进行分析与阐述。

6.2 变频器的基本概念及分类

6.2.1 变频器的基本概念

变频器是利用电力半导体器件的通断作用把电压、频率固定不变的交流电变成电压、频率都可调的交流电源的装置，常用于交流电机的电力控制，实现交流电机的变频调速，进而更好地控制整个电机的运作和运行，有效地提高电能利用率与整个系统的工作效率。

6.2.2　变频器的主要分类

不同类型的变频器的具体工作原理和电路结构有所不同，同时各自也有着不同的特征和优缺点，以下分别进行介绍。

（1）按变换环节分类

按变换环节可将变频器分为交－交变频器和交－直－交变频器，交－交变频器又称直接变频器，即只需一个变换环节即可把恒压恒频的交流电源变换成变压变频的交流电源，虽然没有中间环节，变换效率高，但其连续可调的频率范围较窄，输出频率一般只有额定频率的 1/2 以下，电网功率因素较低，主要只用于低速大功率的拖动系统；而交－直－交变频器是目前工业上使用最为广泛的通用变频器，其原理是先把工频交流电源（AC）通过整流器转化成直流电源（DC），然后根据控制电路的运行指令由逆变器把直流电源转化成频率、电压均可控制的交流电源（AC）供给电动机，如图 6－1 所示。

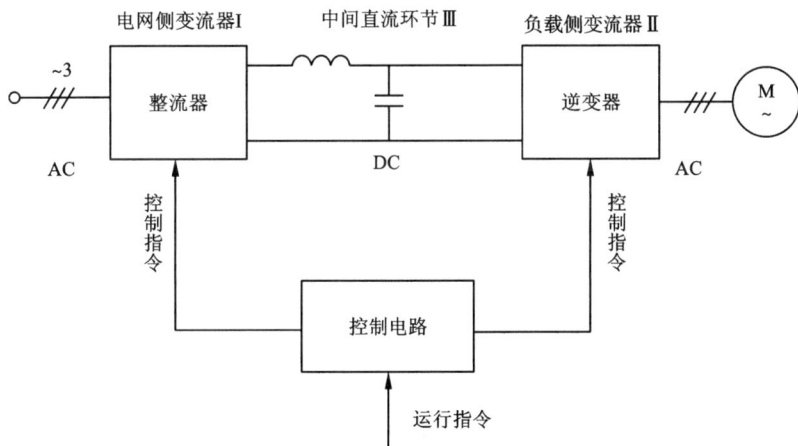

图 6－1　变频器的交－直－交工作原理图

（2）按主电路工作方式分类

按照主电路工作方式的不同，变频器可分为电压型和电流型两种，二者的区别主要在于主电路结构的中间直流环节。如图 6－2 所示，电压型和电流型变频器的中间直流环节分别采用的是电容器滤波和电感器滤波,由于滤波方式的差异,二者的波形特征、动态响应速度、制动能力、电机拖动方式和优缺点存在较大的不同,详见表 6 - 1。由于电流型变频器结构复杂且调整困难,目前工业上使用的变频器以变压型的为主。

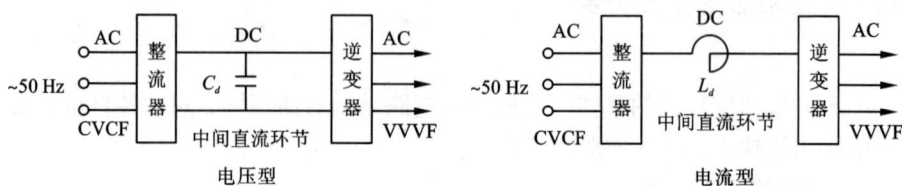

图 6 - 2 不同变频器的主电路结构

表 6 - 1 电压型和电流型变频器的比较

变频器	电压型变频器	电流型变频器
中间直流环节	电容器	电感器
波形特征	直流电压波形比较平直	直流电流波形比较平直
等效电源	电压源	电流源
动态响应速度	慢	快
制动能力	需在电源侧加装反并联逆变器	可直接回馈制动
电机拖动方式	一台变频器可拖动多台电机	一台变频器只能拖动一台电机
优点	运行时不受负载功率因素或换流的影响	具有四象限运行能力,能方便地实现电机的制动功能
缺点	当负载出现短路或在变频器运行状态下投入负载,易出现过电流	需要对逆变桥进行强迫换流,装置结构复杂,调整较为困难

(3)按开关方式分类

按输出过程开关控制方式的不同,变频器可分为 PAM(脉冲幅度调制)控制、PWM(脉冲宽度调制)控制和高载频 PWM 控制三类,三者的简单对比如表 6 - 2 所示。

表 6 - 2　不同开关方式的变频器对比

开关控制方式	PAM	PWM	高载频 PWM
输出控制	调节输出脉冲的幅度	调节输出脉冲的宽度（常按正弦规律）	同 PWM 但输出的载波频率更高
整流器功能	调节电压或电流		
逆变器功能	调频	同时调压和调频	同时调压和调频

PAM 调制方式需要复杂的电路才能实现，故实际中较少使用。高载频 PWM 的原理与 PWM 相同，输出的载波频率高，可以降低电机运行噪声，多用于低噪变频场合；但由于开关频率高，电磁辐射增大，输出电压下降，开关元件耗损大。

（4）按控制方式分类

按照控制方式的不同，可分为 V/f 控制变频器、转差频率控制变频器、矢量控制变频器和直接转矩控制变频器等。下面选取在风机和水泵节能等领域应用最广泛的 V/f 控制变频器进行简要介绍。

V/f 控制是为了得到理想的转矩 - 速度特性，在改变电源频率 f 进行调速的同时，又相应地调节电压 V 以保证电动机的磁通不变。其具体的控制方式是通过保持 V/f 比值恒定，使得电动机的主磁通不变，在基频以下实现恒转矩调速，基频以上实现恒功率调速。由于 V/f 控制变频器无需速度传感器，并且控制电路较为简单，故属于通用性的变频器；但由于采用转速开环控制，故无法达到较高精度的控制性能，并且在低频时必须进行转矩补偿以改变低频下的转矩特性。

（5）按具体用途分类

按照用途可以分为通用变频器、高性能专用变频器、高频变频器、单相变频器和三相变频器等。其中，三相变频器可输出三个频率相同、振幅相等、相位依次互差120°的交流电势组成的电源，可连接工业中应用最广泛的三相交流电机（三相四线制，其中一根为零线）；而单相变频器则只能输出一个相位的交流电源，只能连接小功率单相异步电机。

6.3　电机的调速原理与变频调速技术

6.3.1　三相异步电机的调速原理

三相笼式异步电机因自身结构简单、制造方便、运行性可靠、节省和材料价格便宜等优点而成为工业领域应用最为广泛的电机类型之一。但由于功率因素滞后，轻载功率因素低，调速性能较差等因素的影响，一般需要加以额外的辅助设备以实现风机和泵类等不同应用场合的调速需要。

三相异步电机的转速公式为：

$$n = 60f/p(1 - s) \tag{6-1}$$

式中：n——电机转速；

　　　f——供电频率；

　　　p——电动机的极对数；

　　　s——转差率。

从上式可见，改变供电频率 f、电动机的极对数 p 及转差率 s 均可达到改变转速的目的，分别对应着变频调速、变极调速和变转差调速的原理。与其他电机调速方式相比，变频调速不用改变电机的内部结构，具有系统体积小，重量轻、控制精度高、保护功能完善、工作安全可靠、操作过程简单，通用性强，使传动控制系统具有优良的性能，同时节能效果明显，产生的经济效益显著。尤其当与计算机通信相配合时，使得变频控制更加安全可靠，易于操作（由于计算机控制程序具有良好的人机交互功能），故变频技术可在风机和泵类调速等工业生产过程发挥巨大的作用。此外，变频器在改变电机频率的同时还需要相应地改变电压值。这是因为如果仅改变频率而不改变电压，频率降低时会使电机处于过电压（过励磁），导致电机可能被烧坏。

6.3.2　电机的变频调速技术

电机变频调速的具体原理是改变电动机定子电源的频率，从而改变其同步转速。以使用 SPWM（正弦脉冲宽度调制）的交 – 直 – 交变频器的变频调速系统为例，其原理框图如图 6 – 3 所示。

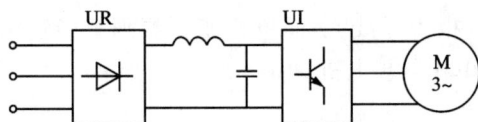

图 6 – 3　SPWM 交 – 直 – 交变压变频器的原理框图

图 6 – 3 中，整流器 UR 接受工频的交流电源进行整流，输出电压经电容滤波（可附加小电感限流）后形成恒定幅值的直流电压，并加载在逆变器 UI 上。逆变器 UI 的功率开关器件采用全控式器件，按一定规律控制其导通或断开，使输出端获得一系列宽度不等的矩形脉冲电压波形，即通过改变脉冲的不同宽度可以控制逆变器输出交流基波电压的幅值，通过改变调制周期可以控制其输出频率，从而

同时实现变压和变频。

6.4　风机的变频节能原理

6.4.1　风机功率的影响因素

风机的轴功率(由电动机或传动装置传到风机轴上的功率)的计算式为:

$$P = \frac{Q \cdot H}{\eta_f} \qquad (6-2)$$

式中: Q——流量(m^3/h);

η_f——风机效率;

H——风机全压(N/m^2)。

风机的全压等于风机出口全压(出口静压和出口动压之和)减去风机的进口全压(进口静压和进口动压之和),其计算式为:

$$H = \left(H_2 + \frac{1}{2}\rho v_2^2 \right) - \left(H_1 + \frac{1}{2}\rho v_1^2 \right) \qquad (6-3)$$

式中: H——风机全压(N/m^2);

H_1、H_2——进、出口静压;

v_1、v_2——进、出口风速;

ρ——风密度。

风机水泵的负载特性属于平方转矩型,即其轴上需要提供的转矩与转速的二次方成正比。风机水泵在满足几何相似、运动相似和动力相似的情况下遵循相似定律。故根据流体力学原理,对同一台风机(或水泵),当输送的流体密度 ρ 不变仅转速改变时,其性能参数的变化遵循以下比例定律:

$$\begin{cases} \dfrac{Q_2}{Q_1} = \dfrac{n_2}{n_1} \\[2mm] \dfrac{H_2}{H_1} = \left(\dfrac{n_2}{n_1} \right)^2 \\[2mm] \dfrac{p_{in2}}{p_{in1}} = \left(\dfrac{n_2}{n_1} \right)^3 \end{cases} \qquad (6-4)$$

式中: Q_1、Q_2——转速 n_1、n_2 下的流量;

H_1、H_2——转速 n_1、n_2 下的压力;

p_{in1}、p_{in2}——转速 n_1、n_2 下的风机或泵的轴功率。

又由式(6-2)中电机转速与频率的关系可知电机(风机)转速与频率呈线性关系,故风机泵类的耗电功率与转速(电机频率)近似成立方比关系。当所需流量 Q 减少时,可调节变频器输出频率 f 使电动机转速 n 按比例降低。这时,电动机的功率 P 将按三次方关系大幅度地降低,有望比调节挡板、阀门节能 $40\% \sim 50\%$,从而达到节电的目的。

6.4.2 风机变频调速的节能原理

为了保证生产的可靠性,各种生产机械在设计配用动力驱动时,都留有一定的富余量。当电机不能在满负荷下运行时,除达到动力驱动要求外,多余力矩增加了有功功率消耗,造成电能的浪费。风机、泵类等设备传统的流量控制方法是通过调节入口或出口的挡板、阀门开度来调节给风量和给水量,其输入功率大,且大量的能源消耗在挡板、阀门的截流过程中。当使用变频调速时如果流量要求减小,通过降低风机或泵的转速即可满足要求。

如图 6-4 所示,假设风机或泵以额定转速 n_0 运行时,性能曲线和管路特性曲线分别为 P_1 和 R_1,则 A_1 点即为风机和泵类额定转速运行时的工况点。可以直观地看出,若流量由 Q_1 减小为 Q_2,通过改变阀门开度调节流量时,管路特性曲线变为 R_2,压力反而上升到 H_2,轴功率 P 与流量和压力的乘积 QH 成正比,比调节前的 A_1 点减少有限;而采用变频调节,随着转速的下降,性能曲线变为 P_2,管路特性曲线不变,流量下降的同时压力也下降到 H_3,因此轴功率与调节前 A_1 点相比下降较多。这是因为阀门减小控制流量时,增加了阀门及管网阻力,大部分电能被消耗在阀门上,存在严重的节流损失,从而导致节能效果较低。如果采用变频调速技术控制流量时,阀门可全开,这样减少了阀门上的压力损耗。同时,改变电机转速时管网阻力也并未增加而是保持恒定。

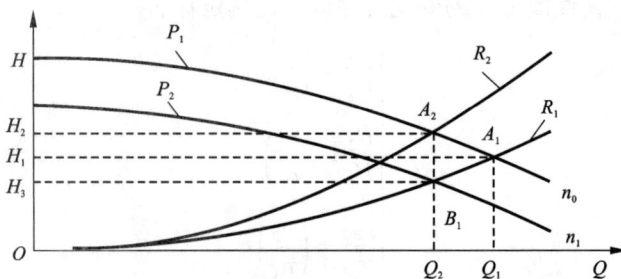

图 6-4 不同流量调节方式的风机泵类运行工况

另外，不同的管路特性对变频调速节能效果影响较大。如图 6-5 所示，假设具有相同设计工况点 A 的同一型号的风机或泵在 3 个不同的管路系统中工作，管路的静压力分别为 0、H_1、H_2。

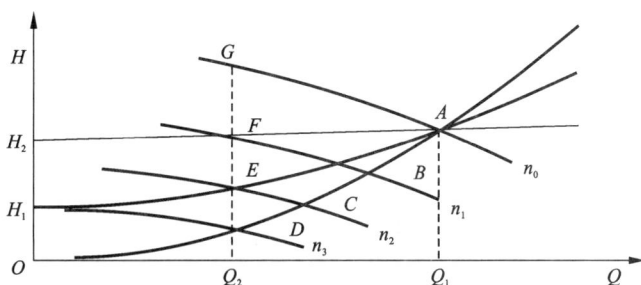

图 6-5　不同管路特性曲线对变频调速节能效果的影响

由图 6-5 可以直观地看出，管路的静压力越小，风机或泵的轴功率减少的幅度越大，节能效果越好，因此无背压系统（静压力为 0）的节能效果最好；反之，随着管路静压力的增加，采用变频器节能调节的轴功率逐渐趋近于调节阀门的节能调节。所以，应根据具体的管路特性曲线来确定是否适用变频改造。

6.5　风机变频改造节电量计算

6.5.1　基本参数

（1）风机的基本性能参数

风量 Q：单位时间内流过风机的气体容积，单位为 m^3/min。

全压 P：单位体积气体从风机的进口截面流经叶轮至风机的出口截面所获得的机械能，等于风机的出口全压（出口静压和出口动压之和）减去风机的进口全压（进口静压和进口动压之和），单位为 Pa。

效率 η_f：风机的输出功率（有效功率）与输入功率（轴功率）之比。

$$\eta_f = \frac{Nu}{N_f} = \frac{Q \cdot p}{60 \times 1000 N_f} \tag{6-5}$$

式中：Nu——风机输出功率（可用风机风量与压力乘积）（kW）；

N_f——风机输入功率（轴功率）（kW）；

Q——风机风量($\mathrm{m^3/min}$);

P——风机全压(Pa)。

轴功率 N_f:由电动机或传动装置传到风机轴上的功率,也就是风机的输入功率,单位为 kW。由式(6-5)可得:

$$N_f = \frac{Q \cdot p}{60 \times 1000 \eta_f} \tag{6-6}$$

式中:n——单位时间内风机轴的转数(r/min)。

(2)三相交流异步电机的基本性能参数

电压 U:电机定子绕组上的线电压,单位为 V。

电流 I:电机定子绕组上的线电流,单位为 A,通常可用钳形表直接测量。

转速 n:指的是电机转子的转速,单位为 r/min。

$$n = \frac{60}{p} f(1-s) \tag{6-7}$$

式中:f——电机频率,也就是电源频率(Hz);

p——电机极对数;

s——转差率,电机变频调速时,转差率变化很小,近似看做常量。

电机输入功率 N_d:电源输入到电机上的功率,单位为 kW。

$$N_d = \frac{\sqrt{3} \times U \times I \times \cos\alpha}{1000} \tag{6-8}$$

式中:U——电机定子绕组上的线电压(V);

I——电机定子绕组上的线电流(A);

$\cos\alpha$——电机功率因数。

也可以用风机轴功率、传动装置效率、电机效率来表示:

$$N_d = \frac{N_f}{\eta_r \eta_d} \tag{6-9}$$

式中:N_f——风机轴功率(kW);

η_r——传动装置效率;

η_d——电机效率。

将式(6-6)代入式(6-9)可得

$$N_d = \frac{N_f}{\eta_r \eta_d} = \frac{QP}{60 \times 1000 \eta_r \eta_d \eta_f} \tag{6-10}$$

电机输出功率:也就是电机的有效功率,一般我们所说的电机功率都是指的输出功率。

电机额定功率就是电机额定条件下的输出功率,可用下式表示:

$$N_e = N_{de} \times \eta_d \qquad\qquad (6-11)$$

式中：N_e——电机的额定功率（kW）；

$\quad\quad N_{de}$——电机的额定输入功率（kW）；

$\quad\quad \eta_d$——电机效率。

将式（6-8）代入上式可得：

$$N_e = \frac{\sqrt{3} \times U_e \times I_e \times \cos\alpha \times \eta_d}{1000} \qquad\qquad (6-12)$$

式中：U_e——电机额定电压（V）；

$\quad\quad I_e$——电机额定电流（A）；

$\quad\quad \cos\alpha$——电机功率因数；

$\quad\quad \eta_d$——电机效率。

（3）风机相似定律

相似定律的前提是两台风机的几何相似、运动相似、动力相似。

几何相似是指两台风机的形状完全相同，只是大小不同，其中一台风机相当于另一台风机按一定比例的放大或缩小；运动相似是指两台几何相似的风机通流部分各对应点的速度相似；动力相似是指作用于两台风机内各对应点上力的方向相同，大小成比例。

相似定律可以用下面一组式子表示：

$$\begin{cases} \dfrac{Q_2}{Q_1} = \dfrac{n_2}{n_1} \times \left(\dfrac{D_2}{D_1}\right)^3 \times \dfrac{\eta_2}{\eta_1} \\[3mm] \dfrac{P_2}{P_1} = \left(\dfrac{n_2}{n_1}\right)^2 \times \left(\dfrac{D_2}{D_1}\right)^2 \times \dfrac{\eta_2}{\eta_1} \times \dfrac{\rho_2}{\rho_1} \\[3mm] \dfrac{N_2}{N_1} = \left(\dfrac{n_2}{n_1}\right)^3 \times \left(\dfrac{D_2}{D_1}\right)^5 \times \dfrac{\eta_2}{\eta_1} \times \dfrac{\rho_2}{\rho_1} \end{cases} \qquad (6-13)$$

式中：Q——风机风量；

$\quad\quad P$——风机压力；

$\quad\quad N$——风机轴功率；

$\quad\quad D$——风机线性尺寸；

$\quad\quad n$——风机转速；

$\quad\quad \eta$——风机效率；

$\quad\quad \rho$——风机输送流体密度。

下标 1、2——表示两台相似的风机。

在实际应用中，转速改变时，风机效率也有变化，但是变化值不大，在转速变

化范围为 ±20% 时，一般近似认为相似风机对应工况点的效率 η 相等。式(6-13)可简化为：

$$\begin{cases} \dfrac{Q_2}{Q_1} = \dfrac{n_2}{n_1} \times \left(\dfrac{D_2}{D_1}\right)^3 \\[3mm] \dfrac{P_2}{P_1} = \left(\dfrac{n_2}{n_1}\right)^2 \times \left(\dfrac{D_2}{D_1}\right)^2 \times \dfrac{\rho_2}{\rho_1} \\[3mm] \dfrac{N_2}{N_1} = \left(\dfrac{n_2}{n_1}\right)^3 \times \left(\dfrac{D_2}{D_1}\right)^5 \times \dfrac{\rho_2}{\rho_1} \end{cases} \quad (6-14)$$

对于同一台风机来说，满足几何相似、运动相似、动力相似，在输送流体密度 ρ 不变，线性尺寸 D 不变，仅转速 n 改变时，对应工况点的性能参数可套用相似定律，如下式：

$$\begin{cases} \dfrac{Q_2}{Q_1} = \dfrac{n_2}{n_1} \\[3mm] \dfrac{P_2}{P_1} = \left(\dfrac{n_2}{n_1}\right)^2 \\[3mm] \dfrac{N_2}{N_1} = \left(\dfrac{n_2}{n_1}\right)^3 \end{cases} \quad (6-15)$$

式中：下标 1、2——同一台风机对应的两种相似工况点。

同一台风机的相似工况点组成的曲线称为相似抛物线。若已知风机某转速 n_1 下某工况点的风量 Q_1、压力 P_1，因为相似抛物线上的点与该工况点之间均满足相似定律，式(6-15)中上两式联立，消去转速比 $\dfrac{n_2}{n_1}$ 项，可求得风机变速时与该工况点对应的相似抛物线方程：

$$P = \frac{P_1}{Q_1^2} \times Q^2 \quad (6-16)$$

式中：Q_1——风机转速 n_1 下的风量；

P_1——风机转速 n_1 下的压力。

相似定律是计算风机变频节能的重要公式，在利用此定律时要注意前提条件必须是相似工况点之间才有式(6-15)中的比例关系，而且相似工况点对应的效率相等。

6.5.2 节能率计算

若已知以下系统参数：风机的额定风量 Q_e、额定压力 P_e、额定轴功率 N_{fe}、额

定效率 η_f、电机的额定电流 I_e、额定电压 U_e、额定功率 N_e、额定效率 η_d、功率因数、风机的运行风量 Q_1、电机的运行电流 I_1，就可计算出系统变频改造前后的节能率。

（1）改造前消耗的电功率

没装变频器之前，系统消耗的电功率是电机的实际输入功率。电机运行过程中，电压维持在额定电压附近波动，可近似看作不变的，由式（6-8）可知，电机的实际输入功率与额定输入功率之比：

$$N_d = \sqrt{3} \times U_1 \times I_1 \times \cos\alpha_1 / 1000 \tag{6-17}$$

式中：N_d——电机输入功率（kW）；

$\quad\quad$ U_e——电机的运行电压（V）；

$\quad\quad$ I_1——电机的运行电流（A）；

$\quad\quad$ $\cos\alpha_1$——电机运行时的功率因数（可根据运行电流查表）。

将式（6-11）代入上式，可得：

$$N_d = \frac{I_1 \cos\alpha_1}{I_e \cos\alpha_e} \times \frac{N_e}{\eta_d} \tag{6-18}$$

式中：N_e——电机的额定功率（kW）；

$\quad\quad$ η_d——电机额定效率。

（2）变频改造后消耗的电功率

变频改造是在风门全开的情况下，根据负荷要求，通过改变电源频率来改变风机转速。由于在电机与电源之间增加了变频器，系统消耗的电功率便要加上变频器的损耗，即：

$$N = \frac{N_d}{\eta_{inv}} \tag{6-19}$$

式中：N——系统消耗的电功率（kW）；

$\quad\quad$ N_d——电机的输入功率（kW）；

$\quad\quad$ η_{inv}——变频器的效率。

将式（6-9）代入式（6-19），可得系统消耗的电功率：

$$N = \frac{N_f}{\eta_{inv}\eta_r\eta_d} \tag{6-20}$$

式中：N_f——风机的轴功率（kW）；

$\quad\quad$ η_{inv}——变频器的效率；

$\quad\quad$ η_r——传动装置效率（电机与风机一般是直连式，取值为1）；

$\quad\quad$ η_d——电机效率。

根据管路特性的不同，风机可分为无背压和有背压两种。

①对于无背压的风机，可直接利用相似定律：

由式(6-15)，可得：

$$\left\{\begin{array}{l} \dfrac{Q_1}{Q_e} = \dfrac{n_1}{n_e} \\[2mm] \dfrac{N_{f1}}{N_{fe}} = \left(\dfrac{n_1}{n_e}\right)^3 \end{array}\right. \Rightarrow \quad N_{f1} = N_{fe} \times \left(\dfrac{Q_1}{Q_e}\right)^3 \qquad (6-21)$$

式中：Q_1——风机的运行风量(m^3/min)；

$\quad\quad Q_e$——风机的额定风量(m^3/min)；

$\quad\quad n_1$——风机的运行转速(r/min)；

$\quad\quad n_e$——风机的额定转速(r/min)；

$\quad\quad N_{f1}$——风机的运行轴功率(kW)；

$\quad\quad N_{fe}$——风机的额定轴功率(kW)。

将式(6-21)代入式(6-20)，可得系统消耗的电功率：

$$N = \frac{N_{fe}}{\eta_{inv}\eta_r\eta_{id}} \times \left(\frac{Q_1}{Q_e}\right)^3 \qquad (6-22)$$

式中：Q_1——风机的运行风量(m^3/min)；

$\quad\quad Q_e$——风机的额定风量(m^3/min)；

$\quad\quad N_{fe}$——风机的额定轴功率(kW)；

$\quad\quad \eta_{inv}$——变频器的效率；

$\quad\quad \eta_r$——传动装置效率(电机与风机一般是直连式，取值为1)；

$\quad\quad \eta_d$——电机效率。

②对于有背压的风机，运行工况点与额定工况点不满足相似定律，需要先求出运行工况点对应的相似抛物线，找到对应的额定转速时的相似工况点，再利用相似定律：

一般情况下，风机风门全开时的管路特性曲线在最初系统管道安装完成后，已经通过试验得出。

如果没有，可近似把管路特性曲线用方程 $P = P_0 + kQ^2$ 表示，系数 k 可用管路背压、风机额定风压及额定压力求得：$k = \dfrac{P_e - P_0}{Q_e^2}$，管路特性曲线方程可用下式表示：

$$P = P_0 + \frac{P_e - P_0}{Q_e^2}Q^2 \qquad (6-23)$$

式中：P_0——风机的背压，

$\quad\quad P_e$——风机的额定压力，

Q_e——风机的额定风量。

风机变频调节时,风门全开,管路阻力特性曲线不变,运行风量为 Q_1 时,所需的运行压力 P_1 可在风门全开时的管路特性曲线上查得;也可用式(6-23)求得 $P_1 = P_0 + \dfrac{P_e - P_0}{Q_e^2}Q_1^2$。将 Q_1、P_1 代入式(6-16),可得风机运行工况点(Q_1、P_1)对应的相似抛物线:

$$P = \frac{P_1}{Q_1^2} \times Q^2 \qquad\qquad (6-29)$$

与风机额定转速 n_e 时的性能曲线的交点,即为运行工况点(Q_1、P_1)对应的额定转速下的相似工况点。

风机额定转速 n_e 时的性能曲线及效率曲线可由风机厂家资料确定,通过作图法,就可找到运行工况点(Q_1、P_1)对应的额定转速下的相似工况点的风量 Q'、压力 P'、效率 η'_f,根据相似定律,运行工况点(Q_1、P_1)对应的风机效率与相似工况点的效率相等。

由式(6-6)、式(6-20),可得系统消耗的电功率

$$N = \frac{Q_1 P_1}{60 \times 1000\eta_{inv}\eta_r\eta_d\eta'_f} \qquad\qquad (6-25)$$

式中:Q_1——风机的运行风量($\mathrm{m^3/min}$);

　　　P_1——风机变频改造后的运行压力(Pa,查图或计算可得);

　　　η'_f——风机的运行效率;

　　　η_{inv}——变频器的效率;

　　　η_r——传动装置效率(电机与风机一般是直连式,取值为1);

　　　η_d——电机效率。

(3)变频改造前后节能率计算

①对于无背压的风机,变频改造的节能率。

根据式(6-18)和式(6-22)可得:

$$K = \frac{N_d - N}{N_d} = 1 - \frac{N_{fe}}{\eta_r\eta_{inv}\eta_d} \times \left(\frac{Q_1}{Q_e}\right)^3 \times \frac{1000}{\sqrt{3}U_1 I_1 \cos\alpha_1} \qquad (6-26)$$

式中:N_d——变频改造前电机的输入功率(kW);

　　　N——变频改造后系统消耗的电功率(kW);

　　　N_{fe}——风机的额定轴功率(kW);

　　　Q_1——风机的运行风量($\mathrm{m^3/min}$);

　　　Q_e——风机的额定风量($\mathrm{m^3/min}$);

　　　U_1——电机的运行电压(V);

I_1——电机的运行电流（A）；

$\cos\alpha_1$——电机运行时的功率因素（可根据运行电流查表）；

η_d——电机效率；

η_{inv}——变频器的效率；

η_r——传动装置效率（电机与风机一般是直连式，取值为 1）。

②对于有背压的风机，变频改造的节能率。

根据式（6 – 18）和式（6 – 25）可得：

$$K = \frac{N_d - N}{N_d} = 1 - \frac{Q_1 P_1}{60 \times 1000 \eta_{inv} \eta_r \eta_d \eta_f'} \times \frac{1000}{\sqrt{3} U_1 I_1 \cos\alpha_1} \qquad (6 - 27)$$

式中：N_d——变频改造前电机的输入功率（kW）；

N——变频改造后系统消耗的电功率（kW）；

Q_1——风机的运行风量（m^3/min）；

P_1——风机变频改造后的运行压力（Pa）（查图或计算可得）；

η_f'——风机的运行效率；

η_d——电机效率；

η_{inv}——变频器的效率；

η_r——传动装置效率（电机与风机一般是直连式，取值为 1）；

U_1——电机的运行电压（V）；

I_1——电机的运行电流（A）；

$\cos\alpha_1$——电机运行时的功率因素（可根据运行电流查表）。

（4）安装液力耦合器的风机变频改造节能率计算

电机功率与转矩、转速有如下关系：

$$P = \frac{M \times n}{9550} \qquad (6 - 28)$$

式中：P——功率（kW）；

M——转矩（N·m）；

n——转速（r/min）。

对于液力耦合器来说，当忽略耦合器的轴承、鼓风损失及工作液体的容积损失时，泵轮的转矩 M_B 与涡轮的阻力矩 M_T 大小相等，方向相反。所以液力耦合器泵轮与涡轮功率之比，也就是液力耦合器的效率，就等于转速之比。即：

$$\frac{P_T}{P_B} = \frac{n_T}{n_B} = i \qquad (6 - 29)$$

式中：P_T——耦合器涡轮功率，等于风机轴功率（kW）；

P_B——耦合器泵轮功率，等于电机输出功率（kW）；

n_T——耦合器涡轮转速，等于风机转速；

n_B——耦合器泵轮转速，等于电机转速；

i——耦合器转速比。

对于已经安装液力耦合器的风机，运行过程中风门也是全开的，风机转速可调，电机转速不可调。

①改造前消耗的电功率。

可由式(6 – 18)求得：

$$N_d = \frac{I_1 \cos\alpha}{I_e \cos\alpha_e} \times \frac{N_e}{\eta_d} \qquad (6 - 30)$$

式中：N_d——电机输入功率(kW)；

N_e——电机的额定功率(kW)；

I_e——电机的额定电流(A)；

I_1——电机的运行电流(A)；

$\cos\alpha_1$——电机运行时的功率因数(可根据运行电流，查表)；

$\cos\alpha_e$——电机的额定功率因数。

η_d——电机效率。

也可用下式表示：

$$N_d = \frac{P_B}{\eta_d \eta_r} \qquad (6 - 31)$$

式中：N_d——变频改造前电机的输入功率(kW)；

P_B——耦合器泵轮功率，等于电机输出功率(kW)；

η_d——电机效率；

η_r——传动装置效率(电机与泵轮是直连式，取值为1)。

②变频改造后消耗的电功率。

变频改造是把液力耦合器分隔开，风机与电机直接连接，然后在电机与电源间加变频器。

由式(6 – 6)、式(6 – 20)，求得系统消耗的电功率：

$$N = \frac{Q_1 P_1}{60 \times 1000 \eta_{inv} \eta_r \eta_d \eta_f'} \qquad (6 - 32)$$

式中：Q_1——风机的运行风量($\mathrm{m^3/min}$)；

P_1——风机的运行压力(Pa，实际测量可得)；

η_f'——风机的效率；

η_{inv}——变频器的效率；

η_r——传动装置效率(电机与风机一般是直连式，取值为1)；

η_d——电机效率。

也可用下式表示：

$$N = \frac{P_T}{\eta_{inv}\eta_r\eta_d} \tag{6-33}$$

式中：P_T——耦合器涡轮功率，等于风机轴功率（kW）；

η_{inv}——变频器的效率；

η_r——传动装置效率（电机与风机一般是直连式，取值为1）；

η_d——电机效率。

③变频改造的节能率。

根据式(6-29)、式(6-31)、式(6-33)可得：

$$K = \frac{N_d - N}{N_d} = 1 - \frac{1_1}{\eta_{inv}} \times \frac{P_T}{P_B} = 1 - i \times \frac{1}{\eta_{inv}} \tag{6-34}$$

式中：P_T——耦合器涡轮功率，等于风机轴功率（kW）；

P_B——耦合器泵轮功率，等于电机输出功率（kW）；

η_{inv}——变频器的效率；

i——耦合器转速比，也就是耦合器的效率。

6.5.3 节电量计算

（1）系统运行期间负荷稳定，没有变化

已知该负荷下系统的运行时间 t、电网电价 a。根据以上推导过程算出节能量 ΔN（单位为 kW），则节电量为：

$$\Delta A = \Delta N \times t \times a \tag{6-35}$$

式中：ΔA——节电量（元）；

ΔN——节能量（kW）；

t——年运行时间（h）；

a——电价（元/kWh）。

（2）系统运行期间负荷周期性变化

已知系统一个周期内不同负荷时对应的运行时间 t_1，t_2，$\cdots$，t_i，电网电价 a。

根据以上推导过程算出不同负荷对应的节能量 ΔN_1，ΔN_2，$\cdots$，ΔN_i，则系统运行一个周期内的节电量：

$$\Delta A = \sum_{i=1}^{i}(\Delta N_i \times t_i \times a) \tag{6-36}$$

式中：ΔA——节电量（元）；

ΔN_i——不同负荷对应的节能量（kW）；

t_i——不同负荷对应的年运行时间(h);

a——电价(元/kWh)。

6.6　变频器的结构组成与系统功能

6.6.1　结构组成

如图 6-6 所示,变频器的结构由移向变压器柜、功率单元柜、控制柜和旁路柜等四大系统构成,以下分别进行详细介绍。

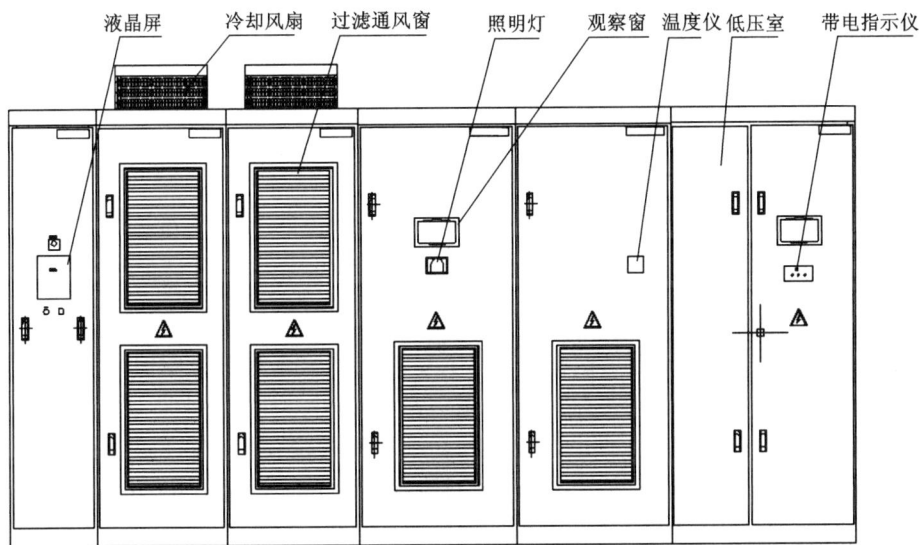

图 6-6　变频器的系统构成

(1)移相变压器柜

移相变压器柜装有移相变压器和冷却风机,为各个功率单元提供较低的交流输入电压。移向变压器的原理是让变压器的一次侧选择不同的相位进行连接,再配合对二次线圈采用不同的接线方式,便能使输出电压的相位随需求而改变。倘若利用三相制电源中的三相电压互差120°的原理,通过移相变压器将电源电压分组组合为圆内接正多边形向量图,即可得到各种与绕组圈数比成一定比例的不同相位的向量,从而达到变压器式移相的目的。

通常变频器内移向变压器的副边绕组分为三组,根据电压等级和模块串联级数,一般由 24、30、48 脉冲系列等构成多级移相叠加的整流方式,可以大大改善电网侧的电流波形,使变频器电网输入侧的功率因数接近 1,并大大降低电网输入侧的谐波总量。

(2)功率单元柜

功率单元柜装有模块化设计的多个功率单元级联式逆变主回路,单元模块逆变电路输入为三相交流电源,每个功率单元输出为固定低压的单相交流电,再由多个单元串联叠加为所需要的高压,如图 6 - 7 所示。

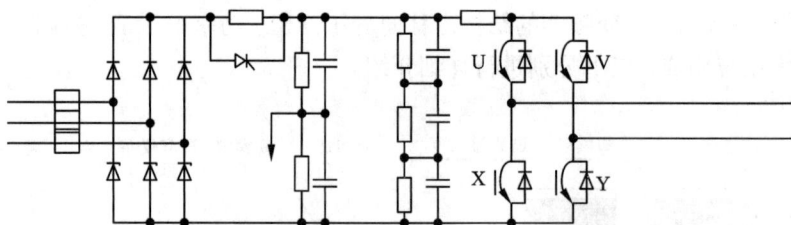

图 6 - 7 功率单元级联式逆变主回路

以 6 kV 每相六个功率单元为例,电压叠加如图 6 - 8 所示,每相由六个相同的功率单元串联而成,相电压为 3464 V。每个功率单元输出有效值 $V_e = 577$ V,峰值输出电压 $V_p = \sqrt{2}V_e = 816$ V。

多重化串联结构使用低压器件实现了高压输出,降低对功率器件的耐压要求。对电网谐波污染非常小,输入电流谐波畸变率小,满足谐波抑制标准;输入功率因数高,不必采用输入谐波滤波器和功率因数补偿装置;输出波形接近正弦波,不存在输出谐波引起的电动机发热和转矩脉动、噪音、输出 dV/dt、共模电压等问题,对普通异步电动机不必加输出滤波器就可以直接使用。

每个功率单元模块为基本的交 - 直 - 交单相逆变电路,整流侧为二极管三相全桥,通过对 IGBT(隔离门极双级晶体管)逆变桥进行正弦 PWM 控制,可得到单相交流输出。每个功率模块结构及电气性能上完全一致,可以互换。功率单元由移相变压器的一组副边供电,通过三相全桥整流器将交流输入整流为直流,并将能量储存在电容组中。电容组根据单元电压选择并联或串联,每组电容根据单元容量的大小选择并联个数。控制部分通过冗余设计的电源板从直流母线上取电,接收主控系统发送的 PWM 信号并通过控制 IGBT 的工作状态,输出 PWM 电压波形。监控电路实时监控 IGBT 和直流母线的状态,将状态反馈回主控系统。在某一个功率单元出现重故障时,主控将打开该功率单元的旁通回路(此功能为选用功能),使该功率单元进入旁通状态,而整个变频器可以继续工作,直至适当时机

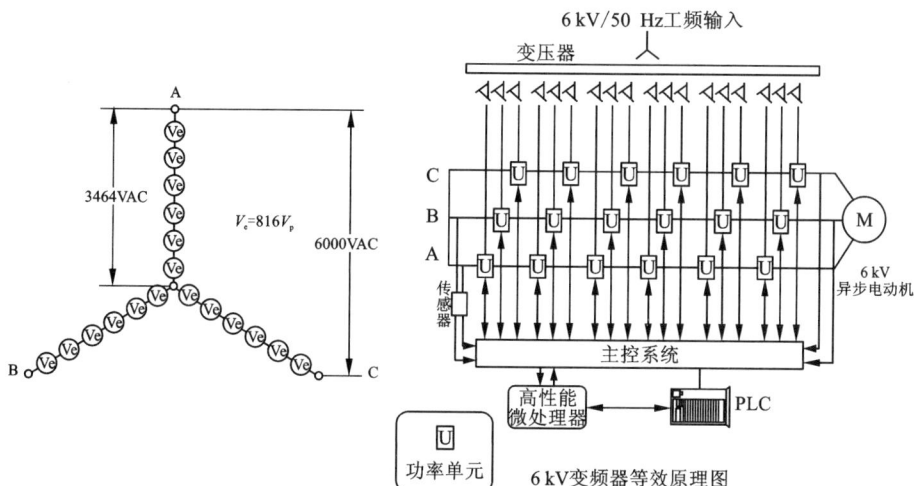

图 6-8　6 kV 变频器电压叠加示意图

停机进行功率单元更换，避免整个变频器停机。

输出侧通过对每个功率单元的 PWM 波形进行重组，可得到阶梯正弦 PWM 波形，这种波形正弦度好，对电缆和电机的绝缘无损坏，无须输出滤波器，就可以延长输出电缆长度，可直接用于普通电机，同时，电机的谐波损耗大大减少，消除负载机械轴承和叶片的振动。

(3)控制柜

控制柜装有计算机主控部件，担负着变频器工作的指挥中心作用，具备用户所需的各类通信、远控功能。

主控系统包括主控板及其输入输出接口。主控板以高性能单片机处理器为控制核心，和光通信主板之间通过专用电缆进行数据传输。光通信主板通过光纤和功率单元之间进行通信，向各个功率单元传输 PWM 信号，并返回各个功率单元状态信息。主控板和液晶显示界面之间使用光纤连接，液晶面板及键盘实现人机界面功能。显示内容有系统状态，运行状态，功能参数值和故障记录等。通过面板上的功能键，可以实现系统运行、停机、复位及功能参数设定和记录查询。主控板的 I/O 接口用来实现端子控制模式的外部通信。主要功能有，系统端子复位和运行/停止控制、外部模拟方式频率给定、以及系统状态、运行频率的输出等。主控板的输入还包括控制电源和运行电流的采样信号。可编程逻辑控制器（PLC），辅以继电器、开关等器件，负责变频器内部的逻辑控制和外部与用户的接口。PLC 主要完成以下功能：负责与主控系统交换给定频率、运行频率、输入输出电流及功能号等数据，监控主控系统的就绪、运行、故障等状态；负责处理变频器控制电源切换、旁通柜开关切换与互锁、风机、柜门、变压器温度等信号；负责与用户的接口，处理用户的高压开关信号、控制指令信号，并向用户提供变频器运行状态和参数。

(4)旁路柜

可以根据需要选用旁路柜，在故障情况下可执行工频旁路功能。常用的工频旁路功能如图6-9所示。

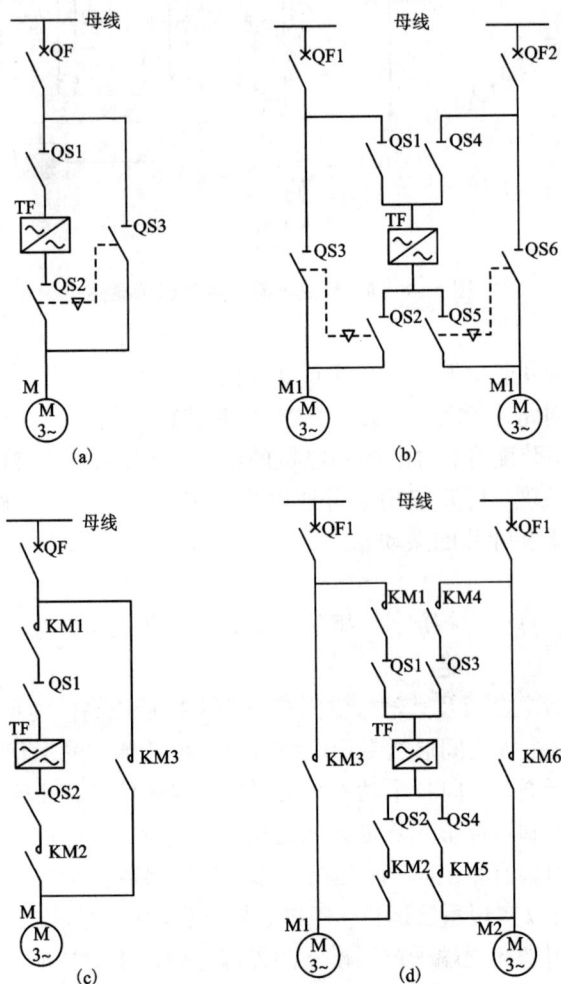

图6-9 常用的工频旁路功能

(a)一拖一手动旁路；(b)一拖二手动旁路；(c)带隔离一拖一自动旁路；(d)带隔离一拖二自动旁路

高压变频器一般采用一拖一手动旁路的方式，旁路柜中共有三个高压隔离开关，采用机械互锁或者电气互锁，当 QS1、QS2 闭合，QS3 断开时，电机变频运行；当 QS1、QS2 断开，QS3 闭合时，电机工频运行，此时变频器从高压中隔离出来，便于检修、维护和调试。采用自动旁路时，要增加真空接触器。

旁路柜必须与高压断路器 QF 连锁，旁路柜隔离开关未闭合到位，不允许 QF 合闸，QF 合闸时，不允许操作隔离开关。

6.6.2　系统功能与应用

变频器的主要功能是将频率固定（通常为工频 50 Hz）的交流电（三相的或单相的）变换成频率连续可调（多数为 0 ~ 400 Hz）且电压可调的（三相或单相）交流电源，变频过程中只有频率变化，电能不发生变化。

实际的工业应用中，变频器还需要具备以下具体的基本功能。

（1）启动方式

对于大功率的电动机，使用变频器可以对电动机进行无冲击电流启动方式启动。启动时，变频器从 1 Hz 开始输出，按照 V/F 曲线将电动机带至需要的频率，这种启动方式在电动机启动时电流可以保持在额定电流附近，故可使得启动更平滑，减少电机机械应力，缓和阀门磨损，减小电流冲击和电磁应力，延长电机寿命。

（2）运行方式

①闭环运行方式。

在闭环运行模式下，用户可以设定并调节被控制量的期望值，变频器将根据被控制量的实际值与设定值进行比较，检测出差值，经过自动调节，控制拖动电动机的转速，使被控制量的实际值自动逼近期望值。控制量可以是压力、温度、水位等信号，也可以是这些信号通过 DCS 处理以后的频率信号。

②开环运行方式。

选择开环运行模式，变频器的运行频率将由 LCD 面板、触摸屏给定或由外部模拟信号直接给定。

（3）频率设定

变频器可以采用人机面板直接设定的方式，通过面板上的数字键输入频率；也可以采用电位器、传感器、DCS 等直接进行模拟量给定，模拟信号可以为 4 ~ 20 mA 电流信号或 0 ~ 10 V 电压信号。此外，变频器还具有特定频率设定禁止功能（频率跳跃功能），用以避开风机、泵和机床等机械设备的固有频率以防止机械系统发生共振，如图 6 – 10 所示。

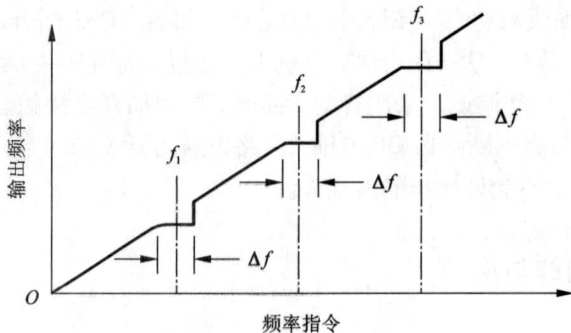

图 6 - 10　通过设定跳跃频率以避开共振频率

（4）控制方式

①本地控制。

利用变频器柜体上人机面板的启动、停止、参数设定等功能控制变频器，也可以通过柜体上的控制按钮来操作变频器。

②远程控制。

可以由用户的 DCS 或其他控制系统通过硬接线的方式控制变频器，若用户没有控制系统或没有接入条件，也可以采用 GPRS 无线传输网络对变频器进行远程监控。

（5）参数设定功能

变频器具有多种功能设定，包括变频器输入输出电压、V/F 曲线、升降速时间等。所有参数可以备份或恢复，掉电后无需重新设置。合理设置系统或电动机的各种参数不仅能使变频器处于最佳工作状态，同时也能更加有效地对电动机和变频器进行保护。

（6）故障查询、报警功能

变频器具有故障定位与查询功能，轻微故障时变频器会在主界面实时提供报警信息；重故障发生时，变频器会自动弹出故障界面，向用户直观显示发生了什么故障，发生在什么位置。通过故障界面，用户可以查询故障的历史信息。

（7）运行参数记录显示功能

变频器有自动记录运行参数及对其进行显示的功能，用户对变频器进行的每一次操作以及对应时刻也会被记录在案。变频器运行时自动记录的参数包括给定频率、电机转速、输入电流、输出电流、输入电压、输出电压、实际被控及系统状态信息。所有记录的运行参数都会按文本文件格式存放于计算机存储器中。

（8）保护功能

由于变频器大量使用了各种半导体器件，如整流桥、IGBT、电解电容等，要想保证变频器长期稳定工作，则必须保证各器件工作在其允许条件下。超出条件则必须立刻或延时停止变频器工作，待异常条件消失后才能重新开始工作，如保护失效或动作延迟将导致变频器出现不可恢复性损害。故为了防止变频器本身和三相异步电动机损坏，使变频器能停止工作或者有效地抑制电压、电流值，变频器的保护回路设置了多种保护功能。具体包括电流限制保护、过电流保护、过电压保护、欠电压保护、不平衡保护、超温保护、控制系统故障保护、冷却风机异常等，如表 6-3 所示。

表 6-3　变频器的常见保护功能

保护类型		原因
缺相	输入缺相	输入电压值相差超过允许值
	输出缺相	输出电流三相不平衡
过流	加速/减速/恒速	超过变频器允许的最大电流(2 倍额定)
过载		超过变频器允许的过载范围
过压	加速/减速/恒速	直流母线电压超过允许值
过热		散热器温度超过允许值
欠压		电网电压过低

（9）旁路功能

旁路功能可以实现：

①单个变频功率单元出现故障时系统可将其自动旁路，设备仍可正常运行。

②系统出现严重故障时，用户可用旁路开关将高压变频器切除，使电机在工频下运行。

6.7　某钢铁厂除尘风机的变频改造项目案例

下面针对某钢铁厂的除尘风机实际的变频改造案例进行详细介绍，以说明 MOAR 指导下的风机水泵变频改造取得的节能效果。

6.7.1 项目概述

某钢铁材料公司转炉炼钢部有二次除尘风机五台：一期二次除尘风机 1 台、三期 LF 炉除尘风机 1 台、二期二次除尘风机 3 台，每台风机有多个吸风口，正常生产时，各风机都是在定工况下运行。二期二次 3 台除尘风机并联运行根据设备的运行模式可相互切换，目前只运行 1#、2# 两台风机。3# 风机处于热备状态。二期二次除尘系统主要是对转炉炉前、炉顶和 LF 炉内外排的除尘，风量占二期二次除尘的 97%，其中 1# 除尘系统主要是对 1#、2# 转炉炉前进行除尘，3# 除尘系统主要是对 1#、2#、3# 转炉炉顶罩进行除尘，占 3# 系统风量的 92%。二期二次除尘系统 2# 系统和三期 LF 炉除尘系统及一期二次除尘系统吸风口较多较散。

一期二次除尘风机采用风门调节，风机额定参数：风量 1000000 m³/h、风压 5.5 kPa，转速 730 r/min；电机额定参数：电压 10 kV，电流 182.5 A，功率 2500 kW，转速 741 r/min，功率因数 0.83；运行参数：风门开度 90°，风量 100%，电流 167.75 A。此风机风门已经基本全开，没有变频节能空间。

LF 炉除尘风机采用液力耦合器调节，风机额定参数：风量 300000 m³/h，风压 5.7 kPa，转速 960 r/min；电机额定参数：电压 10 kV，电流 50.5 A，功率 710 kW，转速 992 r/min，功率因数 0.83；运行参数：液力耦合器开度 98%，转速 895 r/min，风门开度 90°，风量 100%，电流 42 A。

二期二次除尘风机 1#、2# 采用风门调节，3# 风机采用液力耦合器调节：1# 风机额定参数：风量 650000 m³/h，风压 5.5 kPa，转速 730 r/min；1# 电机额定参数：电压 10 kV，电流 105.26 A，功率 1400 kW，转速 740 r/min，功率因数 0.81；1# 风机运行参数：风门开度 75°(83%)，风量 94%，电流 87 A。2# 风机额定参数：风量 650000 m³/h，风压 5.5 kPa，转速 730 r/min；2# 电机额定参数：电压 10 kV，电流 100 A，功率 1400 kW，转速 745 r/min，功率因数 0.85；2# 风机运行参数：风门开度 83%，风量 94%，风压 1.1 Pa，电流 91 A。#3 风机额定参数：风量 600000 m³/h，风压 5.5 kPa，转速 730 r/min；3# 电机额定参数：电压 10 kV，电流 105.26 A，功率 1400 kW，转速 740 r/min，功率因数 0.81；3# 风机运行参数：液力耦合器开度 98%，转速 730 r/min，电流 84 A。

6.7.2 变频器选型

根据风机功率情况，变频改造采用某 10kV 系列变频器，其设备主要参数见表 6 - 4。

表 6 - 4　变频器主要参数

系列	10 kV 系列
变频器容量(kVA)	1500 ~ 2000
适配器电机功率(kW)	1250 ~ 1600
额定输出电流(A)	90 ~ 115
额定输入电压	10000 V ± 15%
输入功率因数	≥0.95
变频器效率	>0.96(额定负载)
输出频率范围(Hz)	0 ~ 50 Hz
输出频率分辨率(Hz)	0.01 Hz
过载能力	150%(1 min)
电气制动方式	电阻制动或再生制动
控制方式	V/F 控制或磁场定向闭环控制
散热方式	空调冷却热管风冷或水冷
运行环境	0 ~ 40℃(特殊要求可订制)
环境湿度	<90%, 无凝露(特殊要求可订制)
贮存环境	-40℃ ~ 70℃
海拔	<1500 米(特殊要求可订制)
防护等级	IP40

6.7.3　节电量估算

　　节电量的估算依据风机相似定律为基础。对于同一台风机来说,满足几何相似、运动相似、动力相似,在输送流体密度不变,仅转速 n 改变时,对应工况点的性能参数满足相似定律,相似定律的相关计算公式已在上文予以介绍。若已知以下系统参数:风机的额定风量 Q_e、额定压力 P_e、额定轴功率 N_{fe}、额定效率 η_f、电机的额定电流 I_e、额定电压 U_e、额定功率 N_e、额定效率 η_d、功率因数、风机的运

行风量 Q_1、电机的运行电流 I_1，电机的运行电压 U_1，就可计算系统变频改造前后的节能率。

没有安装变频器之前，按照电机功率的计算公式进行电机工频运行下的耗电功率计算。二期二次除尘 1#、2# 风机采用风门调节，开度 75°（90° 为全开）：1# 电机机运行参数：电流 88 A、电压 10 kV、功率因数 0.86，则工频运行耗电量 $N_d = 1315$ kW；2# 风机运行参数：电流 91 A、电压 10 kV、功率因数 0.86，则工频运行耗电量 N_d 为 1355.5 kW；3# 除尘风机采用液力耦合器调节，风机运行参数为液力耦合器开度 98%，转速 730 r/min，电流 84 A，则工频运行耗电量 $N_d = 1248$ kW；LF 炉除尘风机采用液力耦合器调节，LF 风机运行参数为电流 42 A、电压 10 kV、功率因数 0.86，则工频运行耗电量 N_d 为 625.6 kW。节电率的估算可以根据风机设备风门开度与风量的关系来进行，其估算的经验公式为：

$$K \approx [1 - (Q_c/Q_n)^3] \times 100\% - 4\%$$

式中：Q_c——风机的平均风量（m³/h）；

Q_n——风机的额定风流量（m³/h）。

一期二次除尘风机采用风门调节 90° 为全开。风门开度 100%（90°），风量 100%，即 $Q_c/Q_n \approx 1$，故无节能空间。二期二次除尘 1#、2# 风机采用风门调节，风门开度 90° 为全开，1# 风机运行参数：风门开度 83%（75°），风量 95%，电流 88 A，计算得到节电率 $K \approx 10.26\%$；2# 风机运行参数：风门开度 83%（75°），风量 95%，电流 91 A，计算得到节电率 $K \approx 10.26\%$。变频器取代液力耦合器调速测算节电率，节电率可由下式进行估算：

$$K \approx [1 - (n_c/n_n)] \times 100\% \qquad (6-37)$$

式中：n_c——液力偶合器的平均运行转速（r/min）；

n_n——电机的额定转速（r/min）。

LF 炉除尘风机采用液力耦合器调节，电机额定转速 992 r/min，运行参数为液力耦合器开度 98%，涡轮转速 895 r/min，风量 100%，电流 42 A，计算得到节电率 K 约为 9.8%；二期二次除尘 3# 风机采用液力耦合器调节，电机额定转速 740 r/min，运行参数：液力耦合器开度 98%，转速 730 r/min，电流 84 A，计算得到节电率 K 约为 1.35%。

根据上述计算结果，由节电率推算节电量对应的经济价值。二期二次除尘 1#、2# 风机采用调节，定工况运行，年运行时间满 8000 h，电价按 0.55 元/kWh 计算，1# 风机年节电量 $= 1153250.9937 \times 0.55/10000 = 63.43$ 万元，2# 风机年节电量 $= 1509305.2141 \times 0.55/10000 = 83.01$ 万元；LF 炉除尘风机采用液力耦合器调节，定工况运行，年运行时间满 8000 h，变频器代替液力耦合器后，估算节电率 $K \approx 9.8\%$，电价按 0.55 元/kWh 计算，则年节电量 $\approx 625.6 \times 9.8\% \times 8000 \times 0.55/10000 = 49.05$ 万元。

在风机带多吸风口的情况下，风机设备定工况运行采用变频调速节能空间有限，要达到好的节能效果，可从除尘系统考虑，二期二次除尘系统主要是对转炉炉前、炉顶和 LF 炉内外排的除尘，$1^\#$ 系统风量 100% 的用在 $1^\#$、$2^\#$ 转炉炉前除尘，炼钢设备的工作都是有周期性的，所需的风量也不相同。如转炉炼钢在出钢、倒渣后到下次加料前，LF 炉的从钢包吊走到钢包到达的待机阶段所需的风量近似为零，此时间估计占炼钢周期的 10% 左右。此时可通过变频器调速，改变风机的运行工况来达到节电目的。如此推算，$1^\#$ 系统平均所需风量约为原风量的 50%，估算 $1^\#$ 风机此阶段节电率为 $K \approx 87\%$。平均节电率为 18.58%。二期二次除尘 $1^\#$ 风机采用变频调节，在周期变工况下运行，年运行时间分别为 8000×0.9 h 和 8000×0.1 h，电价按 0.55 元/kWh 计算，则 $1^\#$ 风机年节电量 $\approx 1316 \times (10.96\% \times 0.9 + 87\% \times 0.1) \times 8000 \times 0.55/10000 = 107.5$ 万元。

6.7.4　工程实施设计

二期二次除尘系统中 $1^\#$ 除尘系统主要是对 $1^\#$、$2^\#$ 转炉炉前进行除尘，而炉前集尘罩主要捕集转炉兑铁加料时产生的烟气，并兼顾转炉吹炼时从一次除尘烟罩罩口逸出的烟气捕集，本方案拟定对二期二次除尘 $1^\#$、风机进行变频改造，高压变频器采用一拖一手动旁路的方式，当变频器异常时，变频器不能正常运行，电机可以手动切换到工频运行状态下运行，以保证生产的需要；主电缆从风机高压开关柜 QF 与旁路柜 QS1、QS3 连接，QS1 因为变频器输入开关、再由 QS3、QS2 与电机连接，QS2 为变频器输出。旁路柜必须与高压断路器 QF 连锁，QF 合闸时，不允许操作隔离开关。旁路柜中共有三个高压隔离开关，开关 QS2 和旁路开关 QS3 实行联锁保护。采用机械互锁或者电气互锁，当 QS1、QS2 闭合，QS3 断开时，电机变频运行；当 QS1、QS2 断开，QS3 闭合时，高压电源还可经旁路开关 QS3 直接给电机送电，电机工频运行，此时变频器从高压中隔离出来，便于检修、维护和调试。采用自动旁路时，要增加真空接触器。上述设计如图 6 - 11 所示。

变频设备具备远方监控和操作功能，在集控室 DCS 上可实现变频器的开/闭环运行选择，每台风机之间能实现工频/变频自动切换。正常情况下电机在变频调速状态下运行，电机负载挡板置于全开状态，变频器检修或故障状态下可实现电机工频旁路运行

变频器的控制采用以频率为控制对象的开环控制方式，该方式在就地操作（设备本体上操作）直接从触摸屏上设置输出频率的运行上限值和运行下限值，变频器以该频率为控制目标值。

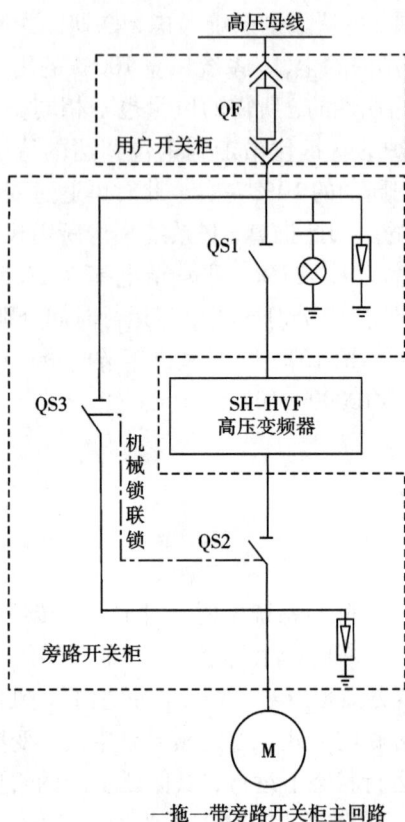

一拖一带旁路开关柜主回路

图 6-11　一拖一带旁路开关柜主回路

由工频运行参数得定工况运行时风量为额定风量的 94%，1#系统上限频率设定 47 Hz；下限控制频率按一台转炉炼钢在出钢、倒渣后到下次加料前和 LF 炉的从钢包吊走到钢包到达的待机阶段所需的风量约为原风量的 50%，下线频率设定为 24 Hz。

当两台转炉炼钢时 1#系统风机电机在 47 Hz 下运行，当一台转炉炼钢时 1#系统风机电机在 24 Hz 下运行，并同时关闭另一台转炉的隔离阀门。在另一台转炉恢复炼钢加料状态时将频率恢复到 47 Hz 运行，并开启隔离阀门。

同时，为了确保变频器能长期、安全、稳定地工作，发挥其应有的性能，必须确保变频器的运行环境满足其所规定的要求。

①安装设置场所的要求条件：

a) 变频装置容易搬入安装，并有足够的空间便于维修检查；

b) 应备有通风口或换气装置，以排出变频器产生的热量；

c）应与易受变频器产生的高次谐波干扰和无线电干扰的装置分离；

d）若安装在室外，须单独按照户外配电装置设置。

高压变频设备间可建在二期二次除尘器外部的空地上，变频设备布置为了保证操作、维护的方便性和通风散热效果，通常变频器柜体正面距墙距离不小于1.5 m，背面和顶部距墙距离不小于1 m，左右距墙距离不小于1 m。

②周围温度条件：

变频器运行中周围温度的容许值多为−10～40℃，应避免阳光直射。为了控制温度，采用制冷量为32匹的空调冷却。

③周围湿度条件：

变频器的周围空气相对湿度应≤90%（无结露），必要时须在变频柜箱中加放干燥剂。另外，变频器柜安装平面一般应高出水平地面800 mm以上。

④周围气体条件：

变频器要安装在清洁的场所，其周围不应有具有腐蚀性、易燃、易爆的气体以及粉尘和油雾。

⑤海拔条件：

变频器的安装场所一般在海拔1000 m以下，高海拔时会引起变频器的降容。

⑥振动条件：

变频器安装场所的振动加速度多被限制在$(0.3～0.6)$g以下（即振动强度，≤5.9 m/s^2）。

此外，变频器投入运行过程中的日常维护也十分重要。应该每月一次检查变频器运行环境，确认运行温度、湿度符合要求，环境无灰尘、无腐蚀性气体。一般应维持变频器室环境温度为0～40℃；湿度不得超过80%。在春夏之交湿度大的情况下应一个星期检查一次运行的温度和湿度，必要时需进行除湿处理。日常运行维护人员还应确保电抗器、变压器、冷却风扇等有无异常声音，有无振动；有无异味、绝缘物的气味及各电路元件特有的气味，具体为：变压器运行温度正常，三相温度均衡（三相间温度差＜20℃，变压器的线圈温度不超过80℃；变频器在运行中各个部件应无异常声音、异常振动；变频器功率元件的温度正常；就地显示屏无报警，转速、电流电压等运行参数显示正常；运行当中，应随时监视负载运行情况，出现不正常情况时应及时采取相应措施直至停机；运行中主电路电压和控制电源路电压应正常。

6.8　小结

变频器采用交−直−交主回路和相关控制电路，将电网输入侧的交流电转换为电压、频率可调的交流电源,通过改变驱动用交流电机的转速,从而灵活改变风机风量以适应生产工艺的需要,彻底避免了传统的挡板风门截流调节方式所导致的能量浪费,故是一种理想的风机调速控制装置,可以达到运行能耗最省、综合效益最高的有益效果。

风机、泵类等设备采用变频调速技术实现节能运行是我国节能的一项重点推广技术,受到国家政府的普遍重视,也是《中华人民共和国节约能源法》第 39 条明确鼓励推广的通用技术。建议根据现场实际情况开展风机变频改造的节电量评估,并进行合理的设备选型和施工方案设计,尽可能地取得直接和间接经济效益的最大化。

下篇
水系统应用

MOAR

第 7 章　工业循环水系统的 MOAR 应用

7.1　前言

工业循环冷却水系统是以水泵作为动力源，推动冷却水经输送管网和冷却换热设备用于冷却工艺物料、生产设备和高温废料的公用工程，广泛用于石油、化工、钢铁、冶金和电力等工业部门，被誉为维持工业生产的生命线。循环冷却水系统在保证工艺装置安全稳定运行的同时，也耗费了大量的能源，以石化行业为例，光是水泵电耗就占据了石化生产过程用电总量的 10% 以上。由于各类流程工业的循环冷却水系统在结构和功能上具有共性，其节能技术自然也就具有推广应用上的普适性，从而成为了各类工业节能服务机构的技术研发热点。酒泉钢铁集团动力厂唐长忠等人介绍了酒钢集团循环水节能改造的应用实践，其思路主要是通过自动控制阀门对水泵运行工况和阀门开度等工艺参数进行调节，实现循环水系统的精细化管理，保持各个用水终端的水力平衡以及流量的按需分配，从而最终达到全系统水力最优的效果；江苏大学马正军以某化工过程的循环水系统为研究对象，基于反应釜冷却水进口阀前变压变流的按需供水模型，通过流体仿真技术实现了水泵效率的提升，并保证调节过程中管网的安全性，据估计，系统的总体节电率高达 40% 左右，节能改造的项目投资回收周期约为 18 个月；重庆大学动力工程学院周洪煜等则针对循环水的余热利用问题，使用神经网络等工具提出了多边界条件下的热泵预测控制模型，以热泵热网水出口温度的预测值与设定值之差为目标函数，利用径向基函数求解得到目标函数最小时的驱动蒸汽量。尽管工业循环水系统节能领域的技术研究与应用很多，但多专注于单一的动力装置或换热环节本身，故需要从全系统出发提出综合整体的节能理论并加以应用，这样才能更为方便快捷地达到系统整休能耗最优的目的。

7.2　循环水系统节能视角的 MOAR 阐述

MOAR 是湖南山水节能科技股份有限公司以瞿英杰为首的专家团队联合中南大学历经二十余年开发完善的流程工业系统节能思想体系和应用方法。该理论的主要内容是将系统节能归纳为管理系统运行（Management of system working）、优化工艺需求（Optimization of process demand）、调整能量供给（Adjustment of energy feed）和提升元件能效（Rise of component efficiency）这四条基本途径，由于上述四条途径的英文翻译分别以英文字母 M、O、A 和 R 打头，故将其命名为"MOAR"理论。

MOAR 具有十分广泛和深远的理论意义与现实意义，对流体系统节能的指导作用非常显著。尤其是对工业循环冷却水系统而言，MOAR 更是针对性地指出了总体技术思路和各种具体的解决方案，以下按照 MOAR 的四条节能法则分别予以介绍。

7.2.1　管理系统运行

管理系统运行是 MOAR 的运用基础。现代流程工业广泛使用 DCS（distributed control system，分散控制系统）系统进行生产过程的监测和控制，其基本思想是分散控制、集中操作和分级管理；MOAR 指导下的节能改造也需要依托 DCS 系统来展开，即需要集机械、电子、自动控制、水力设计、给排水设计和优化设计方法等途径来实现全方位全过程的流体输送系统综合优化，所以管理系统运行是方法，而 DCS 则是实现这个方法的手段。DCS 更多的是站在自动化的角度上描述如何实现现场自动化管理的最优方式，而 MOAR 则立足于流体输送的角度提出了优化的思路和方法，甚至还需要细化至系统的元件与底层应用的数学方法和系统能源评估的具体算法层面。此外，引入目前最新的物联网和云计算技术成果，也可以更好地实现工业循环冷却水系统的运行优化和调度决策。

除了技术上的管理措施外，管理系统运行这一 MOAR 法则还包括日常的生产管理，引进精益管理和信息化管理工具，充分调动一线员工的主管能动性，杜绝流程工业生产过程中的"跑、冒、滴、漏"现象，向管理要能效。首先，在生产技术及其管理方面，要充分消化工艺包提供方和设计院的技术交底，做好行业生产基础技术的积累与二次创新工作，在每一个生产步骤细节上都关注好能源的利用问题。要将能效管理融入到生产管理技术的每一个环节，注意到每一个数据的变化情况，并在生产过程的计划、调度、协调和控制等各个方面关注能效细节。其次，在生产设备管理方面，要密切注重设备功能在能效细节方面的维护、改进和优化，以及工艺流中上下游设备之间的工艺参数匹配，一旦出现"大马拉小车"的现象要给予记录并反馈，对于新上的设备和新引进的工艺包，则必须将其能耗指标作为重点的考核项目。最后，还应该从员工素质着手，提高一线员工的能效意识，通过培训让员工充分掌握设备的操作使用和保养维护技巧，明确每个操作细节和能效之间的对应关系，增强员工的节能主人翁意识。

对于有条件的用能企业，建立企业级的能源管理中心，是运用管理系统运行这一 MOAR 节能法则的有效途径。2015 年 1 月，工业和信息化部节能与综合利用司发布了《关于印发钢铁、石油和化工、建材、有色金属、轻工行业企业能源管理中心建设实施方案的通知》，要求贯彻落实《节约能源法》，完善企业的能源管理体系，大力强化政府节能领域的检查管理手段，并最终切实提高企业的能源管理和用能水平。国家发布的企业级能源管理中心政策得到了节能服务行业的大力响应。以湖南睿胜能效管理技术有限公司为例，该公司以"管理降耗、可视运维"为出发点，基于能源资源信息服务平台的深度挖掘而开展能效服务。通过能效资源平台的搭建和运行，积累大量生产工程的能效数据，并对能效资源平台提供的信息进行精准分析以提高技能评估和能源审计服务的准确有效性，使节能管理科学化和规范化。但是，由于流程工业用户数目众多，各自处于不同的行业与细分领域，往往受制于计量手段、管理水平和现场的恶劣工况，很难对所有能效相关的数据进行检测与记录。因此目前技术最为成熟、应用最为广泛、推广难度也相对最低的是电务管理服务。即通过智能电子式电表在线计量监测生产设备的用电状况，定期进行用电小结合记录报表归档，形成用电管理现状和节能现状的分析报告，这一方式能够广泛适用于各个行业的能效信息资源平台的用户，同时兼顾了能源和节能的监管侧、需求侧、使用侧以及服务侧的个性化定制需求。

7.2.2　优化工艺需求

优化工艺需求是 MOAR 的首要前提。MOAR 借鉴电力行业的"需求侧管理"（demand side management，缩写为 DSM）思想，基于传热原理和热平衡方程，通过工业现场全面而细致的工艺参数检测，并与工艺指标进行对比来确定用水装置的循环冷却水流量、压力和温度的需求。以有机化工行业为例，换热器用水量往往占据循环冷却水总消耗的 90% 以上。根据换热器的结构特点和工艺特性，在确定工艺文件要求的换热器出口工艺介质的最高温度的基础上进行工业现场的温度实测。若测得换热器出口工艺介质的实际温度明显低于工艺设计温度，则可以适当降低通过该换热器的循环冷却水流量直至两者温度相当，从而达到节水节电的目的。

工业循环冷却水系统工艺需求的优化，是以循环水的阀门开度和水泵风机转速等作为设计变量，以母管压力和温度等作为约束条件，根据各个工艺末端的冷却需求这一设计目标来构造目标函数，在工艺可行域的合理范围内，寻找流量、压力和温度的最优点与最优值组合。根据处理问题自身的特征和处理方法的不同，可以将优化模型划分为数学规划、组合优化、图论和网络流以及动态规划等，而具体的优化方法则包括数值优化方法、探索优化方法以及专家系统优化方法等三大类。以长沙山水节能研究院张智勇设计的发明专利"一种工业循环水系统的优化方法"（专利号 201210108862.7）为例，属于一种较为系统和先进的探索优化方法。其主要思想是：首先，对工业循环冷却水系统现场的换热器进行测量，获得循环冷却水和工艺介质的进出口温度与流量，以及供水设备的能量输入；然后，根据测量数据来确定每个换热器冷却介质的最佳流量，并根据系统最不利点的高差和温度情况来确定系统的最低压力；最后，根据循环冷却水的最佳流量和系统的最低压力，通过能耗衡算来推算泵房可以节约的能量以判断是否需要重新配置设备。

当然，考虑到工业循环冷却水系统最终服务于生产活动本身，所以深层次的工业循环冷却水系统的需求优化离不开对生产工艺的深入了解与分析，在熟悉生产工艺流程的基础上，首先要注意研究生产工艺流程的优化机制。这是因为生产工艺流程并非是一成不变的，而是随着技术水平的进步、操作人员主观能动性的增强和人与设备配合程度的提高，可以对生产工艺细节进行变更，而每一个细微的变更都有可能意味着更好的节能效果，因此用能企业应该在生产实践中建立起生产工艺流程不断优化的机制。其次，还应该注意到生产工艺流程各个环节的安排与协调，一切围绕工艺需求这条主线，这既包括上下游设备之间生产物料和能量的协调，也包括各个生产管理部门之间工作衔接的协调，减少不必要的物料和能量浪费。最后，必须充分落实生产工艺流程的管控，及时维护保养设备，确保设备工作状态良好，能效指标正常，且关键控制点处于合理的范围内，这样才能形成精益化的工艺需求管控效果。

7.2.3 调整能量供给

调整能量供给是 MOAR 的实现手段。随着工艺需求的优化，也要相应地调整系统中能量的供给以达到需求侧和供给侧的精确匹配。根据用能分析"三环节"能量观点，能量分为利用、回收和转换这三个环节。对于工业循环冷却水系统，则需要针对上述三个能量环节的具体情况而精确地计算系统的能量供给量及其随着工艺波动、物料变化、生产负荷和气候环节等因素的变化情况，从而进行适当调整。

　　工业循环冷却水系统最主要的能量供给源是循环水泵，而其供给能量的调节手段则主要取决于阀门。如何在工业循环冷却水复杂的管网系统中根据某些用水末端的需要进行能量调节而不引起系统内部其他支路的变化，这将值得节能设计人员进行考虑。针对这个问题，长沙山水节能研究院余学军等人设计了一个发明专利"一种供水系统多末端支管同步调节流量的方法"（专利号 201310260464.1），以供水系统调节前运行流量的最大波动值为依据（历史最大值减去历史最小值），在所有保持其他末端支管上的阀门开度完全不变的前提条件下，只调节其中某一个末端支管上的阀门开度，使得该支管的流量调节至设计流量或改造流量，然后再略微调整供水系统母管上的阀门开度，并保证母管上的流量变化的绝对差值与被调节支管上的流量变化的绝对差值同步变化。按照上述步骤对所需要调整流量的支管进行逐一调节。这种办法具有操作方便快捷、调节准确、末端流量分配精度高且调节过程稳定性高、干扰少的突出优点，值得工业循环冷却水行业的大力推广应用。

7.2.4　提升元件能效

　　提升元件能效是 MOAR 最为直接有效的技术途径。工业循环冷却水系统是由许多元件所组成的，元件的高能效是实现系统高能效的有力基础。具体的元件能效提升方法包括更换高效水泵、管道减阻除垢、冷却塔更换高效填料、采用低阻力流量计和提高末端换热效率（如换热器强化）等。

　　作为工业循环冷却水系统的主要耗能元件——水泵，其提升元件能效的技术手段包括水力模型优化、更换高效叶轮、更换高效密封件以及过流面减阻涂层等。尤其是三元流技术更是在高效水泵的设计过程中发挥着至关重要的作用。

　　叶轮机械的三元流动理论最早是由我国科学家吴仲华教授所创立的，吴仲华最早提出了 S1、S2 两类流面的概念。1986 年，中国科学院研究员刘殿魁教授提出了叶轮机械内部"射流 – 尾迹的完全三元流"的解法并被人们广泛接受和采用。水泵设计人员运用这一先进的计算方法可以实现叶轮流道的科学设计，能够有效削减尾迹区域的影响，提高叶轮的水力效力并增大有效流通面积，进而提高离心泵的工作效率。随着计算机软硬件的迅速发展和 CFD（computational fluid dynamics，计算流体力学）技术的发展，三元流技术得到了广泛的应用。设计人员采用三元流理论与计算流体力学及工程优化方法相结合的工作思路，利用相关泵设计软件，参考生产现场实际运行的工况，重新进行水泵内部水力元件（尤其是叶轮）的优化设计。以水力损失最小（效率最高）为目标函数，以汽蚀性能、几何尺寸和制造成本等为约束条件，设计不同的流动参数和几何参数组合并寻找最优解，最终得到最佳的参数匹配，得到效率最高的水力模型。水泵节能改造实践中，三元流技术应用最为广泛的场合在于叶轮的优化设计，即在流量扬程工作点不变或变化较小的前提下，利用三元流技术优化得到水力性能更加突出的叶轮用于更换原有叶轮，实现水泵效率的显著提升。三元流叶轮与叶轮切割或变频相比，在恒工况条件下具有极大的节能优势。

7.3 工业循环水子系统组成及其节能

实践中将工业循环冷却水系统分为冷却子系统、供水子系统、配水子系统和用水子系统四大部分，以下按照这四个子系统分别阐述 MOAR 对工业循环水系统的实际指导意义。

7.3.1 冷却子系统

冷却子系统接纳末端温度较高的回水并将其温度降至工艺规定范围以内，通常为机械通风式冷却塔。根据调整能量供给的 MOAR 法则，可以根据冷却负荷和外界环境温、湿度的变化来调整塔顶风机的功率，具体的做法是对塔顶风机加装变频器或齿轮传动机构进行调速，或者充分利用水流余压将电动风机改为水动风机，从而减少风机的电耗。在冷却塔节能的同时也不能忽略节水工作。冷却塔主要依靠水的蒸发来降低循环回水的温度，系统蒸发、风吹(包括水的飞溅以及冷却塔顶部的雾沫夹带等)以及排污等都会带来水量的损失。

7.3.2 供水子系统

供水子系统接受冷却塔冷却后的循环水并进行加压，提供输送动力，通常为水泵房。供水子系统是工业循环冷却水系统最主要的耗能部分，也是系统节能改造的关注重点。根据提升元件能效的 MOAR 法则，当检测到现场工作的水泵效率较低或存在偏工况的情况，则应当根据实际所需要的工况更换为高效率的水泵。

7.3.3 配水子系统

配水子系统连接供水子系统和用水末端，负责根据各个用水末端的工艺需要输送和分配用水流量，通常由管网及阀门组成。根据管理系统运行的 MOAR 法则，对配水子系统进行调节控制是实现系统节能的重要途径。配水子系统的管理运行离不开工业 DCS 系统以及各种调节阀门，同时也可以依托新兴的物联网和云计算技术，对循环冷却水输配管网进行实时监控分析，并远传至云计算平台，结合专家知识库和遗传算法等先进工具进行系统管理调度的最优决策。

7.3.4　用水子系统

用水子系统由工艺末端的各种用水设备组成，是整个工业循环冷却水系统的最终服务对象。根据优化工艺需求的 MOAR 法则，主要是根据末端工艺包的参数，将设计值和实际值进行对比，分析二者之间的差值，然后利用热平衡方程和换热公式确定用水需求的优化空间。

7.3.5　工业循环水系统的水处理

对四个子系统而言均具有普遍意义的是工业循环冷却水系统的冷却水处理。这是因为工业循环水系统在不断循环使用过程中，由于水温升高、流速改变、水的蒸发、各种无机离子和有机物的污染与浓缩，冷却塔、冷却水池、水槽、旋流井和吸水井等开放空间在室外受到阳光照射、雨水和刮风、灰尘杂物以及生产物料碎屑进入等各方面的影响，以及各种流体元件自身结构和材料等多种因素的共同作用，会产生各种使用方面的问题，大体可以分为水垢附着、设备符合以及微生物滋生和粘泥等方面。因此应该密切关注工业循环水系统的水处理，做好水垢、污垢和微生物的控制，并尽可能地抑制金属部件的化学腐蚀与电化学腐蚀，为工业循环冷却水系统的节能创造良好与稳定的环境。

7.4　应用实践

本节以江苏某化工集团聚乙烯项目的工业循环水系统节能改造为例，介绍 MOAR 对工业循环冷却水系统节能的指导意义，重点阐述优化工艺需求这一法则指导下进行的需求侧管理的概念和应用。

7.4.1　需求侧管理概念及应用

需求侧管理(demand side management，缩写为 DSM)的概念最早源于电力行业，是指根据用电方的具体需求情况灵活地指导与调整供用电计划，达到提高供电效率、优化用电方式并最终使供用电双方均得到实惠的目的。电力需求侧管理于 20 世纪 90 年代初传入我国。在政府的倡导下，电力公司及电力用户做了大量工作。如采用拉大峰谷电价，实行可中断负荷电价等措施，引导用户调整生产运行方式，采用冰蓄冷空调，蓄热式电锅炉等。同时还采取一些激励政策及措施，推广节能灯、变频调速电动机及水泵、高效变压器等节能设备。据有关报道介绍，美国、日本、加拿大、德国、法国、意大利等国家都拥有一支庞大的队伍从事需求侧管理工作。仅 2000 年，美国投入约 15.6 亿美元实施需求侧管理工作，节电 537 亿 kWh，减少高峰负荷 2200 万 kW。

需求侧管理的概念同样也适用于以满足用户用水需求为主要特征的工业循环水系统节能领域。对于化工、石油、电力、冶金和钢铁等流程工业的循环水系统，其主要目的是根据工艺包的参数要求，通过循环水流量、压力和温度的调节来实现工艺流体的温度控制，并冷却生产过程产生的废水废料使其达到环保法规要求的对外排放的温度标准。

由于不同工业循环水系统的服务对象不同，其需求侧管理主要针对的耗水装置及其节能改造策略也存在较大的差异。对有机化工领域而言，换热器占据着工业循环冷却水消耗量的绝大部分比例，故换热器的用水需求管理优化必然也成为其工业循环水系统节能改造的核心环节。本章以新浦化学（泰兴）有限公司 30 万 t/年聚乙烯项目的 8# 循环水系统为研究对象，首先通过节能系统诊断分析得到其节能改造的主要优化方向为换热器环节，然后剖析了工业循环水系统换热器需求侧管理的基本原理和改造思路，最后介绍了该项目的系统节能改造措施及节能效果。

7.4.2　循环水系统的节能诊断

（1）项目简介

聚乙烯（polyethylene，化学式 $[—CH_2—CH_2—]_n$，简称 PE）是乙烯经聚合制得的一种热塑性树脂。由于聚乙烯无臭，无毒，且具有优良的耐低温性能（最低使用温度可达 $-100 \sim -70℃$）和化学稳定性（能耐大多数酸碱的侵蚀），常温下不溶于一般溶剂，吸水性小，电绝缘性优良，因此聚乙烯是一种性能优异且应用十分广泛的高分子材料，聚乙烯产量居五大常用树脂之首，2014 年全球的聚乙烯产能超过 1 亿吨/年。聚乙烯具有多种生产方法，大体归纳为高压法、低压法和中压法这三类生产方法，三种方法各有优缺点，目前在工业上并存使用。

无论采用何种生产方法，乙烯单体进行聚合反应生成聚乙烯是一个强烈的放热过程，因此必须使用大量的循环冷却水对聚乙烯生产过程进行物料的降温，让反应在适宜的温度条件下进行，并避免催化剂的高温中毒失效。新浦化学（泰兴）有限公司 30 万 t/年聚乙烯项目中设置有多个循环冷却水系统，其中 8# 循环冷却水系统的用水流量较大，输送水泵的总功率最高，节能潜力也比较显著。8#循环冷却水系统大体上可以分为冷却子系统、供水子系统、配水子系统和用水子系统这四部分，主要包括冷却塔、蓄水池、水泵、换热器和管道阀门等元件，其结构示意图如图 7-1 所示，图中为表示方便省略了阀门、弯头和压力表等辅助元件。冷却子系统为 L_1 至 L_3 共计 3 台机械通风式冷却塔，单台的最大处理能力为 5000 m^3/h；供水子系统为 A、B、C、D 共计 4 台中开双吸式离心泵，A、B、C 为设计流量 5000 m^3/h 的较大泵，D 为设计流量 2000 m^3/h 的较小泵，水泵从蓄水池倒灌输水，一般采用 3 用（2 台较大泵另加 1 台较小泵）1 备（1 台较大泵）的组合方式运行；配水子系统主要为用于控制循环水管网运行、分布在输送管网各处的阀门；用水子系统则为末端的 X、E、PT 这三个工段的换热器，换热器总数目为 11 台。经冷却塔冷却后的循环水从冷却塔底部流入蓄水池中，水泵房的水泵进水管道没入蓄水池内，循环冷却水从蓄水池倒灌入水泵，水泵将循环冷却水升压后输送至工艺段的换热器与工艺生产介质进行热交换。热交换后工艺介质得到冷却，其热量转移至循环冷却水中，循环水温度升高并送回至冷却塔进行冷却降温，如此进行循环使用。

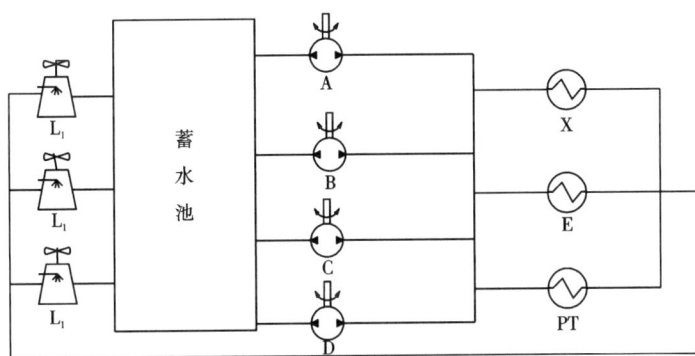

图 7-1　8#循环冷却水系统结构示意图

（2）主要耗能设备分析

根据图 7-1 中的结构示意图可以发现，8#循环冷却水系统的主要耗能设备是水泵和冷却塔风机，由于冷却塔风机功率相对水泵来说很小，因此近似可以予以忽略，本系统主要考虑水泵的耗能。项目改造前，系统配套的水泵基本铭牌参数见表 7-1。

表 7 - 1　改造前配套水泵的基本铭牌参数

编号	流量 (m^3/h)	扬程 （m）	汽蚀余量 （m）	转速 （r/min）	效率 （%）	电机功率 （kW）
A、B、C	4700	55	6.5	980	83	900
D	2000	55	6.7	1480	86	400

（3）节能改造空间

经过仔细测算，系统中水泵的实际工作效率在85%左右，虽然通过更换高效水泵可以获得5%~8%的提效空间，但是整个系统的节能量较为有限。而从整个系统的角度进行分析，则可以从换热器的用水需求出发，配合若干位置阀门开度的调节减少阻力损失，有望取得较大的系统节能空间。

7.4.3　换热器需求侧管理的基本原理及节能措施

（1）基本原理

换热器（heat exchanger）又称热交换器，是通过对流和传导实现物料之间热量传递的设备，其物料有冷流体和热流体之分。温度较高的热流体通过换热器将热量传递给温度较低的冷流体，使工艺流体温度达到工艺包规定的设计指标，以满足生产过程工艺条件的需要，并保持较高的能源利用率。本项目中冷流体为工业循环冷却水，设为物料1；热流体为生产工艺介质，设为物料2。冷流体和热流体在换热器中为逆流传热，则在流经换热器过程中只存在显热交换的情况下，根据能量守恒原理有如下关系式：

$$Q_1 = c_1 m_1 (t_{1o} - t_{1i}) \tag{7-1}$$

$$Q_2 = c_2 m_2 (t_{2i} - t_{2o}) \tag{7-2}$$

$$Q = Q_1 = Q_2 \tag{7-3}$$

式（7-1）~式（7-3）中：Q——冷却水和工艺介质之间的传热功率（W）；

Q_1——冷却水的吸热功率（W）；

Q_2——工艺介质的放热功率（W）；

c_1——冷却水的比热容（$J \cdot kg^{-1} \cdot ℃^{-1}$）；

c_2——工艺介质的比热容（$J \cdot kg^{-1} \cdot ℃^{-1}$）；

t_{1i}——冷却水的入口温度（℃）；

t_{1o}——冷却水的出口温度（℃）；

t_{2i}——工艺介质的入口温度（℃）；

t_{2o}——工艺介质的出口温度（℃）；

又根据传热定律，单程、逆流的情况下，热流体流向冷流体的传热功率可以由式(7-4)表示：

$$Q = KF\Delta t \tag{7-4}$$

式中：K——换热系数($W \cdot m^{-2} \cdot ℃^{-1}$)；

F——换热面积(m^2)；

Δt——冷却水和工艺介质这两侧流体的平均温差，其表达式见式(7-5)：

$$\Delta t = \frac{(t_{2o} - t_{1o}) + (t_{2i} - t_{1i})}{2} \tag{7-5}$$

将式(7-1)~式(7-5)联立即可在确定工艺的介质流量、换热器进出口温度和冷却水的进口温度的情况下计算得到冷却水的需求量。当冷却水实际用水量和计算量存在较大差别时，则可以根据工艺流程关于工艺介质的冷却要求进行换热器用水量的需求侧管理优化。

（2）节能改造举措

通过调阅工艺包文件计算各个换热器的用水量，发现均明显小于现场的换热器实际用水量。对各个换热器的工艺介质进出口温度进行现场测试并与工艺设计值对比，结果见表7-2。

表 7-2　节能改造前换热器工艺介质进出口温度测试结果

工段	换热器代号	设计值(℃)			测试值(℃)		
		进口	出口	进出口温差	进口	出口	进出口温差
W 工段	W2033	75.0	40.0	35.0	102.5	38.2	64.3
	W2037	83.8	45.0	38.8	79.0	33.3	45.7
	W2031	98.3	40.0	58.3	99.7	30.5	69.2
	W2032	110.0	40.0	70.0	105.5	34.3	71.2
E 工段	E2031	82.5	76.0	6.5	80.1	64.9	15.2
	E2032	88.0	65.0	23.0	85.3	61.8	23.5
PT 工段	T2032A	43.1	42.9	0.2	39.0	38.0	1.0
	T2032A	43.1	42.9	0.2	39.0	38.0	1.0
	P2035	99.8	40.0	59.8	87.1	41.0	46.1
	P2334	141.4	80.0	61.4	129.6	87.2	42.4
	P2234	166.0	145.0	21.0	159.3	129.5	29.8

从表7-2中可以发现，除 PT 工段的 P2035 和 P2334 的两台换热器因未达到

工艺冷却要求外, 其余的 9 台换热器进出口温差实测值均显著高于设计值, 这说明这 9 台换热器的用水量多余实际需求, 可以降低其流量; 而 P2035 和 P2334 这两台换热器的流量则需要适当增加以满足工艺冷却要求。

因此, 从换热器用水的需求侧管理出发, 可以适当降低总的供水流量并适当进行水力调节以满足 PT 工段的换热要求, 这就既需要对水泵进行优化, 选取合适工作点的高效水泵; 同时又需要进行一定的管网调控, 减少不必要的阀门等管网阻力并提高 PT 工段的用水分配量。

7.4.4 循环水系统的节能改造及节能效果

(1) 水泵优化

基于换热器用水需求的计算和阀门开度优化, 可以将原泵更换为工作点流量扬程略低且效率更高的水泵, 且仍维持原有的 2 用 1 备运行方案。经过比较最终选择湖南山水节能科技股份有限公司制造的新一代 XSHC 系列高效节能水泵, 较大泵为 XSHC630/600, 较小泵为 XSHC435/300, 二者的基本技术规格参数见表 7 – 3:

表 7 – 3　更换的高效节能水泵技术参数

型号	流量 (m³/h)	扬程 (m)	汽蚀余量 (m)	转速 (r/min)	效率 (%)	电机功率 (kW)
XSHC630/600	4300	50	4.9	980	90.2	750
XSHC435/300	1700	50	4.3	1480	89.6	300

将表 7 – 3 和表 7 – 1 进行对比, 可以发现改造后选用的水泵比改造前的原泵效率有明显的提高, 尤其是较大泵的效率提高了 7% 以上; 同时改造后的高效水泵的流量、扬程以及配套电机功率也略低于改造前的原泵。经初步估算, 仅水泵优化一项可以达到将近 20% 的系统节能效果。

(2) 管网优化

水泵的改造改变了供水子系统的技术参数, 因此需要进行全系统最不利供水点的设计校核和管网优化。供水校核和管网优化的工作可以基于计算机热流体系统仿真平台进行: 将每一个流体元件视为一个节点, 对节点赋予流量 – 压差曲线等关系来描述其性质, 将所有节点通过管道予以连接, 然后设置流量和压力等边界条件, 最终可以计算得到每一个节点处的流量和压力。此外, 还可以使用热流体系统仿真进行水力配平分析, 计算得到阀门开度等配平调节信息。本项目的管网优化主要在于阀门的调节, 优化后的关键位置阀门开度增大了 10% ~ 20%, 从而大大降低了工业循环冷却水流经阀门的阻力损失,并充分保证了 PT 工段的供水需求。

(3)改造后的换热器工艺参数对比

系统节能改造后,各台换热器的工艺参数测试值见表 7－4。

表 7－4　节能改造后换热器工艺介质进出口温度测试结果

工段	换热器代号	设计值(℃)			测试值(℃)		
		进口	出口	进出口温差	进口	出口	进出口温差
W 工段	W2033	75.0	40.0	35.0	79.5	38.3	41.2
	W2037	83.8	45.0	38.8	80.5	44.2	36.3
	W2031	98.3	40.0	58.3	99.8	39.2	60.6
	W2032	110.0	40.0	70.0	110.8	39.3	71.5
E 工段	E2031	82.5	76.0	6.5	78.1	76.2	1.9
	E2032	88.0	65.0	23.0	87.5	65.1	22.4
PT 工段	T2032A	43.1	42.9	0.2	42.9	42.5	0.4
	T2032A	43.1	42.9	0.2	43	42.7	0.3
	P2035	99.8	40.0	59.8	99.4	40.1	59.3
	P2334	141.4	80.0	61.4	141.3	79.3	62.0
	P2234	166.0	145.0	21.0	159.3	141.3	18.0

表 7－4 中的换热器工艺出口温度值均基本符合设计要求,尤其是在改造前不符合工艺冷却要求的 P2035 和 P2334 两台换热器也达到了设计工艺要求(改造之前,P2035 换热器的工艺介质出口温度为 41℃,比设计温度 40.0℃高 1℃,而改造后该换热器的工艺介质出口温度降低至 40.1℃;改造之前,P2334 换热器的工艺介质出口温度为 87.2℃,比设计温度 80.0℃高 7.2℃,而改造后该换热器的工艺介质出口温度降低至 79.3℃)。与表 7－2 改造前的工艺介质换热器进出口温差相比,经过水泵和管网优化后,换热器的进出口温差普遍减小。以上分析充分证明了基于换热器需求侧管理的改造思路是完全正确的,不但有利于降低循环冷却水消耗量,减少水耗和能耗,而且对提高工艺生产的稳定性和延长催化剂的服役寿命也具有十分重要的意义。

(4)系统节能效果

经过系统节能改造后,水泵出口压力由改造前的 0.49 MPa 降低至 0.44 MPa,满足系统压力要求。经过 1 年时间的运营,生产运行平稳,通过 8# 循环水系统的用电计量，整个系统的水泵用电功率由改造前的 3237 kW 降至 2265 kW，系统的节电率高达 30.0%。按每天运行 24h 每年运行 330 天计算，年节电量约 700 万度，节能量为 860 吨标准煤，节约用能成本 378 万元(用电费按 0.54 元/度计算)，每年减少二氧化碳排放量 1800 万吨以上。

7.5 小结

对以换热器用水占据主导地位的化工领域循环冷却水系统，按照 MOAR 优化系统需求的节能法则，采用需求侧管理原理，根据热符合平衡核算和换热功率计算，并结合工艺要求和现场实测数据，可以估算出循环冷却水实际用水量和设计用水量之间的差值。在此基础上进行供水水泵的重新选型和热流体输送管网的优化均衡，是实现循环水系统节能的有效途径。此外，还可以结合电动风机改造为水动风机、更换填料和均衡补水等方式进行冷却塔改造，并根据冬夏气候变化进行相应的系统调节，来达到更好的工业循环冷却水系统节能效果。

MOAR 作为一种创新的系统节能方法和思想体系，对工业循环冷却水系统的节能具有一定的指导意义，对各个子系统应用 MOAR 的各大法则进行系统节能分析并加以针对性的节能改造，是实现工业循环冷却水系统节能的有效途径。尽管工业循环冷却水系统的组成结构具有普适性特点，但不同流程工业的用水末端有所差别，故实际工程应用中还应该加强对用水末端换热和水力特征的检测分析与研究。

第 8 章 循环水系统节能 的评估与节能优化

8.1 概述

MOAR 从全局高度论述了循环水系统的节能问题，并创造性地定义了系统效率。那么，对节能市场而言，人们最关注也最有价值的是如何针对一个实际循环水系统，通过现场的节能诊断，统计各项参数，并计算该系统的节能总量。本章先对循环水系统进行简要的介绍，然后针对循环水系统的节能量计算问题展开详细的论述，并给出具体的现场参数收集和计算方法。

循环水系统可分为密闭式循环水系统和开式循环水系统。密闭式循环水系统含有纯水密闭式循环系统和软水密闭式循环系统，密闭式循环水系统常用于关键设备和工质的间接冷却。开式循环水系统又含工业净循环水处理系统和浊循环水处理系统。开式净环循环冷却水系统常用于一般设备的间接冷却及作为换热器的冷媒水。浊循环水系统常用于冶金行业的炼铁、炼钢、连铸、热轧等工艺直接冷却、煤气清洗、冲渣、精炼除尘等。

因为开式冷却循环水系统是最基本的、最具代表性的循环冷却水系统，故在这里我们将主要分析开式冷却循环水系统的能耗组成和节能技术，并以具体实例论述循环冷却水系统节能中各种具体节能技术的应用场合。

8.2 循环冷却水系统简介

循环冷却水系统由水泵、阀门、管道、末端用水设备、冷却塔等基本单元组成。循环冷却水系统主要是用来冷却工艺设备和物料,使被冷却工艺设备能够安全运行,被冷却物料的终冷温度满足工艺要求和保证产品质量。

8.2.1 净循环水系统

开式净循环冷却水系统如图 8 − 1。开式工业净循环水系统的主要工艺流程是:由水泵将冷水经过循环水给水母管输送到各用水末端,通过调节各末端支管的阀门来控制各末端被冷却工艺设备和被冷却物料所需要的用水量,经过末端换热后的冷却水水温升高,升高水温后的冷却水在系统余压的作用下,经循环冷却水回水管输送到冷却塔进行冷却,经冷却塔降温后回到冷却水池。

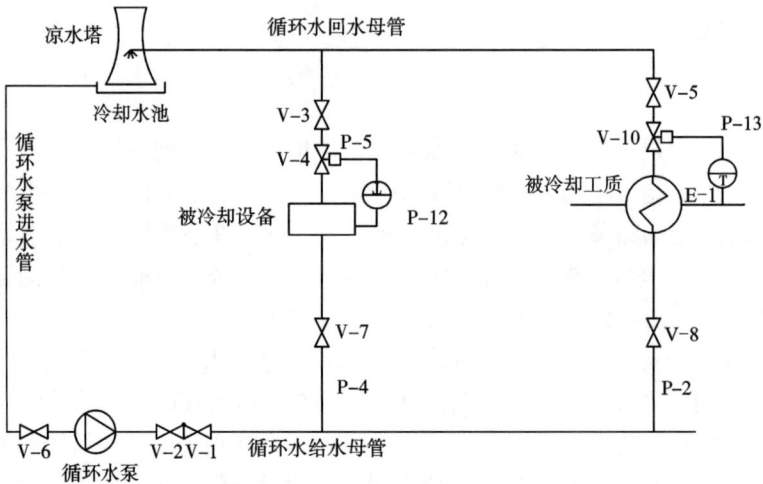

图 8 − 1 开式净循环冷却水系统示意图

8.2.2 浊循环水系统

浊循环水系统如图 8 − 2 所示。浊循环水系统在工艺流程上与净循环水系统的不同之处在于冷却水对工质进行直接冷却(冲渣、洗涤)后,通过水沟流到旋流池,由旋流井泵输送到热水井,再由热水池提升泵将热水输送到凉水塔进行冷却。

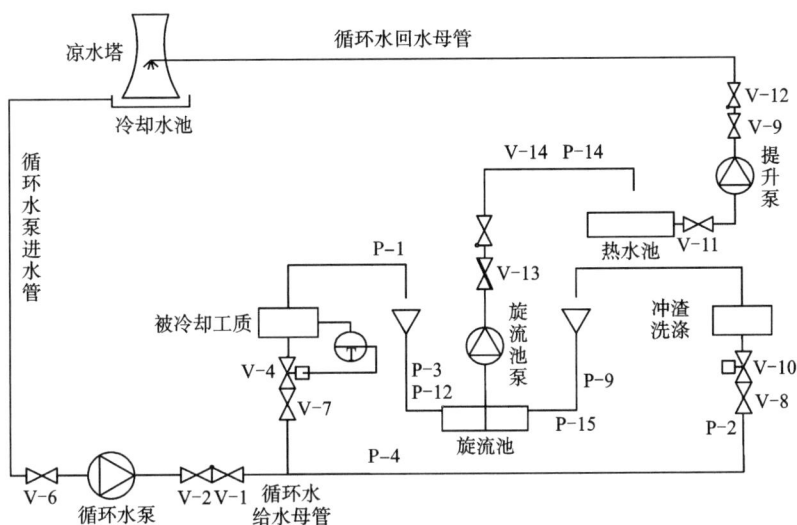

图 8 - 2　浊循环水系统示意图

8.2.3　工业循环冷却水系统能耗组成

工业循环水系统能耗主要由水量能耗、水压能耗、管路损耗、热量能耗、水力不平衡能耗、运行方式能耗等部分组成。

（1）水量能耗

无论对于密闭式循环水系统、敞开式工业净循环水系统还是浊循环水系统，工艺设备用户都需要大量的循环冷却水，要供水则必须供电，用户多、水量大则用电需求量大，也意味着能耗高；用户少、水量小则用电需求量小，也意味着能耗小。

（2）水压能耗

密闭式循环水系统、敞开式工业净循环水系统或是浊循环水系统，不同的工艺设备用户，其用水水压要求也不同，压力要求高则能耗高，压力要求低则能耗低。

密闭式循环水系统的水压能耗中所须增加的水压用于补偿整个管网系统水头损失（包括设备、管路、阀门等的水头损失）。

敞开式工业净循环水系统和浊循环水系统存在泄压点，开式工业净循环水系统虽然在车间工艺设备用户处是闭路管网，但升温后的冷却水要经过冷却塔对其降温，冷却塔就是开式工业净循环水系统的泄压点。浊循环水系统通常在工艺设备处就是泄压点，浊循环水一般是用来直接冷却工艺设备或用于冲洗，冷却水在离开喷头时就开始泄压。就水压能耗而言，由于敞开式工业净循环水系统和浊循环水系统都存在泄压泄能，在考虑水压能耗时，不仅要考虑供水压力的因素，也同时要考虑压力回水这一因素。对于开式循环水系统的水压能耗不但包括设备、管路、阀门等的水头损失，还得考虑回水压力带来的压头损失。

8.3.3 管路能耗

管路能耗主要是指供水站与主体工艺单元车间之间的管道沿程压降及附件局部压降所产生的水头损失。供水回水管路长短和附件多少，决定管路水头损失的大小和管路能耗的高低。

8.3.4 热量能耗

工业循环冷却水，特别是闭式循环冷却水系统和敞开式工业净循环水系统，其主要作用是为了冷却工艺设备或冷却工艺产品，带走在生产过程中由工艺设备或工艺产品所产生的大量热量。对于工业循环冷却水系统而言，带走热量的主要途径是换热器、蒸发空冷器或是冷却塔，如果采用换热器作为间接冷却的工具，其最后起冷却作用的还是冷却塔。冷却塔与蒸发空冷器要实现热量在循环水系统与大气之间的交换，势必也要消耗电力、消耗能量。

8.3.5 水力不平衡能耗

钢铁企业工业循环冷却水系统复杂、水量大、用户多且分散，用户位置的高低、用水量的大小也往往不同，在调试和生产运行过程中，各用户之间水力不平衡的现象时有发生。因为有的工艺末端用水量超过系统水量平衡标准，造成其他末端的用水量和供水压力始终偏小且得不到满足时，需增设加压泵提高末端供水水压或增加循环水泵的运行台数来提高整个循环水系统中总水量和水压。但这些都只是掩盖水力不平衡并没有真正解决问题。有的工艺设备用水点剩余水头过多，在大量泄水或处于超压状态时，只能采用在管网上增设减压节流这一措施。水力不平衡降低了系统的效率，浪费了能源。这就是所谓的水力不平衡能耗。

8.3.6 运行方式能耗

用水方式能耗主要体现在用水制度上。用水制度分为连续用水制度和间断用水制度。连续用水制度用电量一定高于间断用水制度，连续用水制度能耗也一定高于间断用水制度能耗。

我们不难看出,工业循环水系统能耗可分为两大类:流量能耗、压力能耗。

8.4　循环水系统能耗分析

上面已介绍循环冷却水系统由水泵、阀门、管道、末端用水设备、冷却塔等基本单元组成,那么在循环水系统中,能耗也都分布在各组成单元上。

8.4.1　水泵的能耗

水泵作为动力设备通过管道向系统输送水流体,在输送流体做功所消耗的功率就是水泵的能耗,在系统运行时当流体通过阀门、管道、末端设备及冷却塔这些单元时都有能量损失,水泵为系统运行时的主要能耗设备,水泵所消耗的能量主要是克服系统在运行时的能量损失,维持系统运行时的压力和流量平衡。水泵向循环水系统输送水流体的能力称为水泵的输出功率,水泵的输入功率也就是水泵的能耗。

水泵的输出功率可用以下公式表示:

$$P = H \cdot Q \qquad (8-1)$$

如果水泵的效率为 η_s,则水泵的能耗为:

$$P' = \frac{H \cdot Q}{\eta_s} \qquad (8-2)$$

由于水泵的能量都是由拖动水泵的电机提供,电机的输出功率为:

$$N = P' = \frac{H \cdot Q}{\eta_s}$$

又电机的功率为:

$$N = \sqrt{3}I \cdot U\cos\varphi \qquad (8-3)$$

如果电机的效率为 η_d,则电机能耗为:

$$N' = \sqrt{3}I \cdot U\cos\varphi / \eta_d \qquad (8-4)$$

则有

$$N' = \frac{H \cdot Q}{\eta_s \cdot \eta_d} \qquad (8-5)$$

根据上述公式可知,水泵能耗直接反映出电机的能耗,电机的能耗的大小与电机的效率 η_d、电流 I、功率因数 $\cos\varphi$ 有关;水泵能耗的大小与水泵的扬程 H、输送流体的流量 Q、水泵的效率 η_s 有关。

由此可见，要降低电机的能耗，就应该提高水泵和电机的效率，在满足生产工艺要求的前提下减小水泵的输出扬程和流量。

8.4.2 管路能耗

管路能耗是流体在管路中的流动压降产生的，流体在管路中的流动压降也称为管路的水头损失。管路总压降包括管路的沿程压降和局部压降。

管路沿程压降：

$$\Delta p_y = \frac{\lambda L \rho V^2}{2D_E} \tag{8-6}$$

管路局部压降：

$$\Delta p_j = \frac{\zeta \rho V^2}{2} \tag{8-7}$$

管路总压降：

$$\Delta p = \Delta p_y + \Delta p_j \tag{8-8}$$

当流体在管内的流动压降用水头损失表示时，其计算式为：

$$\Delta H = \frac{\Delta p}{\rho g} \tag{8-9}$$

当管路、管件及管内流体一定时，流体在管路中的流动总压降与体积流量的关系可近似用管路特性方程表达为：

$$\Delta p = \frac{\rho \left(\frac{\lambda L}{D_E} + \sum_j \zeta_j \right) m_v^2}{1.23 D_E^4} \tag{8-10}$$

$$s = \frac{\rho \left(\frac{\lambda L}{D_E} + \sum_j \zeta_j \right)}{1.23 D_E^4}$$

$$\Delta p = s m_v^2 \tag{8-11}$$

式中：Δp_y——流体在管路中流动的沿程压降（Pa）；

λ——沿程阻力系数，无量纲；

L——管路长度（m）；

ρ——流体密度（kg/m³）；

v——流体在管路中的流动速度（m/s）；

D_E——当量直径（m）；

Δp_j——流体在管路中流动的局部压降（Pa）；

ζ——局部阻力系数，无量纲；

Δp——流体在管路中的总流动压降（Pa）；

s——管路特性系数；

m_v——体积流量。

由管路特性方程可知：当管路、管件及管内流体一定时，流体在管路中的流动总压降 Δp 与体积流量的平方 m_v^2 成正比，也就是说当管路、管件及管内流体一定时，流体的在管内的流速越大，管路的能耗越大。

8.4.3　末端设备能耗

循环冷却水的作用主要是用来冷却工艺设备和物料，冷却过程其实是一个热交换过程，其原理是传热学原理。对于间接冷却的循环水系统来说，我们可以将其末端看作换热器来分析。

换热器设计计算基本方程：

$$Q = kF\Delta T_M \qquad (8-12)$$
$$Q = M_H C_H (T_{HI} - T_{HO}) \qquad (8-13)$$
$$Q = M_L C_L (T_{LO} - T_{LI}) \qquad (8-14)$$

式中：Q——冷热流体之间传热量（W）；

　　　F——换热器的换热面积（m^2）；

　　　k——基于换热面积 F 的换热系数 $[W/(m^2 \cdot ℃)]$；

　　　ΔT_M——冷热流体之间的平均传热温差（℃）；

　　　M_H——热流体的质量流量（kg/s）；

　　　C_H——热流体的比热容 $[J/(kg \cdot ℃)]$；

　　　T_{HI}——热流体的进口温度（℃）；

　　　T_{HO}——热流体的出口温度（℃）；

　　　M_L——冷流体的质量流量（kg/s）；

　　　C_L——冷流体的比热容 $[J/(kg \cdot ℃)]$；

　　　T_{LI}——冷流体的进口温度（℃）；

　　　T_{LO}——冷流体的出口温度（℃）。

末端设备能耗主要是热交换时冷却水带走的热量损失、扬程损失和流体在末端设备自身的流动压降组成。

根据换热器的设计计算基本方程，不难看出在换热量 Q 一定时，冷却水的流量与冷却水的温差成反比。对于被冷却设备和被冷却物料其工艺要求主要是控制被冷却物的终冷温度，如果在满足工艺要求的同时，提高冷却水的温差，就会使冷却水的流量减少，末端设备能耗就会降低。反之，能耗就会升高。

末端设备位置的标高决定了末端设备的扬程能量损失，而末端设备位置标高是为满足生产工艺要求而设计的。

末端设备自身的流动压降也可以用管路特性方程来表示，也就是说末端设备结构和流体一定时，流体通过末端设备的流速越大，则末端设备自身的流动压降越大，即流体通过末端设备的质量流量越大，则能耗越大；如此，末端设备能耗又可视为循环水系统输送流量所消耗的能量，能耗高低与通过末端设备的流量有着密切的关联。

8.4.4　冷却塔设备能耗

对于开式循环水系统，最后的热交换是在冷却塔设备中完成，冷却塔设备的能耗与末端设备能耗相似，由热量损失、扬程损失和流体在末端设备自身的流动压降组成。冷却塔设备要实现热量在循环水系统与大气之间的交换，在整个循环水系统的换热量大于冷却塔自然冷却能力时，就得依靠冷却塔的冷却风机对循环冷却水的回水进行散热冷却，需要消耗部分电能。同理，冷却塔的扬程损失与末端设备一样，冷却塔设备位置的标高决定了冷却塔设备的扬程能量损失，而冷却塔设备位置标高是为满足冷却水热量交换的要求而设计的。

冷却塔设备自身的流动压降主要来自于冷却塔内的配水管及喷淋装置的喷头，其流动压降也可以用管路特性方程来表示，也就是说冷却塔设备结构和流体一定时，流体通过冷却塔配水管的流速越大，则冷却设备自身的流动压降越大，即流体通过冷却水设备的质量流量越大，则能耗越大。

综上所述，工业循环水系统能耗主要由水量能耗、水压能耗、管路损耗、热量能耗、水力不平衡能耗、运行方式能耗等部分组成，且分布于循环冷却水系统各个组成单元。经过对循环冷却水系统各单元的能耗分析，影响循环冷却水系统能耗变化的主要因素是系统中流体通过各元素的流动压降。在循环冷却水系统中通过各元素的流量发生变化，其流动压降就会发生变化，系统的总流量和总流动压差也会发生变化。

8.5　循环水系统节能技术

循环冷却水系统能耗变化的主要因素是系统中流体通过各元素的流动压降，那么，系统节能的问题也就是如何减小各单元的流动压降问题。而各单元的流动压降的大小又是由通过该末端的流量大小确定的，故循环水系统的流量变化决定了循环水能耗变化。又各末端通过的流量又与被冷却物体的终冷温度有关，因此，循环冷却水系统节能的原则就是如何在保证被冷却物体的终冷温度的前提下优化、调节系统的流量和压力等参数。那么循环冷却水系统节能技术也就成了优化、调节系统参数的技术。

循环冷却水系统技术有静态参数优化技术和动态参数优化技术。静态优化技术就是在一定的给定条件下，对系统的组成单元的压降进行分析，确定动力设备的最佳工作点参数。

8.5.1　静态优化技术

我们所说的静态优化技术，其实是把系统运行在某一稳态情况下的参数进行优化。一般来说我们以设计参数作为系统运行的稳态参数，对系统各组成元素进行优化，以满足工艺最大设计需求。

（1）循环水系统参数分析

循环冷却水系统的能耗是由各单元能耗叠加起来的，影响循环冷却水系统能耗变化的主要因素是系统中通过各元素的流量和流动压降。在循环冷却水系统中在通过各元素的流量发生变化时，其流动压降就会发生变化，系统的总流量和总流动压差也会发生变化，如图 8-3 所示。

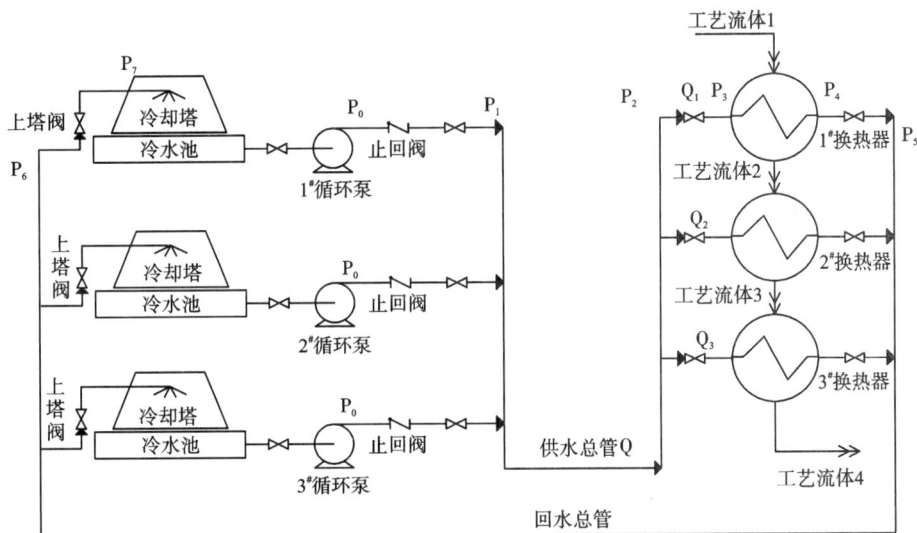

图 8-3　循环水系统示意图

系统总流量为 $\sum Q_i$ ，则：

$$\sum Q_i = Q_1 + Q_2 + Q_3 \tag{15}$$

系统总流动压降为 $\sum \Delta p$ ，则：

$$\sum \Delta p = \Delta p_{0,1} + \Delta p_{1,2} + \Delta p_{2,3} + \Delta p_{3,4} + \Delta p_{4,5} + \Delta p_{5,6} + \Delta p_{6,7} + \Delta p_7$$

$$(8-16)$$

式中：$\Delta p_{0,1}$——各水泵出口管路的流动压降；

$\Delta p_{1,2}$——循环冷却水系统给水母管管路流动压降；

$\Delta p_{2,3}$——系统末端给水管路流动压降；

$\Delta p_{3,4}$——末端设备流动压降；

$\Delta p_{4,5}$——末端设备回水管路流动压降；

$\Delta p_{5,6}$——循环冷却水系统会水母管管路流动压降；

$\Delta p_{6,7}$——冷却塔上水管路流动压降；

Δp_7——冷却塔设备的流动压降。

系统总压降为系统的净扬程压降加上系统的总流动压降：

系统水头损失：$\Delta H = (\Delta p_H + \sum \Delta p)/\rho g$

式中：Δp_H 为系统净扬程压降。

上面已说到，水泵所消耗的能量是克服系统在运行时的能量损失，维持系统运行时的压力和流量平衡。故水泵在输出流量为系统流量 $\sum Q_i$ 时，出口压力 p 应等于系统流动总压降 $\sum \Delta p$ 加上系统净扬程压降 Δp_H 加上系统设计压力 ps，即水泵在输出流量为 $\sum Qi$ 时，系统总压力为：

$$p = \Delta p_H + ps + \sum \Delta p \qquad (8-17)$$

水泵的扬程 $H = (\sum \Delta p + \Delta p_H + ps)/\rho g$。

当 n 台水泵并联运行时，单台水泵运行工作点的流量参数 $Q = \sum Q_i/n$；出口压力参数 $p = (\sum \Delta p + \Delta p_H + ps)$，水泵的扬程 $H = (\sum \Delta p + \Delta p_H + ps)/\rho g$。

循环冷却水系统运行时要求系统维持稳定的压力，水泵工作点的扬程都高于系统在运行时的水头损失。静态优化就是使水泵工作点的流量参数满足工艺设计要求的前提下，扬程参数与系统水头损失相等。优化水泵参数的条件就是降低系统组成元素的压降。

从系统图我们可以看出，$\Delta p_{0,1}$ 为各水泵出口管路的流动压降，既包括这段管道的沿程压降，又包括阀门的局部压降，我们可以利用加大阀门开度来降低 $\Delta p_{0,1}$。如果水泵出口阀门的局部压降为 Δp_{f1}，当水泵出口阀门全开时 Δp_{f1} 趋于零，那么在水泵出口阀门全开时，水泵出口管路流动压降为 $\Delta p_{0,1} - \Delta p_{f1}$。同理 $\Delta p_{2,3}$ 为系统末端给水管路流动压降，既包括这段管道的沿程压降，又包括阀门的局部压降，如果末端进口阀门的局部压降为 Δp_{f2}，当末端进口阀门全开时 Δp_{f2} 趋于零，那么在末端进口阀门全开时，末端进口管路流动压降为 $\Delta p_{2,3} - \Delta p_{f2}$；$\Delta p_{4,5}$ 为末端设备回水管路流动压降，既包括这段管道的沿程压降，又包括阀门的局部压降；如果末端出口阀门的局部压降为 Δp_{β}，当水泵出口阀门全开时 Δp_{β} 趋于零，那么在水泵出口阀门全开时，水泵出口管路流动压降为 $\Delta p_{4,5} - \Delta p_{\beta}$。

一般末端进口阀门是起隔离作用的，末端出口阀门是用来调节冷却水量的（有的也用进口阀门进行调节）。我们对系统水泵出口阀门和末端进口阀门或末端出口阀门的局部压降即 Δp_{f1}、Δp_{f2} 或 Δp_{β} 进行优化，在系统运行时将水泵出口阀门和末端进口阀门全开，使其局部压降趋于零。经过对系统局部压降进行优化后，系统的总压降可写为：

$$\sum \Delta p' = (p_{0,1} - \Delta p_{f1}) + \Delta p_{1,2} + (\Delta p_{2,3} - \Delta p_{f2}) + \Delta p_{3,4} + \Delta p_{4,5} + \Delta p_{5,6} + \Delta p_{6,7} + \Delta p_7$$

$$= \sum \Delta p - (\Delta p_{f1} + \Delta p_{f2}) \qquad (8-18)$$

或

$$\sum \Delta p' = (p_{0,1} - \Delta p_{f1}) + \Delta p_{1,2} + \Delta p_{2,3} + \Delta p_{3,4} + (\Delta p_{4,5} - \Delta p_{\beta}) + \Delta p_{5,6} + \Delta p_{6,7} + \Delta p_7$$

$$= \sum \Delta p - (\Delta p_{f1} + \Delta p_{\beta}) \qquad (8-18)'$$

式中，$\Delta p_{1,2}$——循环冷却水系统给水母管管路流动压降；

$\Delta p_{5,6}$——循环冷却水系统给水母管管路流动压降；

$\Delta p_{6,7}$——冷却塔上水管路流动压降；

Δp_7——冷却塔设备的流动压降。

这些压降都是由管道的沿程压降和管件的局部压降组成，对其优化必须根据现场布置的合理性进行研究，这里就不做叙述。

那么，当 n 台水泵并联运行，系统设计压力为 ps 时，经过对系统局部压降优化后，单台水泵运行工作点的参数为：

流量参数：$Q = \sum Q_i / n$；

水泵的扬程：$H = [\sum \Delta p - (\Delta p_{f1} + \Delta p_{f2}) + \Delta p_H + ps]/\rho g$。 　(8-19)

或：$H = [\sum \Delta p - (\Delta p_{f1} + \Delta p_{\beta}) + \Delta p_H + ps]/\rho g$。 　(8-19)'

（2）节能量估算

由图 8-4 所示：优化前系统工况点 A，系统流量参数为 Q_1，系统总压降为 p_1，水泵工作点扬程：$H_1 = p_1/\rho g$。水泵输出功率：$p = Q_1 \cdot p_1$。

优化后系统工况点 B，系统流量参数为 Q_2，系统总压降为 p_2，水泵工作点扬程：$H_2 = p_2/\rho g$。水泵输出功率 $p' = Q_1 \cdot p_2$。

节能量：$\Delta p = p - p' = Q_1 \cdot p_1 - Q_2 \cdot p_2$

又 $Q_1 = Q_2$，则 $\Delta p = p - p' = Q_1 \cdot (p_1 - p_2)$

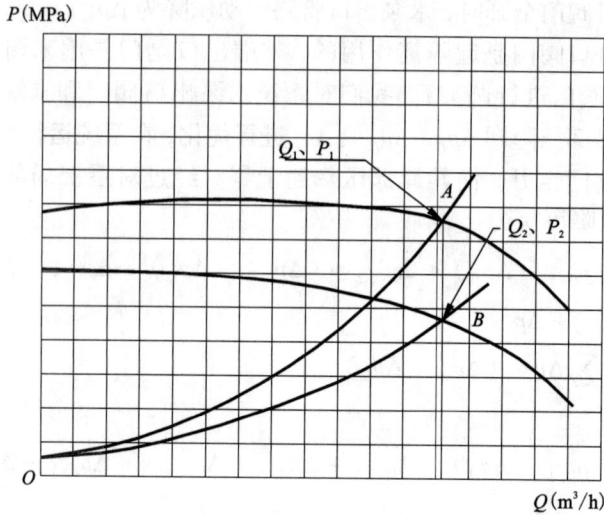

图 8 - 4　系统运行特性曲线

根据上面分析：

$$p_1 = \sum \Delta p + \Delta p_H + ps, \quad p_2 = \sum \Delta p - (\Delta p_{f1} + \Delta p_{f2}) + \Delta p_H + ps$$

或　　$$p_1 = \sum \Delta p + \Delta p_H + ps, \quad p_2 = \sum \Delta p - (\Delta p_{f1} + \Delta p_{f3}) + \Delta p_H + ps$$

优化后节能量：$\Delta p = Q_1 \cdot (\Delta p_{f1} + \Delta p_{f2})$　　　　　　　(8 - 20)

节能空间：$\Delta p/p = Q_1 \cdot (\Delta p_{f1} + \Delta p_{f2})/p$　　　　　(8 - 21)

或　　　　　　　　$\Delta p/p = Q1 \cdot (\Delta p_{f1} + \Delta p_{f3})/p$　　　(8 - 21)′

由此可见，水系统节能静态优化技术就是确定冷却水系统满足工艺要求的最大稳态工况参数，降低各组成元素的流动压降。如果不考虑系统管道、管件和末端设备的优化，系统节能空间大小与系统各阀门的流动压降成正比。降低阀门流动压降的最好方式是让阀门（非调节阀）在运行时的开度最大化。我们可以在系统最大稳态流量和阀门开度最大时确定系统参数，对系统中的水泵进行优化改造，下面以汉钢轧钢厂浊环水系统为例进行说明。

（1）给定条件

末端设计工艺参数：p 为 0.35 ~ 0.4 MPa（穿水冷却和减径定经过增压），总流量为 3795 m³/h（包括除鳞、辊道冷却、夹送辊等用水约 100 m³）。我们将设计参数点看成系统运行的最大工况点。系统母管直径 DN 为 600 mm，长度约100 m；双高线支管直径 DN 为 600 mm，长度约 200 m，在前 150 m 流量分布为 496 m³，在支管尾部流量为 1490 m³；单高线支管直径 DN 为 600 mm，长度约 160 m 在前

70 m 流量分布为 575 m³，在支管尾部流量为 1234 m³。净扬程约 5.5 m。系统配备给水泵 4 台，在正常运行时开 3 台水泵，1 台备用，

（2）系统参数分析

根据设计数据和现场管路测量数据，以及应用管道水力计算软件的计算结果可由 8-5 所示：

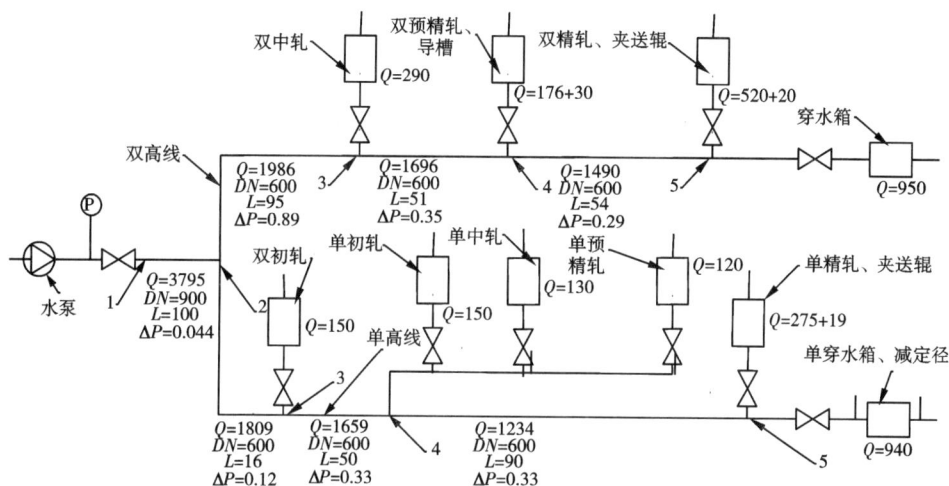

图 8-5　直接冷却水系统 $Q = 3795$ m³/h 压力分布图

由图 8-5 不难看出：节点 1-4 的管路水力损失为 1.97 m，要满足双高线节点 5 后末端设备压降 $p_4 = 0.4$ MPa，那么总压降 $\sum \Delta p$ 可由下式求得：

$$\sum \Delta p = \Delta p_0 + \Delta p_{0,1} + \Delta p_{1,2} + \Delta p_{2,3} + \Delta p_{3,4} + \Delta p_{4,5} + 0.4 = 0.473 \text{ MPa}，这$$

里 p_0 为净扬程。

由于末端用水量的大小是由各末端的阀门控制，此时可将水泵出口阀门处于全开状态以减小系统的局部流动压降 $\Delta p_{0,1}$，其压降忽略不计，此时系统最佳参数点：$Q = 3795$ m³/h，$H = 47$ m。

（3）水泵参数优化

以上分析可知，现有的管网及末端组成的系统，在各末端流量不超过设计流量的前提下，管路的最大流动压降水力损失为 1.97 m，要满足系统压力为 0.35 ~ 0.4 MPa 和系统流量为 3795 m³/h，可将水泵高效区工作点参数改为：流量 1265 m³/h，扬程为 47 ~ 42 m。我们选择泵的额定参数流量 Q 为 1200 m³/h，扬程 H 为 47 m，泵的型号选为 14SAp - 10J。

(4)节能估算

原系统配备 350S－75A 给水泵 4 台，在正常运行时开 3 台水泵，1 台备用。水泵的额定参数为：扬程 $H = 75$ m，流量 $Q = 1214$ m³/h。单台水泵输出功率 $p = 247.95$ kW，3 台水泵总输出功率为 $3 \times 247.95 = 743.87$ kW。

根据系统最佳参数点：$Q = 3795$ m³/h，$H = 47$ m，水泵的总输出功率为：$P' = 498.62$ kW。单台水泵输出功率为：$P = 166.21$ kW。

节能空间：743.87 kW － 498.62 kW = 245.25 kW

估算节能率：$K = (1 - p'/p) \times 100\% = 33\%$

又原系统实际运行现场测量参数为：流量 Q 为 2951 m³/h 时，压力为 0.58 MPa，运行电流为 19 A，电机功率因数为 0.85，电机效率为 0.92。

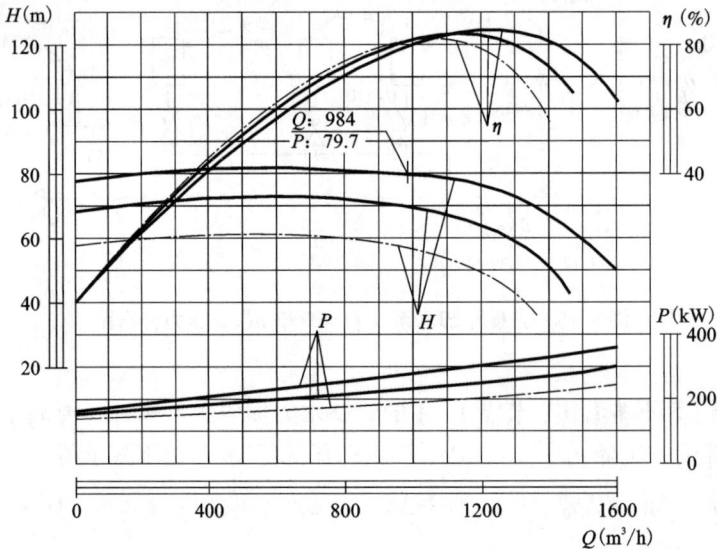

图 8－6 350S－75A 水泵性能曲线图

根据图 8－6 中 350S－75A 水泵性能曲线可知水泵运行流量 Q 为 984(约 2951/3) m³/h 时，扬程为 79.7 m，可算得水泵总输出功率：$P = 640.51$ kW，单台水泵输出功率：213.5 kW。

又根据 14SAP－10J 水泵性能曲线图(图 8－7)可知水泵运行流量 Q 为 984(约 2951/3) m³/h 时，扬程为 53.4 m，可算得单台水泵输出功率 143.1 kW。3 台水泵总输出功率为：$P = 429.3$ kW。

节能量：640.51 － 429.3 = 211.2 kW；

节能空间：$K = (1 - P'/P)\% = 33\%$。

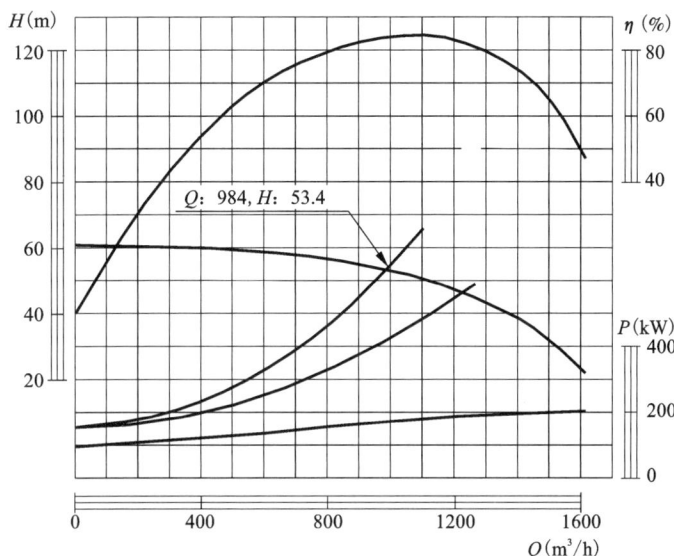

图 8 - 7　14SAP - 10J 水泵性能曲线图

原系统电机能耗可由式(8 - 4)算得：

$N' = 1.732 \times 10 \times 19 \times 0.85 \div 0.92 = 304.04$ kW。

由式(8 - 5)算得水泵的效率为 $\eta_s = 213.5 \div 304.04 \div 0.92 = 0.76 = 76\%$

优化后水泵在运行工作点流量 Q 为 984（2951/3）m^3/h 时，扬程为 53.4 m 时，水泵效率为 0.82%；

系统需要消耗的电功率为：

$N'' = 984 \times 53.4 \div 102 \div 3.6 \div 0.76 \div 0.92 = 189.69$ kW；

节电空间：304.04 - 189.69 = 114.35 kW；

节电率为：$K = (1 - N''/N')\% = 37\%$。

8.5.2　动态优化技术

在任何生产工艺中由于对被冷却物质的终冷温度有一定的要求，即被冷却物质终冷温度都有一个上限值或一个区间值（既有上限又有下限）。被冷却物质的终冷温度与自身的质量流量、初始温度、冷却水质量流量、冷却水的温差、换热系数等参数有关。在实际运行中，各种参数的变化，都会使被冷却物质终冷温度产生波动。当被控温度产生波动时，都是采用调节循环冷却水流量的方式，来控制被冷却物质的终冷温度，以保证被冷却物质终冷温度满足工艺要求。

一个系统的运行,动态是绝对的,稳态是相对的。动态优化技术主要是应用自动化技术在被冷却物质终冷温度产生波动时调节循环冷却水的合理用量,使被冷却物质终冷温度参数、冷却水系统流量、压力等参数都在最佳状态运行。

(1)自动化技术

自动化技术主要包括自动检测技术和自动控制技术这两个方面,两者是相辅相成,配合使用的。

①自动检测技术

自动检测技术是能够自动完成对被检测对象的信息进行测量、检验、处理整个过程技术。利用自动检测技术可以提高自动化水平和程度,减少人为干扰因素和人为差错,可以提高生产过程或设备的可靠性及运行效率。

自动检测技术的主要内容包括测量原理、测量方法、测量系统及信息处理。在确定了测量原理和测量方法后,设计或选用必要的装置和设备组成测量系统,对被测量和检验的信息进行处理。

根据被检测的不同,被测的对象一般有:热工量(温度、压力、流量、液位等)、机械量(位移、速度、重力等)、几何量(长、宽、高、角度、间距等)、状态量(设备的正常运行状态、非正常运行状态)、电工量(电流、电压、功率、功率因数等)等。

一个完整的检测系统或检测装置通常由传感器、测量电路、输出单元和显示装置等部分组成。测量系统主要形式有模拟式和数字式两种。模拟量检测系统是由传感器,信号处理器,显示、记录装置和(或)输出装置组成。数字式检测系统是由传感器、信号处理器、输入接口、中央处理器组件、输出接口和显示记录等外围设备组成。

自动检测技术的任务主要是将被测信息直接测量并显示出来,以告诉人们或其他系统有关被测对象的变化情况,作为自动控制系统的前端系统,以便根据参数的变化情况做出相应的控制决策。

②自动控制技术

自动控制是指在没有人直接参与的情况下,利用外加的设备或装置(称控制装置或控制器),使机器、设备或生产过程(统称被控对象)的某个工作状态或参数(即被控制量)自动地按照预定的规律运行。

制动控制技术是集自动检测和自动控制于一体的技术。它以数学的系统理论为基础,利用反馈原理对动态系统的影响,以使得输出值接近我们想要的设定值。原理如图8-8所示。

利用自动化技术,对于水系统来说,可以获得以下效益:

a. 提高用水量的精确度;

b. 提高设备利用率;

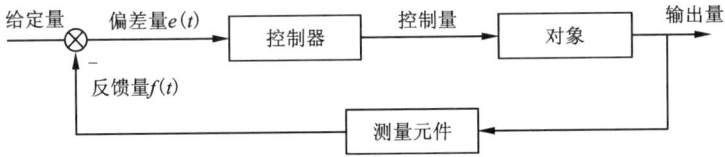

图 8-8 制动控制原理图

c.减少人力费用。

由此可见,自动化技术的应用,其效益明显提高。

(2)循环水系统参数分析

当被冷却物质的终冷温度产生波动时,都是采用调节循环冷却水流量的方式,来控制被冷却物质的终冷温度,使其满足工艺要求。目前,冷却水流量的大小是靠改变管路特性来调节的,调节末端冷却水量的方法是调节末端阀门的开度,调节整个系统的冷却水量的方法是调节水泵出口阀门开度,末端用水量的变化也将导致系统的总流量。如果被冷却物质的终冷温度产生波动时对应的冷却水流量变化为 ΔQ,根据水泵的运行特性曲线可知,流量变化时,系统压力也发生变化,如图 8-9 所示。

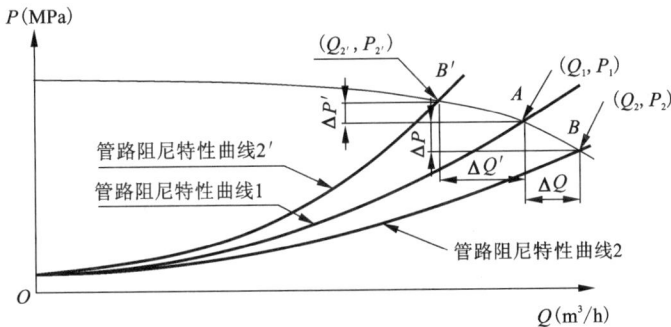

图 8-9 系统运行特性曲线

由水泵运行的特性曲线图可以看出,当管路阻尼特性为特性曲线 1 时,系统流量为 Q_1,压力为 P_1,系统运行在 A 点;当管路阻尼特性发生改变成特性曲线 2 时,系统流量增加到 Q_2 时,压力降低到 P_2,系统运行于 B 点。当管路阻尼特性发生改变成特性曲线 2′时,系统流量减少到 Q'_2 时,压力降低到 P'_2,系统运行于 B' 点。

由此可见,系统压力随运行流量的变化而改变。在水泵性能不发生改变时,系统的运行参数受管路阻尼特性影响。当管路阻尼特性减小时，管路的总压降减小，使得系统运行流量增加，导致系统运行压力下降。当管路阻尼特性增加时，管路的总压降增加，使得系统运行流量减小，导致系统运行压力上升。

优化系统运行参数是为了在满足工艺要求的条件下，达到节能的目的。一般来说冷却水系统运行流量必须满足工艺要求。因此优化参数应以工艺要求的系统流量为基准，在系统流量发生变化时，系统压力也发生变化，而系统流量变化的因数是被冷却物质的终冷温度的波动，这就要求我们对被冷却物质的终冷温度控制采用动态优化技术，即通过改变管路特性，又改变水泵特性来实现参数的优化。系统运行特性曲线如图 8 – 10 所示。

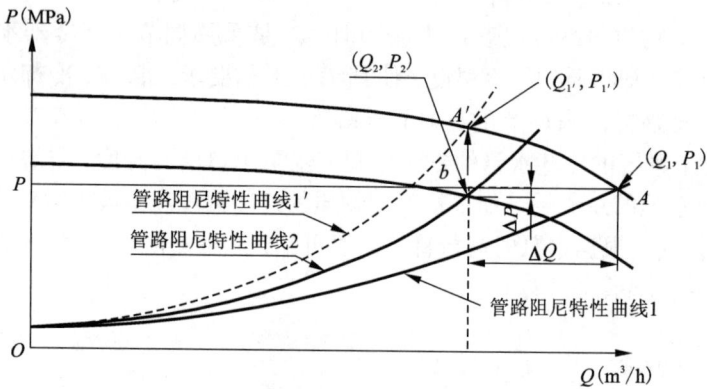

图 8 – 10　系统运行特性曲线

如图 8 – 10 所示，如果系统运行所需压力为 P_s，系统运行最大工况点为 A，运行参数为 Q_1、P_1。当调节末端阀门开度使流量减小 ΔQ 时，系统运行工况点为 A'。不难看出只改变管路特性不改变水泵特性，A' 工况点的系统压力都高于工艺要求的系统压力，这无疑因为造成了能量浪费。

对系统参数进行动态优化就是要在系统运行流量参数改变了 ΔQ 时，对系统参数进行动态优化，就是要在系统运行流量参数改变 ΔQ 时，使系统由 A' 工况点运行改变到 B 工况点运行。这个过程可以通过在动态时改变水泵特性完成。目前动态改变水泵特性的方法主要是改变水泵的转速，也可通过叶轮调式水泵来实现。应用自动化技术来完成对系统参数进行动态优化。前面已经说了，自动化技术主要包括自动检测技术和自动控制技术，自动检测技术是能够自动完成对被检测对象的信息进行测量、检验、处理整个过程技术；自动控制技术是指在没有人直接参与的情况下，利用外加的设备或装置，使机器、设备或生产过程的某个工作状态或参数自动地按照预定的规律运行的技术。

　　系统参数动态优化过程分为两个控制环节。第一个控制环节是冷却水流量调节与被冷却物质的终冷温度的控制环节。这个环节是利用自动检测技术检测被冷却物质的终冷温度，由传感器将信号传给信号处理器，经信号处理器对信号进行分析处理后，向控制器输出控制信号对末端阀门进行控制，调节冷却水的流量来控制被冷却物体的终冷温度。第二个环节是改变水泵特性与系统压力的控制环节。这个环节是利用自动检测技术检测系统的运行压力，由传感器将信号传给信号处理器，经信号处理器对信号进行分析处理后，向变频器输出控制信号以便对变频器输出频率进行控制，调节电机的转速来控制系统压力。经过动态优化后系统运行参数为：Q_2、P_2。

　　（3）节能估算

　　经过以上分析，对系统参数进行动态优化就是要在系统运行流量参数发生改变 ΔQ 时，使系统由 A' 工况点运行，改变成 B 工况点运行。也就是说动态优化的节能量为系统运行在 A' 工况点的水泵功率与系统运行在 B 工况点水泵的输出功率之差。

　　系统运行在 A' 工况点时参数为 Q'_1、P'_1。水泵的输出功率为：

$$P' = Q'_1 \cdot P'_1;$$

　　经动态优化后，水泵特性发生改变，系统运行在 B 工况点，参数为 Q_2、P_2。水泵的输出功率为：

$$P'' = Q_2 \cdot P_2。$$

　　节能量为：$\Delta P = P' - P'' = Q'_1 \cdot (P'_1 - P_2)$

　　由式（8 - 17）$P_1 = (\sum \Delta P_1 + \Delta P_H + Ps)$ 和式（8 - 11）$\sum \Delta P_1 = SQ_1^2$ 可得：

$$S = (P_1 - P_H - Ps)/Q_1^2$$

$$P_2 = (\sum \Delta P_2 + \Delta P_H + Ps) = SQ_2^2 + P_H + Ps$$

$$= (P_1 - P_H - Ps)Q_2^2/Q_1^2 + P_H + Ps \tag{8 - 22}$$

$$P'' = Q_2 \cdot ((P_1 - P_H - Ps)Q_2^2/Q_1^2 + P_H + Ps)$$

　　又：$Q'_1 = Q_2$

$$\Delta P = Q'_1 \cdot \{P'_1 - (P_1 - P_H - Ps)Q_1'^2/Q_1^2 + P_H + Ps\} \tag{8 - 23}$$

　　节能空间：$\Delta P/P = 1 - \{P_H + Ps + (P_1 - P_H - Ps)Q_1'^2/Q_1^2\}/P'_1 \tag{8 - 24}$

$$\Delta P/P = [P'_1 - P_H - Ps - (P_1 - P_H - Ps)Q_1'^2/Q_1^2]/P'_1 \tag{8 - 24'}$$

　　由此可见，系统在运行时要改变运行参数，可通过自动化技术来调节阀门的开度和水泵的转速。节能空间的大小与 $Q_1'^2/Q_1^2$ 成反比。

　　下面以汉钢轧钢厂浊环水系统为例来进行说明。

　　根据 3 台 14SAP - 10J 水泵并联运行性能曲线图 8 - 11 可知：

　　系统运行流量 Q 为 $(2951/3)\,m^3/h$ 时，水泵对应扬程为 53.4 m，3 台水泵总

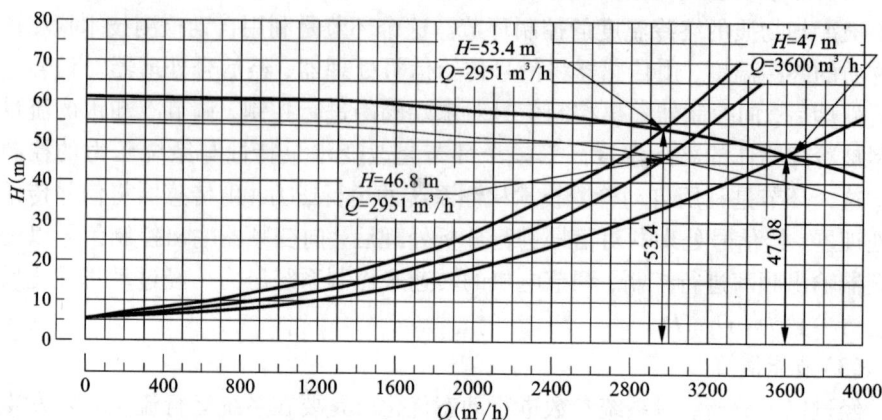

图 8 – 11   3 台 14SAP – 10J 水泵并联运行性能曲线图

输出功率为：$P = 429.3$ kW。根据式(8 – 22)算得水泵扬程：

$$P_2/\rho g = ((P1 - PH - Ps)\,Q_1'^2/Q_1^2 + P_H + Ps)/\rho g = 46.8 \text{ m}$$

如果我们采用进过动态优化技术，在水泵运行时改变水泵运行特性，使三台水泵运行在总流量为 2951 m³/h，扬程为：46.8 m 的工作点，这时 3 台水泵的总输出功率为：376.11 kW。

节能量：$\Delta P = P - P' = 429.3 - 376.11 = 53.49$ kW。

节能空间：$K = (1 - P'/P)\% = 12.5\%$。

8.6   小结

循环水系统节能的主要内容就是对循环水系统的运行和维护进行管理，系统节能的目的是为了大力降低循环水系统的运营成本，这些成本包括运行维护的人工费用、材料费用、能耗费用及其他规费等。在这里我们不分析如何降低运行维护的人工费用、材料费、其他规费，只对如何降低能耗费用进行阐述。

根据以上分析可知，循环水系统的能耗主要是系统在运行时由动力设备向循环水系统输送水流体所产生的，这些能耗与系统运行时流量和各组成单元的流动压降变化成正比，循环水系统的运行参数必须满足工艺要求，流量和压力的变化是随工艺生产的运行方式的改变来决定的。

循环水系统节能技术就是评估节能空间和降低能耗的技术，要应用水系统节能技术，就要熟悉工艺生产的运行方式，掌握对应的循环水系统运行参数变化的规律，并对运行各组成单元在相对应流量下的流动压差进行测量和对系统参数进行统计分析。只有这样，才能对系统能耗作出准确的判断和正确的应用节能技术。

采用以往的调研和考察获得系统运行参数有其局限性，准确度有限。如果采用系统节能的模式进行整个循环冷却水的节能设计，就能更好地与工艺部门沟通交流，进一步熟悉工艺生产的运行方式，掌握对应的循环水系统运行参数变化的规律，和对系统运行参数进行不间断的监测和统计分析，可做到对节能空间更准确的评估和节能技术应用方式。

通过系统节能的模式，可根据对系统的结构了解，对运行方式的熟悉和对运行参数统计分析，采用系统参数的静态优化技术，对组成单元进行改造，降低系统能耗。又可根据工艺参数的变化规律来确定是否采用自动化技术对系统运行参数进行动态优化。

第 9 章　工业循环冷却水四大子系统的节能服务途径

9.1　概述

　　上一章介绍的循环冷却水系统总体的能量评估方法和节能优化的总体思路，帮助读者从整体上把握循环水系统节能的基本概念和原则。本章则在上述基础上，从实践的角度将工业循环冷却水分为四个子系统，着重介绍实际的系统节能服务执行过程，就如何更好地利用 MOAR 做好节能服务，以至取得良好的节能效果做了进一步探讨。

　　MOAR 定义为流体系统节能的方法论和应用纲领。为了便于实际应用中的理解，应该对流体系统节能服务进行清晰而明确的定义，主要有以下几个方面。首先，本书所述的流体系统只包含气体和液体，不包含散状固体。更详细地来说就是泵系统、空压机系统和风机系统。一般情况下，流体介质不包括特殊介质，即可燃介质、高挥发性介质、爆炸性介质、腐蚀性介质、含磨料介质和可缠绕型介质等。这部分特殊介质的输送需要针对其物理化学性质进行单独设计，而且往往在实践中，特殊介质输送过程中的安全稳定性比节能更为重要。其次，需要明确服务的概念。服务是指供应商为客户而劳动，并使客户受益的有偿活动，供应商的服务不限于向客户提供实物，包括技术、人力、融资、设备、规划、管理等一些间接的内容，并把这种劳动融合到客户的生产活动，从而达到增加客户产出，或降低投入的成果。服务方式包括：为客户提供有形的产品，为客户提供无形的产品，如技术、人力、融资、规划和管理，为客户提供无形产品的交付使用，如知识传递、培训、专家指导、软件使用等，为客户创造氛围，如：节能增效氛围，如精益管理氛围。根据服务提供者和客户之间的互动程度还可以将服务分为高接触性服务、中接触性服务和低接触性服务这三大类型：高接触性服务是指客户在服务进行过程中参与其中全部或大部分的活动；中接触性服务是指顾客只在某些事件的局部范围内参与其活动；低接触性服务是指在服务过程中，客户与服务提供者接触较少的服务。这三种类型服务的管理方式是不一样的，就流体系统节能服务而言，一般情况下应该将其定位为中接触性服务较为恰当。

经过上面的分解和整理，可以对流体系统节能的服务范围描述如表 9 – 1 所示。

表 9 – 1　流体系统节能服务的范围

系统条件	泵送系统、空压机系统、风机输送系统
系统边界	抽送介质所过之处。就循环水系统来说是冷、供、配、用四个子系统
	就其他系统来说，包括动力系统、机泵系统、管道系统、用户系统
服务内容	系统设计、系统优化、设备设计、产品制造、设备供应、模拟仿真、现场试验、工程实施、设备维护、设备维修、设备运行、现场调试、设备优化、设备验收、设备管理、运行管理、节能管理体系建设、节能管理体系执行

9.2　研究边界与内容

9.2.1　边界的划分

本章关于 MOAR 服务的介绍，主要集中在循环水系统领域。这是因为工业循环水系统节能应用面广、耗能量大、通用性强且产业化程度高的流体系统节能领域。实践中需要对工业循环水系统进行边界的划分，主要目的如下：

①方便研究和开发。因为整个系统是非常复杂的，我们往往不可能一次性把所有的问题都研究清楚，所以我们只能根据系统论的观点，对一个复杂系统进行分类。

②方便应用和推广。如果我们把全部系统了解清楚，再进行应用推广，一则是可能要等待很长的时间，二则是可能由于某个子系统研究受阻，而使得整个系统工作无法开展。所以我们应把整个系统分为若干个子系统进行研究，研究一个，应用一个，推广一个，保持产学研的良性发展。

③客户的需求：每个工业领域客户的需求是不一样的，比如钢铁厂客户对高炉的运行安全看的无比重要，而石化企业对工程建设的规范性非常严格，这就导致了在钢铁厂，客户很可能不许对末端进行过多的改造，而化工厂可能无法对配水管路进行整改，那么整体优化系统总是会由于种种原因无法实现，这也就要求把系统分解成模块化结构再自由组合。

在讨论完循环水系统划分的目的后，我们进一步讨论循环水节能系统划分的原则，主要有：

①属性归类：首先是按系统中各部分与目标相关的属性进行。

②现实状况：根据现实中各种组合的模态进行区分。

③技术专业：系统往往是各种技术专业的综合体，我们应考虑到目前技术人员所受教育的方向和程度来进行人为分类。

④难易程度：为了达到前面所述的开发一步推广一步的目的，我们应把所有系统组分按难易程度进行分类，在研发时先易后难。

⑤当前的应用状态：对于已经在应用的我们应该分一类，其中对于由不同组织来实施的又再进行区分，以使得在推广过程中不会破坏原有的体制。

按以上原则进行分类，我们把循环水系统分为"冷、供、配、用"。以下是四大主要子系统的范围说明。

9.2.2 各大子系统的节能服务内容

(1)冷却子系统

"冷"——冷却系统，在循环水系统中专门负责把循环介质温度降到需求温度的子系统。大部分情况下，冷却系统是把温度散发到大气中，冷却系统一般由冷却器的进出口阀门、冷却设备、风机设备、水池及其相关管路和附件组成。冷却设备最常见的是冷却塔、空冷器，也有的系统是用换热器对介质中的热量通过朗肯循环进行回收和进一步利用。

冷却系统包括其相关的电力供应系统和控制系统，如图9-1所示。

以上均为冷却系统，冷却子系统进一步可划分为以下技术模块，如图9-2所示。

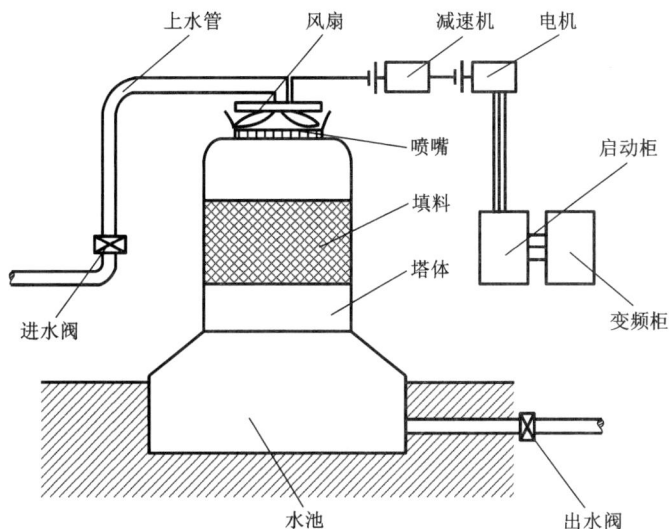

图 9 - 1　冷却塔系统示意图

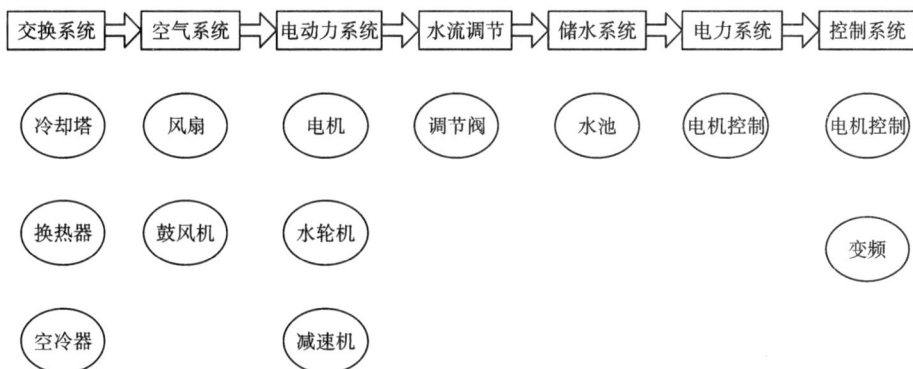

图 9 - 2　冷却子系统技术模块

（2）供水子系统

"供"——供水系统，在循环水系统中，主要的功能是推送功能，相当于电路中的电池，如图 9 - 3 所示。

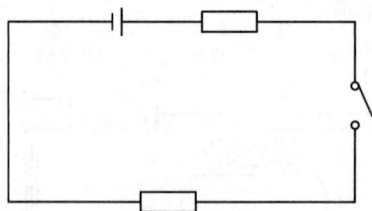

图 9 - 3　典型电路图

在实际设计与计算时可参照电路的计算方法，大部分情况下，供水系统是由泵的并联构成，供水子系统一般包括泵、电机（其他动力机械）、电力供应设备、电力调整设备（如变频器）、进出口调节阀门、止回阀、过滤器、管路及管路上的其他附件。

参照目前已有的技术和操作模式，我们把整个泵房以及泵房内部所有设备和管路、电力设备、线路都习惯性的叫做循环水系统的供水子系统，如图 9 - 4所示。

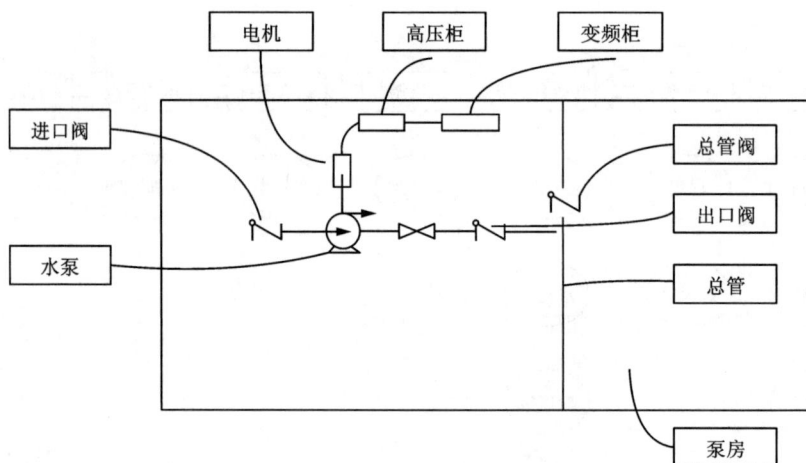

图 9 - 4　供水子系统组成原理

以上均为供水系统，供水系统进一步可划分为以下技术模块或者子系统，如图 9 - 5 所示。

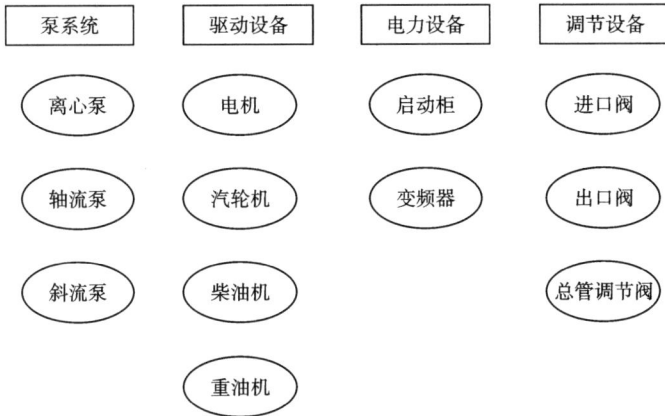

图 9 – 5 供水子系统技术模块

（3）配水子系统

"配"——配水系统，指的是把供水系统的压力分配到各用水系统，并以各用水系统收集回水返回冷却系统的管网及管网上的阀门和其他附件。

配水系统包括供水管网和回（排）水管网，在回水管网为密阀时，我们叫做回水管网；当回（排）水管网为开放时，我们叫做排水管网，在节能研究中回水管网可以考虑压力回收而排水管网一般只可能有热量回收，如图 9 – 6 所示。

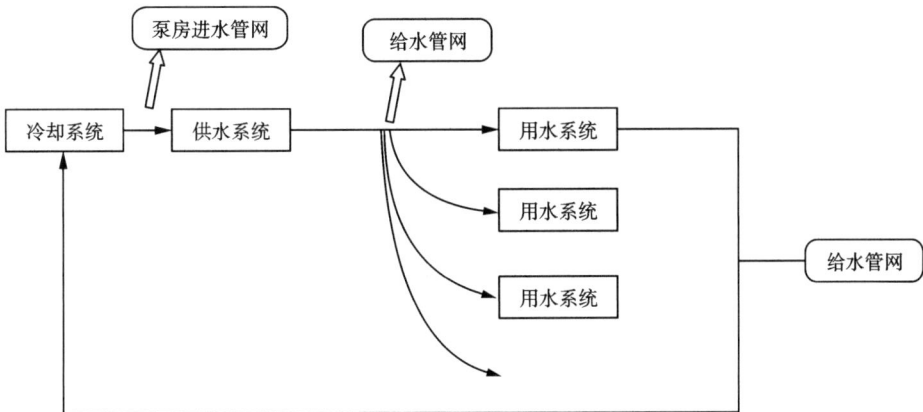

图 9 – 6 给排水管网

由图可见，配水系统主要包括给水管网与回水管网（排水系统），当然也包括泵房的进水管网，但一般的节能项目中，泵房进水管网只考虑泵的气蚀问题，而不做节能方面的研究。

配水系统可进一步划分为以下技术模块或者子系统，如图 9 - 7 所示。

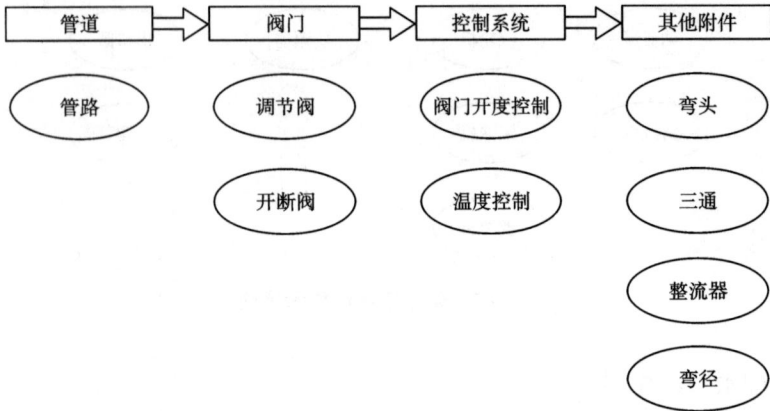

图 9 - 7　配水系统技术模块

从表面上看配水系统很简单，但在实际中由于用水系统和供水系统的动态变化，配水系统各参数也是变化的，因而通过调节配水系统达到节能的需求的理论是非常复杂的。

（4）用水子系统

"用"——用水系统，指的是整个循环水系统冷、供、配系统的服务对象。用水系统的目标参数就是整个循环水系统的对外输出参数，用水系统的存在是循环水系统存在于生产系统中的意义所在。

在实际工作中，用水系统在客户现场是各式各样的，即便是同一家企业的同一个型号的生产线，也有可能运行参数不同，所以在研究循环水系统时不可能用某一具体的方式来表达用水子系统，我们一般用 ←□→ 来表示，循环水的输入输出参数用以下公式表达 $y_1 y_2 y_3 y_4 \ldots y_n t_1 = f(Q, H, t_1)$。式中 $y_1 y_2 y_3 y_4 \cdots y_n t_1$ 中的 y_1 y_2 y_3 $y_4 \cdots y_n$ 代表用水设备对外部生产系统而言的各参数，而 t_1 指的是冷却介质的出口温度。式中 $f(Q, H, t_1)$ 指的是对于用水系统来说，输入只与三个参数（流量、压力、进入介质的温度）有关。而 f 指的是输入与输出的转化关系，与用水设备本身的设计与布置有关，一般情况下不做更改。

以上介绍了系统节能中是什么系统，系统又分为哪些模块，模块之间的关系，模块的功能，那么从这些功能出发来分析循环水系统中的理论市场容量。目前循环水系统的能耗利用率为 25% ~30%，在目前的科技条件下，能耗利用率可达到 60% 左右，也就是说，如果我们对所有能改造的地方进行改造就可以达到 35% ~40% 的节电率，这将会对循环冷却水系统的节能改造带来革命性的创新。

那么，下面要讨论的是如何实现系统能效的最高化。下面还是从冷供配用 4 个方面来介绍，在 MOAR 中，我们反复强调无论是理论研究还是工程应用都必须从用水子系统开始分析和操作。

用水系统节能分析，边界固化条件：①用水设备要换的热量有具体要求，在没有具体要求的情况下，有操作习惯参数；②用水设备的安装位置不列入优化范围；③用水设备结构、原理及性能不列入优化范围。由于以上 3 项条件的固化，那么循环水系统的输出条件也就固化了，对于一般情况下，用水系统的输出条件为 $Q = MC(t'' - t')$，其中 Q、M、t''、t' 为客户要求，C 为自然条件参数。

9.3　系统节能的主要服务路径

下面分别谈谈各子系统所用的方法，由于供水子系统主要由机泵组成，其主要内容在于提高水泵及其配套电机本身的运行效率，更多的属于水泵优化设计的研究范畴，本章不予过多讨论。根据需求侧管理原则，对整个工业循环冷却水系统的节能服务从用水环节开始推算，节能改造服务的路径为"用—冷—配—供"。

9.3.1　用水环节节能路径

首先需要求解用水系统最优解。在做优化前假定以下条件：用水系统工艺不变；用水系统位置不变；用水系统设备不变；用水系统工艺参数要求明确。那么，用水系统优化参数为 Q_1，Q_2，H_1，t_1'，t_2'，t_1''，t_2''。其中，Q_1 为冷却介质流量，m^3/h；Q_2 为被冷却介质流量，m^3/h；H_1 为冷却介质压力，m；t_1' 为冷却介质进口温度，℃；t_2' 为被冷却介质进口温度，℃；t_1'' 为冷却介质出口温度，℃；t_2'' 为被冷却介质出口温度，℃。

由于前面的假设条件，以上参数有部分是参与计算，但不能进行优化，这些参数有 Q_2，t_2'。这两个参数是由工艺确定的。还有 t_1' 这个参数实际上是由环境温度所确定的，经研究 t_1' 设定在（$t_{环境}$ 为 +1 ~3℃）比较合理。南方选择 3℃北方选择 1℃，夏天选大值，冬天选小值。

由以上条件可知，用水系统流量优化公式为 $Q_1 = f(Q_1, t_1', t_2', t_1'', t_2'')$，$Q' = 0$ 时，可见用水设备参数很复杂，一般情况下，我们用遗传算法来进行求解：在实际工程中，我们可以采用以下方法中更简单的办法。

(1)实验法

就是对每个用水设备，通过调节其出口阀门，同时观察被冷却介质温度 t_2''，使其得到工艺要求温度，这时的用水设备流经的流量即为最优流量。其中应注意一下问题并进行规范：由于系数数据反馈的滞后性，所以步进式调整时间不能太短，必须等到用水设备温度 t_2'' 和冷却介质出口水温 t_1'' 两个数据都稳定在某一数值后才可以进行下一步的调整；假设冷却塔效果不变，那么 t_1'' 和 Q_1 的变化一定会在冷系统中产生变化，那就是使得 t_1' 变化。所以在此情况下，我们必须事前计划好 t_1' 的调整办法。关于这点在对冷系统和大系统调整过程中将详细介绍。

(2)线性估算法

假设 t_2'' 将随 Q_1 线性变化的一种方法。我们都知道，换热器计算公式如下：

$$\begin{cases} Q_1 = m_1 c_1 (t_1'' - t_1') \\ Q_2 = m_2 c_2 (t_2' - t_2'') \\ Q_1 = Q_2 \eta \\ Q = KF\Delta t \end{cases} \qquad (9-1)$$

在假设不看 $Q = KF\Delta t$ 的前提下，同时不考虑实验法的前提下

$$m_1 c_1 (t_1'' - t_1') = m_2 c_2 (t_2' - t_2'') \qquad (9-2)$$

可见 m_1 与 $(t_2' - t_2'')$ 成正比关系。

也就是说，当流量下降10%时温度也将下降10%。在大多数工程应用中，对结果精度要求不高的情况下，都可以参考这种线性估算法。

(3)完整解析法

就是前面指的建立完整的数学模型，通过求解数学模型得到的计算方法。

这种方式目前尚没有十分有效并可行的公开报道，因此尚需要不断地深入研究。MOAR 把用水设备分为几种模型，对几种模型进行全面而细致的研究，并在实际的技能改造中针对性地选用。目前本书作者已分类出的模型有：①标准换热器模型；②标准炉壁模型；③标准连续直冷模型；④2 号连续间接分析模型；⑤标准闭式板换热模型；⑥标准闭式喷淋冷却模型；⑦5 号水冷板换热模型。关于上述模型的说明见表 9-2 所示。

表 9 – 2　用水模型说明

序号	模型名称	说明
1	标准换热器模型	逆流式、顺流式、混合流式、无相变、液体介质换热器
2	标准炉壁模型	炉壁内通冷却水，炉壁外侧为自然通风，炉壁内侧为任意压力气态高温介质，可以直接与火焰接触
3	标准连续直冷模型	冷却水直径冲击于被冷却物，被冷却物为固体，而且是以生产流水线形式，不断匀速运动中。冷却过程中，存在相变，也可以不存在相变
4	2 号连续间接分析模型	在标准炉壁模型中进行。不同之处在于炉壁外侧是液态金属，并同时转化为固态金属的结晶过程控制
5	标准闭式板换热模型	标准板式换热器模型。外部被冷却介质为自然对流空气
6	标准闭式喷淋冷却模型	闭式空间内，用冷却水喷淋冷却，被冷却介质为气体，可以有毒、易挥发、易燃、易爆、腐蚀
7	5 号水冷板换热模型	在标准板换热模型的基础上，发生外部水冷(加热)，内部为被冷(加热)介质，外部冷却水(加热)可以相变。

以上就是用水模型。以上用水模型研究的目标如下：用图解法或解析法，或计算机仿真法，做到能计算在冷却水进水温不变的情况下，被冷却介质的出水温 t_2'' 的变化；了解各种模型在降流量时的各种技术约束条件和经济性约束条件。

前面讲的是用水系统流量优化，下面谈用水设备的压力优化。压力优化目前在各方面的研究已经比较完善，主要就是在确定用水设备的安全压力前提下，减少供水所需的扬程。

安全压力 $P_A = P_管 + P_汽 + P_高$。其中：$P_管$ 为从用水设备进口，用水设备出口的当前流量阻力，$P_汽$ 为用水设备内最高温度点所产生的汽化压力，$P_高$ 为整个用水设备的最高点标高。

以这个安全压力设计的用水设备压力是最优的，而且是最安全的。实际工程中，用水设备一般不会是孤立的，而是以群的概念出现。只要是群，就存在一种"配"的优化方式。也就是用水系统之间的并联和串联，以何种顺序串联为最优的问题，下面是其论证过程。

下面是两个用水设备，其输入输出及参数见图 9 – 8。

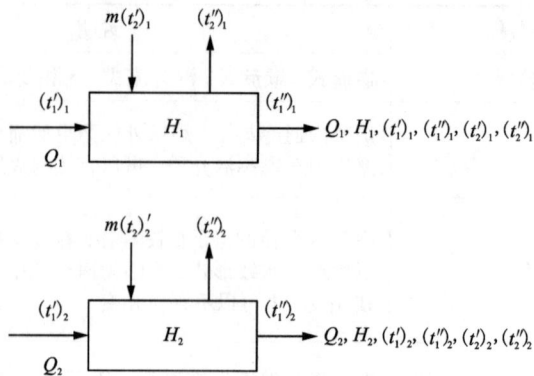

图 9-8　用水设备参数

由于前面假设 $(t_2)'_1$、$(t''_2)_1$ 等温度都是由上游工艺及下游工艺控制的。所以所有被传系统都是固定的，而 H_1、H_2 也是由换热器的结构，以及被传系统固定的，$(t'_1)_1$ 及 $(t'_2)_2$ 是由冷却系统控制的。

能变化的参数只有 Q_1，Q_2，$(t_1)_1$ 与 $(t''_1)_1$，$(t'_1)_1$ 与 $(t''_2)_2$。由于被传系统的参数皆被控制，所以热负荷已定。$Q = mc(t_1 - t_2)$ 公式中 c 虽然与温度有一定关系，但一般情况下，可忽略不计。

既然 Q 是固定的，那么 $Q_1 = m_1 c_1 [(t_1)''_1]$ 与 $Q_2 = m_2 c_2 [(t_1)'_2 - (t_1)''_2]$ 也是固定的。现在有两种连接方式，一种是串联，一种是并联。如果是串联，所需流量计算 $Q_t = Q_1 + Q$。

$Q_t = m_1 c_1 [(t_1)''_1 - (t_1)'_1] + m_2 c_2 [(t_1)''_2]$。其中 $m_1 = m_2$，$c_1 \approx c_2$，$(t_1)'_2 = (t_1)''_1$；

如果是并联，所需流量计算 $Q_t = Q_1 + Q_2$，亦即计算过程完全一样。

$Q_t = m_1 c_1 [(t_1)''_1 - (t_1)'_1] + m_2 c_2 [(t_1)''_2 - (t_1)'_2]$。同样假设 $m_1 = m_2 = m$，$c_1 \approx c_2 = c$，$(t_1)'_1 = (t_1)'_2$，$m_1 c_1 (t''_{11} - t'_{11} + t''_{12} - t'_{11}) = mc(t''_{11} + t''_{12} - 2t'_{11})$，再假设 t''_{11}，t''_{12}，$mc \cdot 2(t''_{11} - t'_{11})$，而 t'_{11} 与上面公式一样。

以上分析充分说明，当 2 个换热器串联时，我们可以认为是一个换热器"加长"了。温差等于后一个换热器的出口减第一个换热器的进口，也就是说出水口温度高了。关于并联的计算说明，当不考虑出口温度的情况下，流量要比串联情况高一倍。

由上面的结论可知，用水设备能叠加的必须叠加，而叠加后流量应符合基尔霍夫定律，流量节约量约等于原流量除以叠加后流量。

但是上面这种优化方法会受到以下情况制约：

①靠前的换热器冷却水出口温度增高了，这将影响冷却系统的散热效果，使得整个系统中一个关键的参数不能维持在原有水平，但我们在研究用水系统中，暂不考虑这个问题，而是把这个问题交给系统综合调整去解决。

②在现场串在后面的换热器进口温度也不是随意升高的，它是被冷却介质限制了的。一般情况下，冷却水的出口温度至少应比被冷却介质的出口温度低3℃以上。

③安全问题，一旦串联，整个串联部分任何一个元件的故障都将使得整个串联部分的其他部分完全失效。

④除了流量的节约外，还必须得考虑压力问题，串联后整个串联部分的压力也将变化。

由上述关于压力的分析可知，压力的变化如图9-9所示。

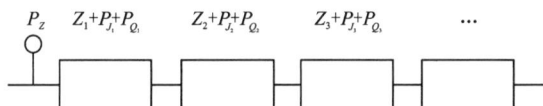

图9-9　压力变化

计算出流量后，我们应该以最后一级为基点向前推算。要求是所有的 Z、PJ、PQ 均能满足要求。当某个位置不能满足时就调整最后的，使得虽有元件满足要求。

配压完成后再观察前置压力，如图9-10所示，比较改造后的与改造前的压力值，计算最终节电量。

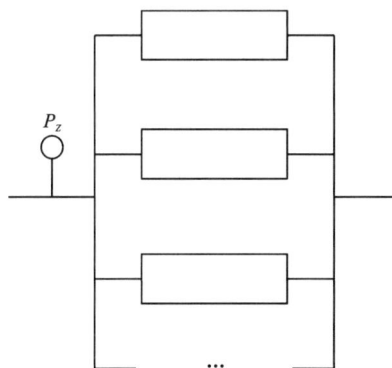

图9-10　前置压力

最终节电情况的计算方式如下：

$$\begin{cases} P_{改前} = Q_{原} \times P_{Z原}/(3.6 \times 10^2) \\ P_{改后} = Q_{改} \times P_{Z改}/(3.6 \times 10^2) \\ (P_{改后} - P_{改前})/P_{改前} = 节电率 \end{cases} \quad (9-3)$$

通过以上公式就可以获得这种技改方式的节电效果。

上述介绍了整个用水设备优化方案。问题是，该方案中虽然给出了最优的参数，实际操作中用水设备本身不会自己调整到最佳点。那么如何调整呢？这就进入了系统优化的第二个环节——配水环节优化。

9.3.2 配水环节节能路径

本书中将配水子系统设定为连接供水设备与用水设备的管道及其附件，也包括回水管道及其附件。配水管道的自优化目标非常明确。在过程损失最小的前提下连接两端，具体来说应满足以下条件：

①输送的末端是用水设备，所以末端的参数就是配水系统的目标参数。

②而供水系统的供水位置则是约束条件。

前面对用水设备的优化结论应直接成为配水系统的优化输入条件。值得一提的是，对于串联部分我们在计算中将其看做一个用水系统即可。对于并联部分则应分别计算。

对于配水系统，我们用图9-11的模型进行研究。

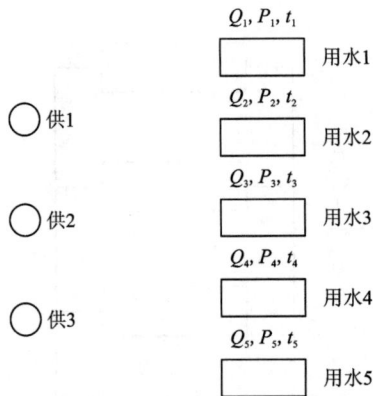

图9-11 供水模型

对于配水模型来说,以上是供配水模型图。

另外还有回配水模型图。如图 9 – 11 所示,我们研究供配水系统时,只需要了解用水系统中的参数 Q, P, t, 由于用水系统多,所以就形成了一个组列矩阵。配水子系统优化的最终目标很简单,就是用户要多少,配水配多少。

但在工程中是不现实的。因为我们往往不能为每个用户单独供水,而只能是以压力最高要求供水,而那些压力要求低的区域要么就让其有富余,要么就用阀门控制。所以我们对配水系统优化提出以下观点:

①配水系统的优化终极目标就是用户需要多少就配多少。

②配水系统中的能耗损失只出现在管路损耗和配水富余这两个方面,其中管路损耗只与管路本身有关。

所以针对上述情况,我们可以有针对性地采取各种配水优化措施。

首先,最好的优化方式是"总 – 分"形式,其结构见图 9 – 12。

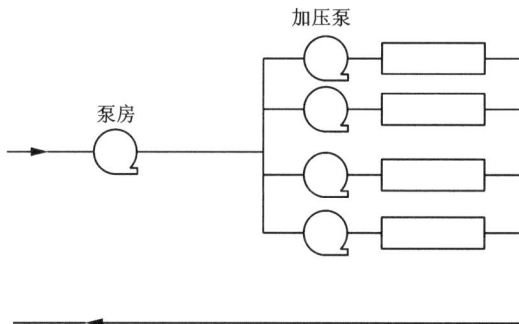

图 9 – 12　加压泵配水方式

这种方式的主要思路是由总泵控制各个用水设备公用的供水母管,然后再由加压泵实现设备所需压力,全过程不需要使用阀门进行调节。但是这种供水方式需要加装大量的加压泵,虽然可以取得最为理想的配水子系统节能效果,但是加压泵装备的固定资产投入较高。

其次,也可以用分区供水,即将用水设备按照所需压力的高低分为不同的区域,然后针对各个区域配置相应压力的水泵,如图 9 – 13 所示。这种方式可能还需要在部分用水设备末端设置阀门调节,但由于阀门的作用主要局限了单个支路,故阻力损失得到了一定程度的控制。

上述两种方式均需要对管网进行一定程度的重新改造,适用于循环冷却水系统建设初期或停产扩建阶段。而针对已经建成并长期不间断运行的工业循环水系统,往往不允许进行过多的管网改造,在这种情况下,最好的节能措施是利用水轮机取代阀门进行水压能量的回收,这是本章介绍的第三种配水子系统节能方

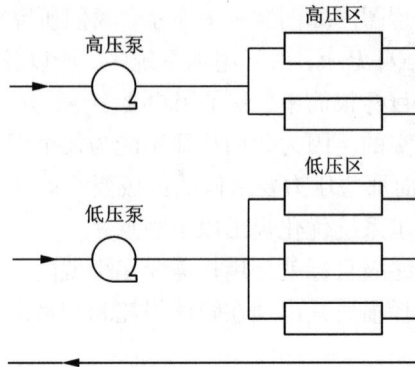

图 9 – 13　分区配水方式

法，其原理如图 9 – 14 所示。

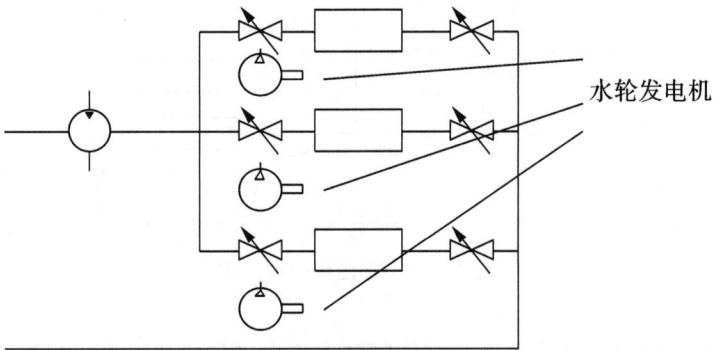

图 9 – 14　水轮发电机配水方式

　　能量回收是在传统的阀门调节方式上发展起来的，作为传统的阀门调节方式实质上就是通过阀门上损失和消耗压力来达到调整的目的，包含阀门的管路曲线，如图 9 – 15 所示。

　　而能量回收，就是用水轮机把阀门调节的压力回收，实施方法就是用水轮机替代原来的阀门，这种情况下，可以使用在任何需要用阀门调节的位置，只要水轮机组效率够高，就可以适应任何配水节能应用。关于水轮机取代阀门进行能量回收的内容，本书在第 5 章已经进行详细介绍，此处不再赘述。但是，对于 DN100 以下的阀门，用能量回收的方法时投入产出比很少，所以我们采用第四种方法，即自动调节阀。

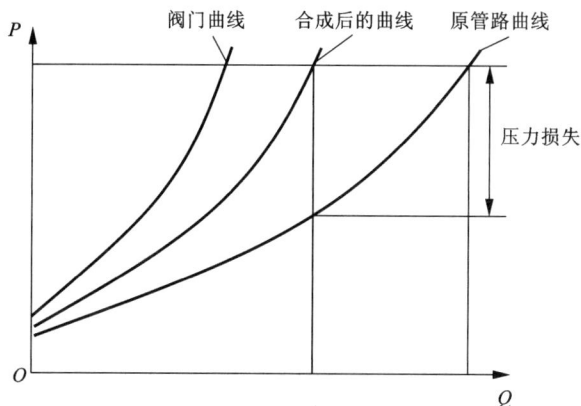

图 9 – 15　管路曲线

关于阀门调节,在此首先需要把整个调整节能的原理重新梳理一遍,其原理如图 9 – 16 所示。

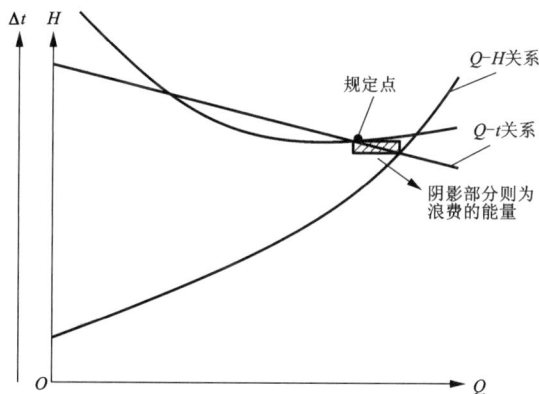

图 9 – 16　阀门调节原理

所以最常见的就是用更多的流量来满足其要求。图 9 – 16 中 t 为变冷却介质温差,由图可见,我们往往是用更大的流量 – 扬程曲线来满足要求,那么最好的方式就是直接把管路特性设计为直接过规定点的管性曲线,这就是我们的第一种方式。

当然我们也可以用第二种方式,其原理如图 9 – 17 所示。

第二种方式是利用阀门调节到所需的工况点,虽然阴影区代表其能源的浪费,但是我们采用水轮机进行能源回收。第四种情况是直接用阀门调节,而且用

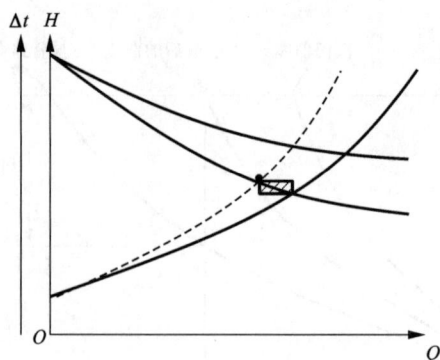

图 9 - 17　水轮机能量回收原理

自动化技术进行自动调节，如图 9 - 18 所示。

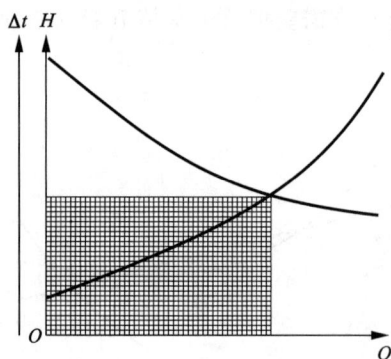

图 9 - 18　自动调节阀

　　由以上分析可见，自动调节阀完全可以取得十分显著的节能效果。

　　配水系统还有一个问题就是管路阻力，但这只与管路本身的特性有关，在此就不进行过多论述。本节只讨论实际操作层面的问题——即实际操作中仍然要考虑阻力问题，其途径是只需要进行检查与校核，检查方法是把握头与尾、检查中间，从头开始对每个末端进行一次推算，如果阻力过大则找出故障点，如果阻力正常，则后面的过程无需考虑阻力问题。此外，对于长期运行的某些摩擦阻力较大且输水量也很大的干路，若厂区平面布置条件许可，可以在原有的干管基础上，从水泵房直接引一条管路与现有管路并联，并输送至耗水量很大的用水区间。示意图如图 9 - 19 所示。

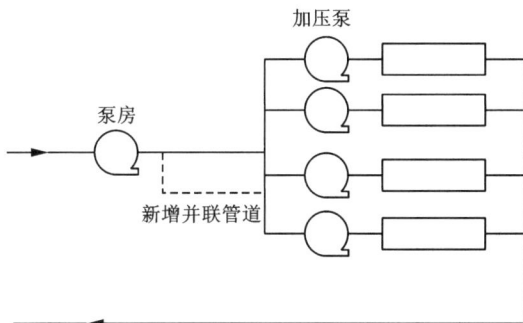

图 9 – 19　新增并联管道供水示意图

9.3.3　冷却环节节能路径

工业循环冷却水系统的冷却环节主要是指冷却塔，冷却塔本身的节能改造重点在于强化评估其实际冷却能力和最初设计值的差距，并采取各种手段进行强化和节能，包括填料改造、喷嘴改造和风机调速等。关于冷却塔本身的设备优化改造详见本书第 12 章。本章主要从流体系统节能的角度简要介绍冷却环节的节能路径。

现场节能改造实践中，冷却塔的节能改造基本原则如下：

①检查冷却设备的出口温度，当出口温度与环境温度的差值在 3℃以内时，冷却设备本身没改造的空间。

②当出口温度与环境温度的差值大于3℃时，那么就可以对冷却塔进行改造。可以选择冷却强化或者并联更多的冷却塔来完成节能改造。

从 MOAR 来看，未来冷却装置的研究与发展方向有：①大容量冷能存储装置；②无高差或低高差冷却塔。下面是对这两个研究方向进行描述。

（1）大容量冷能存储装置

就是在电费低的时候，制备大量的冻水，进行隔温储存，并且在电费高的时候放出储存的冻水，这样利用电费的差价来获取利润。对于这方面的技术我们早就做过一些研究，整个技术受制于制冷装置的成本和效率两个方面。一方面我们可以关注下一步制冷装置成本及效率的改进，这种技术在未来的几年内应该是逐步由不可能成为可能的，同时这种技术可以用在局部增效中，也就是整个系统都正常，但有局部设备、冷却效果很差，为了改善其效果，特别是增大流量将大幅增加阻力时，可以用这种技术进行局部效果改善，在实施中主要是用技术经济的方法进行比较。

（2）无高差或低高差冷却塔

从表面上看，冷却塔的能耗只有风扇一个方面，但实际上远远不止如此，冷却塔的结构示意图如图 9 – 20 所示。

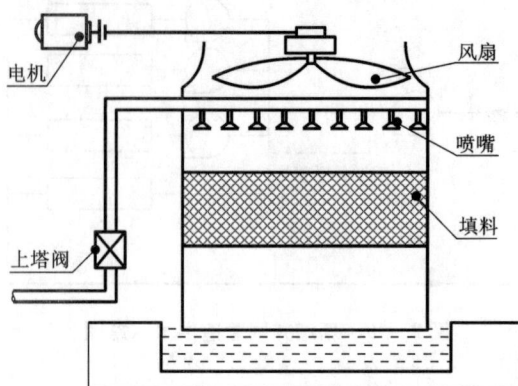

图 9 – 20　冷却塔结构示意图

从上图可看出实际上冷却塔是利用高差来实现水的冷却和循环的，所以冷却塔的能量消耗，应该还包括上塔流量到冷却塔顶部的扬程 $Q \times$ 高差 $H/3.6 \times 10^2 =$ 能耗。我们对一般系统稍加推算：一个系统流量为 3000 m^3/h，冷却塔标高为 13 m，那么其能耗就是 $3000 \times 13/(3.6 \times 10^2)$。

所以假设我们能采用无高差或更小标高的冷却塔，这样就能达到更好的能效效果，主要是节约了循环冷却水上塔所需要的重力势能，水泵的扬程可以得到大幅度的降低。当然，为了保证气水接触的传热传质面积，可能需要更大的水平方向的空间和占地面积，不排除这将成为未来冷却环节的重要发展方向。

9.3.4　低温余热回收

工业循环冷却水系统的本质是吸收并带走生产工艺环节设备和物料的热量，然后依靠冷却塔与外界大气进行传热传质来释放热量回到原来的温度，以此进行不断的循环。而所有的"冷 – 供 – 配 – 用"均是围绕上述目的来进行的。目前的工业循环冷却水系统节能，主要围绕减少供水环节机泵能耗来进行，却对大量热能白白排放至大气中的现实重视不够。事实上，热能的浪费量远远高于机泵的能耗。以某轧钢厂循环冷却水系统为例，其流量为 5000 m^3/h，水泵扬程为 35 m，冷却塔进出口水温温差 10℃，则冷却水系统吸热功率为 5.8×10^7 W（即 $4.2 \times 10^3 \times 5000 \times 997 \times 10/3600$）；而水泵运行效率按 85% 估算，机泵耗电功率仅为 4.8×10^5 W（即 $5000 \times 35/(3.6 \times 10^2)$），还不到热能损失的 1%。如果能够对热能进行适当回收，则无疑将颠覆性地改变人们对工业循环冷却水系统能耗的认识。哪怕回收 1% 的热能，则工业循环冷却水系统将向外净输出功率。

由于工业循环冷却水的最高温度通常不超过 70℃，属于低品位热能。目前主要通过热泵或有机朗肯循环（organic rankine cycle，简称 ORC）对含低品位热能的流体进行热能利用。热泵技术在本书第 4 章已经进行了介绍，本章简要介绍有机朗肯循环。有机朗肯循环是以低沸点有机物为工质的朗肯循环，主要由换热器（如余热锅炉）、透平（可带发电机或其他旋转动力机械）、冷凝器和工质泵这四大部套组成。有机工质先在换热器中从流体的余热中吸收大量热量，然后生成具一定压力和温度的蒸汽，接着蒸汽进入透平机械膨胀做功，从而带动发电机或拖动其他动力机械。而从透平排出的蒸汽在凝汽器再向冷却水中放热，凝结成液态，最后液态水借助工质泵重新回到换热器，如此不断地循环下去。有机朗肯循环的突出优点在于对较低温度热源的利用具有较高的效率，但其循环效率在很大程度上取决于工质的热力性质，尤其是工质的蒸发温度。由于有机朗肯循环的设备投入较大，且尚没有针对工业循环冷却水在 35～70℃ 这一范围的合适超低温工质，故在工业循环冷却水余热回收方面的应用很少。

与有机朗肯循环系统相比，热泵的技术成熟度更高，经济上也相对更有吸引力。目前热泵技术已经在某些火力发电厂的循环水系统中得到了一定的试点应用，尤其是采用吸收式热泵在内蒙古、山西、新疆和黑龙江等北方地区进行热点联供的试点项目，均取得了较为良好的运营效果。根据上海电力学院孙天宇等人对某电厂 600MW 发电机组循环冷却水系统的测算，投入 2 组热泵机组，可以回收余热的功率接近了 10MW，每个采暖期的经济效益超过了 180 万元，节约标煤量超过 3000 t，并且大量减少了二氧化碳、氮氧化物和粉尘的排放。在较为理想的测算情况下，整个热泵项目的投资回收期约四年。

9.4　小结

本章以工业循环冷却水系统为研究对象，应用 MOAR 理论阐述了该系统的节能服务途径，并结合了具体事例详细介绍了实际操作方法。在系统节能的策划和工程设计实施中，首先需要明确系统的边界，并依据清晰的边界将系统划分为各个部分，然后对每个子系统进行属性定义和目标分解，最后则针对性地开展节能技术路径的设计和执行。

第 10 章 工业循环冷却水系统的 给排水管网系统优化

10.1 概述

给排水管网系统是连接冷却塔、换热器和机泵等各种主体原件的基础,管网系统造成的阻力损失也是工业循环冷却水系统最主要的能量耗散方式。因此,在 MOAR 中,对管网系统进行优化,可以从根本上改善系统的能耗,收到十分显著的节能效果。

长久以来,管网从设计规划阶段开始,为了生产安全和稳定的考虑,往往留有充分的设计余量;而设备选型阶段又存在安全边际的放大和参数指标的进一步余量,这往往造成了"大马拉小车"等形式的不必要的能量浪费。而管网系统的长期运行中,由于产能规模和生产负荷的改变,加上部分人为粗放管理和工艺不善因素,往往造成管网系统的偏工况运行。这就要求我们充分重视工业循环冷却水系统中给排水管网的基础性作用和节能意义,在管网的设计和大修阶段进行系统的优化,为后续全生命周期内工业循环冷却水系统的节能降耗和持续改善工作奠定坚实有力的基础。

10.2 工程优化简介

10.2.1 优化的基本概念

工程优化所考察的问题是在众多的可行方案中如何选择一种最合理的已达到最优化的目标。那么,最优方案或最优决策就是指达到最优目标的方案,最优化方法则是搜寻最优方案的方法，而最优化理论就是关于最优化方法的数学模型。由此可知，最优化问题至少需要存在以下两大要素：第一是可能的各种方案；第二是要追求的最终目标。可见后者是关于前者的函数。倘若前一要素，即各种可能的方法是与时间无关的，那么就可以成为静态优化问题；否则就是动态优化问题。本章所研究的工业循环冷却水系统的管网系统优化，专指静态优化。

具体来讲，要解决工业循环冷却水系统的管网优化问题，首先必须明确一下关于工程优化设计的基本概念，如下所述。

（1）设计变量（design variables）

设计变量，即自变量，凡是设计中允许改变的参数，均称为设计变量。例如描写装置几何形状的参数（比如管道的厚度、换热面上的某些尺寸、管道和孔板的直径、弯头半径等），描写操作工艺的参数，如流量、压力、温度和阀门开度等，甚至还有描写物理性质的参数（如密度、比热和黏度等）。

在给排水管网优化设计中，我们一般需要把设计变量分为独立设计和相关设计变量两种。所谓独立设计变量，是指它取值的变化不会引起计算模型中其他变量的改变，比如管道壁面的厚度、流体介质的密度和比热等；而所谓的相关变量就指那些自身的取值变化会引起计算模型中其他变量信息改变的变量，例如一般而言的通过装置的流量改变将会引起装置进出口压差的改变。

另外，根据设计变量是连续取值还是仅取一些离散值，又把设计变量分为连续性与离散性两种。例如各种温度、流量和压力等设计变量是连续性变量；而冷却塔风机齿轮调速机构的调速比一般为离散型变量。

（2）约束条件（constraints）

在优化设计中对设计变量或其函数表达式所进行的限值与约束，均称为约束条件。例如温度约束、流量约束、压力约束等，通常是设计工艺规范中的规定值，以及运行条件下设计变量的可能取值范围的上、下界限约束。

（3）设计目标与目标函数（object）

对结构优化设计而言，设计目标是优化设计的最终目的。而目标函数也就是设计目的的具体体现，它必须是设计变量的函数。对工业循环冷却水系统的节能改造而言，设计目标就是追求最大限度的节能效果（节电率），而目标函数则可以表达为节约的项目建设和全寿命周期内运行的成本。

（4）敏度（sensitivity）

敏度是指目标函数或某个约束条件相对于某一个设计变量的变化而得到的变化率，在数值上它可以定义为设计变量获得单位改变时目标函数或约束条件所获得的改变程度。通过敏度分析，研究人员可以充分了解各个设计变量对目标函数的影响程度的大小。

例如，在中开双吸式离心泵叶片的优化设计中，其设计目的是在保证强度和不发生剧烈振动的条件下，如何选择合适的叶片几何尺寸参数，以使叶轮流道的水力损失最小。在这个工程优化实例中，叶片的几何尺寸参数是设计变量，叶片应力场应力最大值、自振频率和振动烈度为约束条件，而通过叶轮流道的水力损失则是设计目标，或称之为目标函数。而水力损失关于叶片某一几何参数的导数，以及某处位移关于该参数的导数，即表达为该处相应的质量敏度和位移敏度。

（5）收敛准则（convergence criteria）

收敛准则是指用以判断优化设计是否达到最优的判别标准，一般取前后两次目标函数值的相对变化是否小于某一事先给定的一个很小值，例如 0.05 或 0.001 等，这个收敛精度由用户自己定义。

（6）可行域（feasible domain）

在数学规划的讨论中，把满足约束条件的点 x 称为可行点（或可行解），所有可行解组成的点集称为可行域。

（7）最优点与最优值（optimal point and optimum value）

如果可行域记为 S，对于数学规划而言就是求 $x^* \in S$，且使 $f(x^*)$ 在 S 上达到最大（或最小），把 x^* 称为最优点（或最优解），$f(x^*)$ 为最优值。

10.2.2 优化模型及其分类

根据处理方法的相似性程度，又可以把工程优化问题加以归类，从而对这些问题可从一种或几种不同的角度进行系统地深入研究。根据这种归类的结果，优化问题便产生了许多相对独立的分枝。它们包括数学规划、组合优化、图论与网络流和动态规划等。

（1）数学规划

在一些不等式或等式约束条件下，求一个目标函数的极大（或极小值）的优化模型称为数学规划。数学规划视有、无约束条件而分别称为有约束规划和无约束规划；视函数的线性情况又可以分为线性规划和非线性规划；视目标函数的个数则可以分为单目标优化和多目标优化问题。通常对于包括工业循环冷却水系统管网优化在内的工程优化问题，都属于多目标优化的研究范畴。例如在追求系统能耗最低的同时，往往又要有建设成本、维护费用和生产产能等方面的综合考虑。

（2）组合优化

组合优化问题为有一个由有限个元素组成的集合 $\boldsymbol{E} = \{a_1, \cdots, a_2\}$，和定义在 $\boldsymbol{E}$ 上的某些子集组成的集合上的实集函数，问题就是从 $\boldsymbol{E}$ 中找出一个子集 e，即满足要求，又要使相应的函数值 $f(e)$ 达到极大值或极小值。

由于一般而言 **E** 只有有限个元素，故 **E** 的所有子集也必然只有有限个，因此组合优化问题的最优解必然存在，而且可以用最原始的方法——逐个列举法（枚举）的方法求得。而实际过程中，根据目标函数的不同，问题的难易程度就会大为悬殊，所以在组合优化问题算法的讨论中通常必须考虑计算所消耗的工作量。

（3）图论、网络流

图论是以图为研究对象的一门数学分支。所谓的图是指有一组点和一组点与点之间的连线（边）所组成的总体，而图论就是研究图的理论。图论的研究问题主要分为两类：第一类是在给定的图中具有某种性质点和边的存在与否的问题；第二类是如何构造一个具有某些性质的图或子图。图论的应用十分广泛，而目前图论中得到最多应用的是网络流。所谓的网络流，即为各条边上赋有权数的图，而且可以有方向或没有方向，分别称为有向网格或无向网格。图论是描述给排水管网并进行节能优化研究的新的有力工具。

（4）动态规划

动态规划是运筹学的一个分支，用于研究求解决策过程的最优化问题。即将问题的求解视为一个多阶段决策的过程，既需要考虑当前阶段的效益，又要考虑当前决策对后续阶段决策产生的影响，使总效益最大化。最优性原理要求任何时间上的截断面都是最优的，故把一个最优化问题视为符合最优性原理、无后效性的多决策过程并进行求解的方法称为动态规划。

10.2.3　优化方法及工具

工程上的优化方法大致可分为数值优化方法、探索优化方法和专家系统优化方法三类，以下分别进行介绍。

（1）数值优化方法

数值优化方法通常需要假设问题的设计空间是单峰值的、凸性的、连续的。以工程优化软件 iSight 为例，主要提供下面所述的优化方法。

①外点罚函数法。

外点罚函数法被广泛应用于约束优化问题。可以通过使罚函数的值达到无穷值，把设计变量从不可行域拉回到可行域里，从而达到目标值。外点罚函数法可靠性较高，通常能够在有最小值的情况下，相对容易地找到真正的目标值。

②广义简约梯度法。

一般情况下可以用广义简约梯度算法来解决非线性约束问题，可以在某方向微小位移下保持约束的有效性。

③广义虎克定律直接搜索法。

广义虎克定律直接搜索法适用于在初始设计点周围的设计空间进行局部寻优，而不要求目标函数的连续性。该算法不必求导，不需要目标函数是可微的。

④可行方向法。

可行方向法是一种直接数值优化方法，可以直接在非线性的设计空间进行搜索从而在搜索空间的某个方向上不断寻求最优解。用数学方程描述如下：

$$\text{Design } i = \text{Design } i - 1 + A \times \text{Search Direction } i \qquad (10-1)$$

式中：i 表示循环变量，A 表示在某个空间搜索时决定的常数。可行方向法的优点就是在保持解的可行性下降低目标函数值。可行方向法能够较为快速地达到目标值并处理不等式约束，但不足之处是当前不能解决包含等式约束的优化问题。

⑤混合整型优化法。

混合整型优化法首先假定优化问题的设计变量是连续的，并用序列二次规划法得到一个初始的优化解。如果所有的设计变量是实型的，则优化过程停止。否则，则对每一个非实型参数寻找一个设计点，且该点要满足非实型参数的限制条件。这些限制条件被作为新的约束条件加入优化过程，重新优化产生一个新的优化解，迭代依次进行。当所有的限制条件都得到满足，优化过程结束，得到最优解。

⑥序列线性规划法（SLP）。

序列线性规划法是利用一系列的子优化方法来解决约束优化问题。由于该方法实现起来较为方便，因此广泛用于许多工程实际问题的优化研究。

⑦序列二次规划法（DONLP）。

此方法对拉格朗日法的海森矩阵进行了微小的改动，进行变量的缩放，并且改善了 armijo 型步长算法。这种算法在设计空间中通过梯度投影法进行搜索。

⑧序列二次规划法（NLPQL）。

序列二次规划法首先假设目标函数是连续可微的。其基本思路是将目标函数以二阶拉普拉斯方程展开，并把约束条件线性化，最终将问题转化为一个二次规划问题并进行直线搜索寻优。

⑨逐次逼近法。

逐次逼近法也是将非线性问题转化为线性问题来处理。但是该方法是使用稀疏矩阵法和单纯形法求解线性问题。逐次逼近法是由 M. Berkalaar 和 J. J. Dirks 提出的二次线性算法。

（2）探索优化方法

与数值优化方法所不同的是，探索优化法避免了问题优化过程中出现局部最优解的情况，可以用在整个设计空间中搜索全局最优值。以 isight 软件为例，提供了以下两种探索优化方法：

①多岛遗传算法（MIGA）。

与其他类型的遗传算法一样，多岛遗传算法对每个设计点依据目标函数值和约束罚函数值而建立一个适应度值，个体倘若有好的目标函数值，则其罚函数也将赋予一个更高的适应度值。但是，与传统的遗传算法所不同的是，多岛遗传算法将每个种群划分为若干个子种群，并称之为岛。所有的设计点分别在各自的子种群中进行传统的遗传算法。而一些个体作为"移民"被周期性地选出来至其他的岛上。移民过程是由移民间隔（每次移民之后繁殖后代的个数）和移民率（移民个体所占的百分比）所控制的。

②自适应模拟退火算法（ASA）。

自适应模拟退火算法主要适用于采用算法简单的编码来解决高度非线性的优化问题，其优势是通过辨别不同的局部最优解来低成本的获得全局最优解。

（3）专家系统优化

专家系统是一种模拟人类专家解决领域问题的计算机程序系统，通过应用人工智能技术和计算机技术，依据专家大量的专业知识与经验进行推理和判断，模拟人类专家的决策过程，以便解决那些需要人类专家处理的复杂问题。专家系统被认为是人工智能中最重要的也是最活跃的应用领域之一，一般采用人工智能中的知识表示和知识推理技术来模拟通常由领域专家才能解决的复杂问题。其结构示意图如图 10-1 所示。

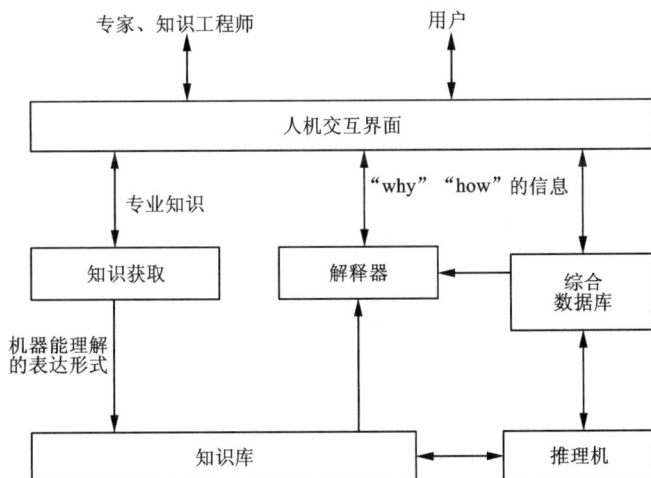

图 10-1　专家系统结构图

10.3 图论和遗传算法在给排水管网中的应用

10.3.1 图论

工业循环冷却水系统的给排水管网由节点和连线共同组成，本身就是一张图，具有图的典型属性，故自然适用于图论的各种理论与解决方法。但是，与一般研究成熟的平面图形所不同的是，给排水管网的节点具有标高，且通常存在一定的标高差异，因此给排水管网的图具有空间立体属性。

工业循环冷却水系统的管网作为图而言，其基本要素包括节点和线段。节点是由各种流体原件，包括水源、机泵站、水池、水箱、冷却塔，换热器等各种用水装置，流量和压力的控制点等组成；而连接不通节点之间的线段则是输送管路和配水管路。通过上述节点和线段的划分，不难抽象出给排水管网的系统图。给排水管网从图论的角度来说可以分为环状图和树状图两种，而实际工业应用中基本上是由环状图和树状图所组成的混合图。通常情况下工业循环冷却水系统中的循环水流向是实现确定好且一成不变的，因此这一点也需要反映在给排水管网的图中，即给排水管网图为有向图。此外，考虑到项目建设投资成本和运行成本，不同的管道因直径、材质和表面粗糙度的不同，需要赋以不同的权重，因此给排水管网的图又属于加权图。

在给排水管网的规划设计阶段，为了获得全局最优的结果，事先需要将上下游管道所有可能的连接方式都表达出来。一般而言，上游管道的终点与下游管道的起点可以使用一根长度忽略不计的管道作为连接线而连接起来，以便形成管道与监测节点之间的连接关系图，这也就是图论中图的边与点的连接关系图。使用计算机对图进行表达和运算可以大大加速问题的研究进程，因此需要将给排水管网的线路连接关系图用关联矩阵来表达，并形成二者之间一一对应的关系。考虑到工业循环冷却水系统给排水管网的特点，设 i 和 j 分别为节点和管道的代号，则可以采用如下规则来表达关联矩阵 $M(i, j)$：

①当节点 i 与管路 j 相连且 i 为管路 j 的起点时，令 $M(i, j) = 1$。

②当节点 i 与管路 j 相连且 i 为管路 j 的终点时，令 $M(i, j) = -1$。

③当节点 i 与管路 j 不相连时，令 $M(i, j) = 0$。

根据图论的基本理论，当管网的图形确定之后，管网的联系矩阵也就被唯一确定；反过来说，如果已知管网的联系矩阵，则管网的图形也必然唯一确定。通过给排水管网的联系矩阵，集合了管网中的设计管道（边）、监控位置（节点）、循环水流量等全部管网的布局信息和水力特征信息，并固定了布局优化的出发点和优化流程，以及各个位置水的流入流出关系，因此极大地方便了给排水管网的计算机优化设计和寻优计算工作，使得各种算法的实现变得简单易行和灵活处理。通常情况下，描述工业循环冷却水系统的给排水管网系统联系矩阵属于稀疏矩阵，因此在实际的程序设计和编制中可以采用各种压缩算法来节省计算机内存开销。

10.3.2　遗传算法

遗传算法(genetic algorithm)是一种通过模拟自然进化过程搜索最优解的方法，其思想来源于达尔文生物进化论的自然选择和遗传学机理的生物进化过程。遗传算法的流程图如图 10 - 2 所示，其解决问题的主要思路如下：

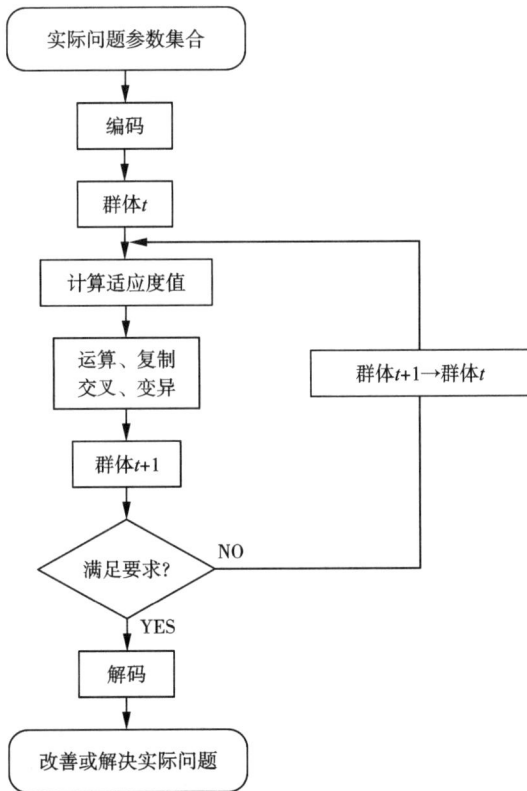

图 10 - 2　遗传算法流程图

第一步，将组成实际问题的所有考察参数形成一个集合，这个参数集合类似于生物学中的种群（population），而每一个体（individual）则是组成集合的元素，通常集合需要由很多个个体组成。

第二步，对个体携带、决定个体特征的基因（gene）进行编码并形成群体 t，为了简化基因编码的过程可以使用二进制方法进行编码。

第三步，对群体 t 按照适者生存和优胜劣汰的生物进化原理，逐代（generation）演化产生出越来越好的近似解。这个过程中会产生大量的运算、复制、交叉和变异过程，类似种群进化一样，后代种群往往比前代种群更加适应环境，即适应度更高。

第四步，获得问题最终解。对末代种群中的最优个体进行解码（decoding）即可近似获得考察问题的最优解。

10.4 给排水管网的节能优化与可靠性分析

10.4.1 节能优化的主要步骤与内容

借助计算机通过数值方法来解决工业循环水系统给排水管网的节能优化问题，大致上可以分为五个主要步骤，以下分别予以介绍。

（1）建立数学模型

工业循环水系统给排水管网的系统节能优化问题，除了满足节能这一主要需求外，还必须符合安全稳定生产条件以及投资维护预算额度，因此是一个多变量、多目标和多层次的复杂系统。那么，首先就必须从实际出发，对问题进行一定的简化，并使用各种数学工具将问题进行定量的表达，这是建立数学模型的首要步骤。关于系统节能优化设计的数学模型，本质上是实际工程问题抽象化之后的数学形式上的表现，并使用各种数学关系来描述实际问题中各个因素之间的内在联系。

（2）构造目标函数

目标函数（objective function）是描述研究人员关心的目标（某一个变量）和影响目标的相关的因素（某一些变量）之间的函数关系。目标函数的解起初是未知的，因此需要利用各种已知条件去求解未知取值的函数关系式。

影响目标函数取值最重要的因素是设计变量。在工程实践中，某些设计变量的取值往往是离散化的，即离散设计变量。但为了算法设计和数值计算处理的方便，往往需要将离散设计变量近似假设为连续变量进行求解。确定设计变量之后，则要根据工程设计与优化所要达到的经济指标、效率指标和环保指标等加以量化，并表达为关于设计变量的函数，这就是目标函数的构造。一般来说，工程优化问题要么是追求目标函数的最大值，要么则是最小值。

（3）确定约束条件

约束条件是依据实际情况下的设计要求，在设计空间中用于确定设计变量取值范围的限制。约束条件通常可以表达为设计变量的不等式约束函数和等式约束函数这两种形式。

（4）寻求优化算法

优化算法往往是决定能否经济快速地选择得到问题最优解决方案的核心因素。优化算法分为单目标优化算法和多目标优化算法这两大类型，前者的项目评价目标只有一个，可以利用各种最优化方法求得最优解，尤其是当备选方案的数目不多时，可以逐一比较决策；后者则包含多个目标，且往往各个目标之间彼此存在一定的矛盾，因此需要对各个目标进行反复权衡和协调。工程上为了简便，在一定范围内可以选取当前最首要的目标，将多目标优化转化为单目标优化进行重点考虑。

（5）计算确定最优值

当数学模型建立好并确定合适的优化算法之后，就应该结合数值计算方法进行相适应的程序设计，然后利用计算机工具进行分析计算来得到最优解。当然，所谓的最优解是针对数学模型本身而言的，而对现实工程优化问题来说，数学上得到的"最优解"不一定是现实中的合乎理想需要的"满意解"。因此，我们必须认识到数学模型及其优化过程只是提供了一种获得较为满意的求解答案的途径，实际应用中最好列出多个备选解，并结合敏度分析、6 Sigma 分析等各种设计工具来得到合乎实际情况的满意解决方案。在求解工业循环冷却水系统能耗最低化的同时，不能忽略能耗与产能、能耗与稳定性、能耗与产品品质以及能耗与设备投资维护之间的平衡。

10.4.2　可靠性分析

可靠性是指产品或系统不易丧失工作能力的性质，研究产品或系统可靠性的工程学科就是可靠性工程学。根据 GJB451 - 90《可靠性维修术语》的定义，可靠性工程（reliability engineering）是为了达到产品的可靠性要求而进行的一套设计、研制、生产和试验工作，而为确定和分配产品的定量可靠性要求，预计和评估产品的可靠性量值而进行的一系列数学工作，就称为可靠性计算（reliability accounting），其依据则是可靠性模型（reliability model）——为预计或估算产品的可靠性所建立的框图和数学模型。

对于工业循环冷却水系统的给排水管网，其系统可靠性是指在给定工业循环水系统在规定的使用状态和外界环境下，在规定的时间内完成既定生产辅助功能的性能。具体来说，给排水管网的可靠性是指补充水源、输送管道、净化设施、水泵机站、冷却塔、水池和各种配水设施等相互协调工作的条件下，能够供给随着生产负荷和工艺条件波动的用水末端需水流量、压力和温度的能力的高低。从量化的角度而言，衡量这种可靠性能的指标是可靠度，亦即在工业循环冷却水系统给定能力下，末端用水设备供给流量、压力和温度满足其工艺设定范围的概率。一般来说，工业循环冷却水管道的可靠性，一方面和管网的材料、长度与管径密切相关；另一方面也与接头制造、安装施工质量、铺设基础、环境振动以及冷却水温度和压力变化等指标密切相关。

MOAR 认为，工业循环冷却水系统节能的优化设计离不开可靠性分析，管网系统的可靠性分析为管网的水力故障、供水泵站的机械故障、控制系统的电气故障和冷却塔的制冷故障分析奠定了坚实的基础，是确保水系统优化运行的有力保障。

10.5　小结

本章介绍的工业循环冷却水系统给排水管网的优化，本质上仍然属于工程优化问题，所以离不开对工程优化基本概念和原理的深入理解，以及对常用优化方法和工具的掌握。同时，给排水管网又具有自身的一些特殊属性，面临的约束条件十分复杂，而优化目标则又多样化，因此必须牢牢结合管网计算和配平的基础知识来进行优化研究。实践证明，图论和遗传算法在给排水管网中的应用效果较为明显，故应该也是今后的技术重点发展方向。

第 11 章　钢铁厂各主要工艺及循环水系统水量的精确计算

11.1　概述

　　钢铁工业是工业领域中的用水大户，用水量位居第五位。据有关资料的统计，德国和日本等工业发达国家的钢铁工业用水量占全部工业用水总量的 12% 左右，我国作为世界上最大的钢铁生产国，钢铁工业用水的比例比这个数据还要高一些。另外一个方面，我国又是水资源短缺的国家。水资源短缺已经成为我国部分的钢铁企业生存和发展的关键制约因素。国外专家和学者们经过大量研究认为，运用当前最先进的技术和方法，完全可以在不影响经济发展和降低生活质量的前提下，实现工业节水 40% ~60% 的比例。目前，国外钢铁企业吨钢耗新水的先进值是：日本鹿岛为 2.1 m^3/t，阿萨洛为 2.4 m^3/t，德国蒂森克虏伯为 2.6 m^3/t。而根据中国金属学会王维兴等人的统计，我国吨钢耗新水位于先进水平的企业有：国丰 2.55 m^3/t，日照 2.66 m^3/t，天钢 3.26 m^3/t，莱钢 3.20 m^3/t，津西 3.25 m^3/t，石钢 3.32 m^3/t，济钢 3.36 m^3/t，青钢 3.40 m^3/t，首钢 3.63 m^3/t，承钢 3.70 m^3/t 等。由此可见，我国钢铁工业的吨钢耗新水值，与国际先进水平相比普遍还有着不小的差距。

　　循环水系统是钢铁厂用水量最大的部分，也与钢铁生产的耗水与耗电密切相关。因此，钢铁厂的节能节水研究中，循环水系统是必不可少的重要环节。根据 MOAR，要实现钢铁厂循环水系统的节能节电，可以从"优化系统需求"入手，即优化各个工艺流程及设备的用水需求，在不影响正常工艺生产稳定安全运行的前提下得到最优的用水量，从而减少了机泵的输送功率并降低不必要的用水损失。钢铁厂循环水系统的主要作用是用来冷却工艺设备、产品和物料，用水量与产量和设备运行时的许可温度有着紧密的联系。其循环水水量在理论上可根据各种工况下各产品和物料的产量、满足工艺要求的实际温差，以及设备在安全运行时的允许温度，通过热平衡进行计算。

目前钢铁厂循环水系统大部分是按设计工况下产品、物料、设备所需的最大用水量运行的，而不是根据各产品和物料的单位用水量以及各产品及物料在各种工况时的产量进行用水量调节。如果对钢铁厂循环水系统末端用水量进行精确计算，采用自动控制的方式对末端用水量进行调节，完全可以达到减少系统流量的目的。因此，需要结合现场需求，搜集国内各大钢铁厂的各类工艺及循环水系统的设计和工业运行资料，进行系统性地整理归类分析，并尤其是对水量的计算和控制方法进行收集整理，以便更进一步了解各工艺的用水末端、推导优化各工艺的水量计算方式。最终建立起钢铁厂各主要工艺用水需求的数学模型，并结合现场实际情况加以灵活运用，同时实现节电节水的双重目的。

11.2　钢铁厂主要工艺用水概述

现代钢铁企业的主要生产工艺流程如图 11 - 1 所示，可以分为三个过程，分别是炼铁、炼钢、轧钢。铁矿石原料经过烧结、球团处理后，采用高炉生产铁水，经铁水预处理后，由转炉炼钢、炉外精炼至合格成分钢水，然后连铸浇铸成钢坯，钢坯经过轧制，制成各类成品。

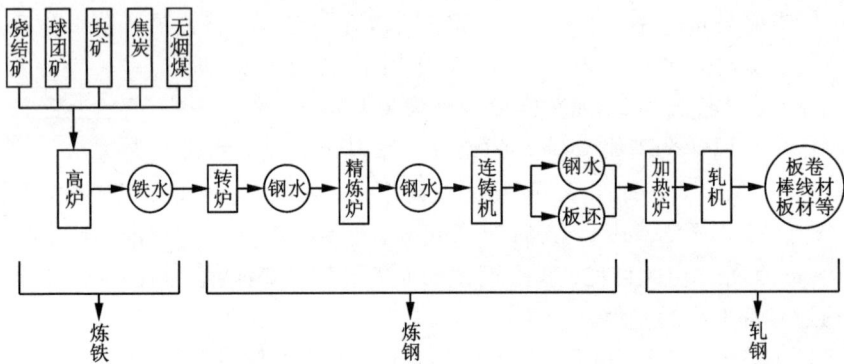

图 11 - 1　钢铁生产工艺流程示意图

在钢铁厂的各个生产工艺过程中，大量的循环水应用于末端设备、物料和产品的冷却，消耗大量的电力和工业水，是钢铁企业的耗能大户。通过查阅《钢铁工业给排水设计手册》等资料[2]，并在钢铁厂现场查看分析各工艺用水记录及设备操作规程，我们列出了钢铁企业应用比较广泛、具有代表性的各工艺系统用水末端及设计用水要求，如表 11 - 1 所示，其他不是表中规格所列举的工艺与设计用水量可按照表中对应工艺与设计用水量的比例关系计算。

表 11-1 钢铁厂各工艺用水末端的设计用水量及用水要求

序号	循环水用水户		水量 ($m^3 \cdot h^{-1}$)	水压(MPa)	水温(℃)		水系统
					进水	出水	
1	烧结工艺（450 m^2 烧结机）	烧结机隔热板冷却	55	0.20	≤33	≤43	净环系统
2		破碎机轴芯冷却	120	0.20	≤33	≤43	净环系统
3		热矿筛横梁冷却	150	0.20	≤33	≤43	净环系统
4		主抽风机电机及油冷却器冷却	40	0.20	≤33	≤43	净环系统
5		电除尘风机冷却	40	0.20	≤33	≤43	净环系统
6		环冷机设备冷却	75	0.20	≤33	≤43	净环系统
7		粉尘湿润	5	0.20	无要求	—	浊环系统
8		湿式除尘器用水	15	0.20	无要求	—	浊环系统
水量合计			500				
9	球团工艺（312.5 m^2 的带式焙烧机）	稀油润滑站	18	0.30	≤33	≤43	净环系统
10		冷却机	13	0.30	≤33	≤43	净环系统
11		密封水冷壁	150	0.30	≤33	≤43	净环系统
12		空压机	46	0.30	≤33	≤43	净环系统
13		给矿电机	1.6	0.30	≤33	≤43	净环系统
14		风机	102.5	0.30	≤33	≤43	净环系统
15		制冷设备等	11.2	0.30	≤33	≤43	净环系统
16		机尾排矿原件	1.8	0.30	≤33	≤43	净环系统
水量合计			344.1				
17	高炉炼铁工艺（1500 m^3 高炉）	高炉炉体、炉底、热风阀	5200	≥0.60	42~47	温差<7.5	软水循环系统
18		风口中套	650~750	≥0.90	35~40	温差<5	低压净环系统
19		炉顶、TRT、软水冷却器等	2500	≥0.70	<34	温差<8	中压净环系统
20		风口小套	650~900	≥1.5	35~40	温差<10	高压净环系统
水量合计			9000~9350				

续表 11 –1

序号	循环水用水户		水量 (m³·h⁻¹)	水压(MPa)	水温(℃)		水系统
					进水	出水	
21	转炉炼钢工艺 (100 t 氧气转炉)	转炉工作氧枪	360	1.6	40	55	净环系统
22		转炉备用枪	50	1.6	40	55	净环系统
23		转炉本体冷却	340	0.5～0.6	≤35	50	净环系统
24		LF 钢包炉电器设备	80	0.5	40	50	净环系统
25		LF 钢包炉护盖、其他设备	290	0.6	≤35	50	净环系统
26		转炉烟气净化直接冷却水	800	0.4	≤50	—	浊环系统
27		余热锅炉	50	0.2～0.3	≤35	—	净环系统
28		煤气脱硫设备	12	0.25	—	—	净环系统
29		烟气增湿用水	90	0.30	—	—	净环系统
30		转炉区制冷设备	380	0.30	—	—	净环系统
31		摄像机冷却	2.8	0.20	—	—	净环系统
32		煤气设备试压用水	30	0.30	—	—	净环系统
33		洒水等	29	0.30	—	—	工业水
水量合计			2513.8				
34	连铸工艺 (1600 mm 板坯一机二流连铸机)	结晶器	1200	0.85	40	48	软水闭路系统
35		设备间接冷却	1100	0.75	40	55	软水闭路系统
36		二冷段冷却	1100	1.0	35	55	浊环系统
37		冲铁皮	1100	0.2	55	—	浊环系统
38		板式换热器	2300	0.35	32	43	净环系统
39		连铸区制冷设备等	400	0.32	32	42	净环系统
水量合计(m³·h⁻¹)			7200				

续表 11 -1

序号	循环水用水户		水量 (m³·h⁻¹)	水压(MPa)	水温(℃)		水系统
					进水	出水	
40	轧钢工艺 (2032 mm 带钢热轧机)	轧机轧辊支撑辊直接冷却	4484	≥0.81	33	—	中压浊环系统
41		除鳞、活套、飞剪等设备直接冷却	1924	≥0.52	33	—	低压浊环系统
42		层流主喷冷却水	2782	0.1	33	—	层流循环系统
43		层流侧喷冷却水	337	≥0.95	33	—	层流循环系统
44		加热炉冷却	1100	0.2	30	—	净环系统
45		其他设备间接冷却	2300	0.35	30	—	净环系统
水量合计(m³·h⁻¹)			12927				

钢铁厂生产工艺过程中,炼铁工艺包括烧结、球团及高炉炼铁,炼钢工艺包括转炉炼钢和连铸钢坯。从上表可以看出,炼铁过程中,烧结、球团工艺用水量分别仅为 500 m^3/h、344.1 m^3/h,而高炉炼铁工艺用水量则高达 9350 m^3/h,占炼铁工艺总用水量的 92%;炼钢过程中,转炉炼钢工艺用水量为 2513.8 m^3/h,而连铸工艺用水量达到 7200 m^3/h,占炼钢工艺总用水的 75%;轧钢过程用水量高达 12927 m^3/h。因此本研究根据各工艺系统用水量的大小,主要对高炉炼铁、连铸钢坯以及热轧这三个工艺和循环水系统,进行用水量的合理计算,并对水量的调节控制进行分析优化。

11.3 钢铁厂各主要工艺循环水系统水量精确计算分析的数学建模

11.3.1 建模思想

经过上义关于钢铁厂各主要工艺循环水工艺和主要设备的介绍,对钢铁厂各主要工艺以及相应的循环水系统进行了较为系统和全面的了解,结合对多个钢铁厂的实地考察经验,详细了解了各主要工艺的流程,并对其用水系统及用水末端进行了仔细的分析、研究。最终,本书总结得出了高炉炼铁、热轧、连铸结晶器等主要工艺冷却水量的理论计算公式。

通过对理论计算公式的进一步分析，我们发现，这些公式不能在实际操作中得到很好的应用。因为我们主要是依据热平衡及传热学原理进行公式的推导，也就是生产过程中释放的热量，即热负荷，等于冷却水吸收的热量，也等于被冷却物体与冷却水热交换过程中的热流量。在热负荷和传热的热流量计算过程中，有多个未知的参数很难实际的测量或者查找到准确的数值，如不同材料的导热系数、对流换热系数等，所以很难得到冷却水量详细的解析解。

为此，我们依据传热学基本原理，现场实测冷热物体的温差、流量等数据，反推出换热过程中不易测量或查找不到的物性参数，进而得到有关冷热物体的进出温度、流量的方程组，最后利用迭代的方法对方程组进行求解，得到与热物体工艺要求出口温度对应的最佳冷却水量。

11.3.2　传热原理及其公式

首先介绍一下本项目中应用的热平衡及传热学的基本原理和普遍适用的理论公式。所谓热平衡，就是被冷却物体散发的热量经过传热，等于冷却水吸收的热量，也等于传热过程中的热流量。被冷却物体散发的热量以及冷却水吸收的热量可用下式表达：

$$Q_1 = M_1 \times c_1 \times (t_1' - t_1'') \tag{11-1}$$

$$Q_2 = M_2 \times c_2 \times (t_2'' - t_2') \tag{11-2}$$

式中：Q_1——被冷却物体散发的热量（W）；

Q_2——冷却水吸收的热量（W）；

M_1——被冷却物体的质量流量（kg/s）；

M_2——冷却水的质量流量（kg/s）；

c_1——被冷却物体在其进出口温度范围内的定压质量比热[J/(kg·℃)]；

c_2——冷却水在其进出口温度范围内的定压质量比热[J/(kg·℃)]；

t_1'——被冷却物体的进口温度（℃）；

t_1''——被冷却物体的出口温度（℃）；

t_2'——冷却水的进口温度（℃）；

t_2''——冷却水的出口温度（℃）。

传热过程一般都是串联了三个环节：①被冷却的热物体到管道、冷却壁等导热体高温壁面的热量传递，属于对流换热过程；②导热体高温壁面到低温壁面的热量传递，属于导热过程；③导热体低温壁面到冷却水的热量传递，属于对流换热过程。这三个环节的热流量是相等的，可以用下式表达：

$$Q = F \times \alpha_1 \times (t_{f1} - t_{w1}) \qquad (11-3)$$

$$Q = \frac{F \times \lambda}{\delta} \times (t_{w1} - t_{w2}) \qquad (11-4)$$

$$Q = F \times \alpha_2 \times (t_{w2} - t_{f2}) \qquad (11-5)$$

式中：Q——传热过程热流量（W）；

　　α_1——被冷却热物体对流换热系数 [W/(m²·℃)]；

　　α_2——冷却水对流换热系数 [W/(m²·℃)]；

　　λ——导热体导热系数 [W/(m·℃)]；

　　δ——导热体厚度（m）；

　　t_{w1}——导热体高温壁面温度（℃）；

　　t_{w2}——导热体低温壁面温度（℃）；

　　F——换热面积（m²）；

　　t_{f1}——被冷却热物体温度（℃）；

　　t_{f2}——冷却水温度（℃）。

也可写成下面的形式：

$$t_{f1} - t_{w1} = \frac{Q}{F \times \alpha_1}$$

$$t_{w1} - t_{w2} = \frac{Q}{F \times \lambda} \qquad (11-6)$$

$$t_{w2} - t_{f2} = \frac{Q}{F \times \alpha_2}$$

把上面三式相加，消去温度 t_{w1}、t_{w2}，传热过程的热流量也可用下式表示：

$$Q = \frac{F \times (t_{f1} - t_{f2})}{\dfrac{1}{\alpha_1} + \dfrac{\delta}{\lambda} + \dfrac{1}{\alpha_2}} = K \times F \times \Delta t \qquad (11-7)$$

式中：Q——传热过程热流量（W）；

　　K——传热系数，等于 $\dfrac{1}{\alpha_1} + \dfrac{\delta}{\lambda} + \dfrac{1}{\alpha_2}$ [W/(m²·℃)]；

　　F——传热面积（m²）；

　　Δt——被冷却物体与冷却水的温差，等于 $(t_{f1} - t_{f2})$，在工程应用中有时会用冷热物体的对数平均温差表示（℃）。

以式（11-1）~式（11-6）就是本项目冷却水量计算的主要理论基础，根据钢铁厂实际生产工艺，按照被冷却物体的性质以及传热过程的不同，主要可以分为三个不同的模型进行详细计算，下面分别进行介绍。

11.3.3 连铸结晶器冷却模型(换热器模型)

结晶器是炼钢工艺的核心设备,用水量也很大。结晶器的冷却是由钢水、坯壳、铜板以及冷却水组成的复杂系统,不过我们可以根据上述传热学理论将其简单化,把结晶器的冷却系统看做冷却水与钢水之间,通过铜板的传热过程,以钢水出结晶器的坯壳温度作为控制目标。

根据理论公式(11 - 1),结合实际,被冷却物体,也就是钢水每小时散发的热量,也可以称之为结晶器每小时的热负荷,可以用下式表示:

$$Q = 3600 \times L \times e \times v \times \rho_m \times \left[C_e \times (T_c - T_L) + L_f + C_s \times (T_s - T_c) \right] \quad (11 - 7)$$

根据理论公式(11 - 2),结合实际,结晶器冷却水每小时吸收的热量可以用下式表示:

$$Q = c \times \rho \times W \times (t_2 - t_1) \quad\quad\quad (8)$$

根据理论公式(11 - 6),结合实际,被冷却物体,也就是钢水通过结晶器铜板,与冷却水之间,每小时的传热过程热流量,可以用下式表示:

$$Q = 3600 \times K \times F \times \Delta t \quad\quad\quad (11 - 9)$$

其中,钢水与冷却水的温差 Δt 用对数平均温差计算,如下式所示:

$$\Delta t = \frac{(T_c - t_2) - (T_o - t_1)}{\ln \dfrac{(T_c - t_2)}{(T_o - t_1)}} \quad\quad\quad (11 - 10)$$

式(11 - 7)~式(11 - 10)的符号含义见表 11 - 2。

表 11 - 2　符号含义

名称	符号	单位	来源	备注
传热量	Q	J/h	未知	
结晶器周边长度	L	m	工艺设备资料	
出结晶器的平均坯壳厚度	e	m	工艺设备资料	
坯件拉速	v	m/s	工艺设备资料	
钢水密度	ρ_m	kg/m³	查图表	
钢水的比热	C_e	840 J/kg·℃	查图表	
固体钢的比热	C_s	674 J/kg·℃	查图表	
钢水浇注温度	T_c	℃	工艺设备资料	

续表 11 – 2

名称	符号	单位	来源	备注
液相线温度	T_L	℃	需根据钢水成分计算	
凝固潜热	L_f	J/kg	查图表	
固相线温度	T_s	℃	需根据钢水成分计算	
出结晶器坯壳温度	T_o	℃	未知	
结晶器冷却水量	W	m^3/h	未知	
冷却水的比热	C	J/kg · ℃	查图表	
冷却水的密度	ρ	kg/m^3	查图表	
冷却水进水温度	t_1	℃	现场测得	
冷却水出水温度	t_2	℃	未知	
结晶器传热系数	K	W/(m^2 · ℃)	可由实测数据反算	
结晶器传热面积	F	m^2	工艺设备资料	
钢水与冷却水的对数平均温差	Δt	℃	未知	

　　将式(11 –7) ~ 式(11 – 10)联立，就可以得到一个由三个方程组成的方程组，其中有四个未知量，我们采用迭代计算法，以实测的冷却水量为基础，逐步减小，计算出钢水出结晶器坯壳温度 T_o、冷却水出水温度 t_2，这样不断重复，一直到出结晶器坯壳温度 T_o 等于其工艺要求温度，此时的冷却水量即为结晶器的最佳冷却水量。其中冷却水出水温度 t_2 只是在计算过程中维持公式的平衡，并不是我们需要的结果。

　　上述计算方法不仅仅只能用于结晶器，而是适用于所有类似的换热器结构，只是针对不同的冷热物体，其散发或吸收的热量值的计算方法有一定的不同。如钢铁厂中高炉的蒸发式冷却器，其冷却系统就是高炉软水的回水与冷却水，通过冷却器的传热过程。被冷却物体为高炉软水的回水，其散发的热量可以直接用理论公式(11 –1)进行计算。

11.3.4 高炉冷却模型(恒温热源模型)

高炉是钢铁厂的主要工艺设备,也是用水大户,高炉的冷却主要是本体的软水冷却,它有一个特殊的工艺要求,即炉膛内温度需要保持在一个稳定的数值范围,这意味着在高炉的冷却传热过程中,被冷却的物体一直被其他外力进行加热,以保持恒温。与结晶器模型不同的地方就在于其热负荷,也就是被冷却物体散发的热量无法准确计算,因此,我们按照下述方法,从传热过程的理论公式中选取公式组建方程组进行计算,以高炉外壁的温度作为控制目标。

根据理论公式(11-2),结合实际,高炉软水每小时吸收的热量可以用下式表示:

$$Q = c \times \rho \times W \times (t_2 - t_1) \tag{11-11}$$

根据理论公式(11-4),结合实际,高炉炉膛内壁每小时通过导热过程传递到外壁的热流量可以用下式表示:

$$Q = 3600 \times \frac{F \times \lambda}{\delta} \times (T_{w1} - T_{w2}) \tag{11-12}$$

其中,高炉炉壁导热系数与其温度呈线性关系:

$$\lambda = \lambda_0 \times \left(1 + b \times \frac{T_{w1} + T_{w2}}{2}\right) \tag{11-13}$$

根据理论公式(11-5),结合实际,高炉外壁每小时通过对流换热过程传递给软水的热流量可以用下式表示:

$$Q = 3600 \times \alpha \times F \times \left(T_{w2} - \frac{t_1 + t_2}{2}\right) \tag{11-14}$$

式(11-11)~式(11-14)的符号含义如表11-3所示。

表 11-3 符号含义说明

名称	符号	单位	来源	备注
传热量	Q	J/h	未知	
高炉冷却水量	W	m^3/h	未知	
冷却水质量比热	C	$J/kg \cdot ℃$	查图表	
冷却水的密度	ρ	kg/m^3	查图表	
冷却水出水温度	t_2	℃	未知	

名称	符号	单位	来源	备注
冷却水进水温度	t_1	℃	现场测得	
高炉与冷却水的换热面积	F	m^2	工艺设备资料	
高炉炉壁导热系数	λ	W/(m·℃)	需计算	
高炉炉壁厚度	δ	m	工艺设备资料	
0℃时高炉炉壁导热系数	λ_0	W/(m·℃)	查图表	
计算常数	b		查图表	
高炉炉膛内壁温度	T_{w1}	℃	工艺设备资料	
高炉炉壁外壁温度	T_{w2}	℃	未知	
高炉软水与外壁的对流换热系数	α	W/(m²·℃)	查图表	

将式(11 - 11) ~ (11 - 14)联立，就可以得到一个由三个方程组成的方程组，其中有四个未知量，我们依旧采用迭代计算法，以实测的软水水量为基础，逐步减小，计算出高炉外壁温度 T_{w2}、冷却水出水温度 t_2，这样不断重复，一直到出高炉外壁温度 T_{w2} 等于其工艺要求温度，此时的软水水量即为高炉冷却的最佳软水水量。其中冷却水出水温度 t_2 只是在计算过程中维持公式的平衡，并不是我们需要的结果。

这种计算方法对于类似的、被冷却物体具有恒温性质的换热结构均可以适用。

11.3.5　热轧模型(对流换热模型)

对于热轧来说，与以上两个模型有比较大的不同，热轧轧件的冷却是冷却水直接与轧件接触，通过对流换热过程来传递热量，没有中间导热体，传热过程比较简单，只需利用对流换热的理论公式进行计算，以轧件冷却后的温度为控制目标。

根据理论公式(11 - 1)，结合实际，被冷却物体，也就是轧件每小时散发的热量，可以用下式表示：

$$Q = 3600 \times c_p \times \gamma \times h \times b \times v \times (T_1 - T_2) \qquad (11 - 15)$$

根据理论公式(11 - 2)，结合实际，轧件冷却水每小时吸收的热量可以用下式表示：

$$Q = c \times \rho \times W \times (t_2 - t_1) \qquad (11-16)$$

根据理论公式(11-5)，结合实际，轧件每小时通过对流换热过程传递给冷却水的热流量可以用下式表示：

$$Q = 3600 \times \alpha \times F \times \left(\frac{T_1 + T_2}{2} - \frac{t_1 + t_2}{2} \right) \qquad (11-17)$$

式(11-15)～式(11-17)的符号含义如表11-4。

表 11-4 符号含义说明

名称	符号	单位	来源	备注
传热量	Q	J/h	未知	
轧件的比热容	c_p	J/(kg·℃)	查图表	
轧件密度	γ	kg/m³	查图表	
轧件宽度	b	m	工艺设备资料	
轧件厚度	h	m	工艺设备资料	
轧件轧制速度	v	m/s	工艺设备资料	
轧件冷却前温度	T_1	℃	现场测得	
轧件冷却后温度	T_2	℃	未知	
冷却水流量	W	m³/h	未知	
冷却水的比热	c	J/(kg·℃)	查图表	
冷却水的密度	ρ	kg/m³	查图表	
冷却水进水温度	t_1	℃	现场测得	
冷却水出水温度	t_2	℃	未知	
冷却水与轧件的对流换热系数	α	W/(m²·℃)	查图表	
轧件与冷却水的换热面积	F	m²	工艺设备资料	

将式(11-15)～式(11-17)联立，就可以得到一个轧件冷却水量 W 与轧件

冷却后温度 T_2 的函数关系式，进而得到与轧件工艺要求的冷却后温度对应的最佳冷却水用量，如下式所示：

$$W = \cfrac{1}{\cfrac{c \times p \times (T_1 + T_2 - 2t_2)}{8600 \times c_p \times \gamma \times h \times b \times v \times (T_1 - T_2)} - \cfrac{c \times p}{1800 \times \alpha \times F}} \tag{11-18}$$

上述方法可以适用于冷却水与被冷却物体直接接触，传热过程只有对流换热的结构。不过其中有一个难点，就是很多时候被冷却物体的温度分布是不均匀的，冷却水与被冷却物体各个部分的接触程度也是不一样的，而我们上述的计算是以温度均布、充分接触为前提的，这样得到的结果就会有比较大的误差。因此，对于直接对流换热的情况，我们建议使用计算机仿真，通过对现场实际换热过程的模拟，来得到水量与被冷却物体温度之间的对应关系。

11.4　小结

钢铁厂的主要生产工艺有：高炉炼铁工艺、炼钢工艺、热轧工艺，针对上述工艺分别建立了精确的数学模型进行循环水用水量的科学合理计算，并具有较强的实践操作意义。相对应的，钢铁厂各主要工艺的主要用水末端有：炼铁工艺：高炉炉体、热风阀、炉顶；炼钢工艺：结晶器、二冷段；热轧工艺：层流段、机架间等轧件直接冷却。

钢铁厂循环水系统用水量主要是由各个系统的热负荷以及冷却水的进出口温差决定的，而系统的热负荷则是由各个系统的生产工艺、生产设备及被冷却物件本身的物性参数决定，这些参数大多数情况下是不变的，也就是说系统的热负荷是不能随意变动的，因此只能通过调节冷却水进出口温差来节约用水量。当然，在实际过程中，如果用户同意，可以对工艺进行优化，降低系统的散热量，同样可以达到节约用水的目的。

钢铁厂末端用水量的调节目前都已采用了一定的控制方式。就高炉而言温差调节方式应用比较广泛，也达到了预期的希望，变频控制方式在高炉局部冷却系统(风口套冷却等)有应用，温差自适应阀的应用不是很普及，但此种控制方式主要是通过阀门进行机械调节，故很难达到精确控制的目的。

钢铁厂各工艺用水的科学合理调配离不开自动化手段的应用实施。转炉冷却系统和连铸冷却系统根据工艺要求采用了全自动化的控制方式，均是通过传感器、控制器、执行机构和上位机软件整套系统对末端水量实现了精确调节和控制。同时在个别企业针对于连铸结晶器的冷却水也有采用变频控制的，因为工艺的原因此种控制目前在一些大型企业已不被采用。全自动化的控制方式目前在热轧的冷却系统中应用比较成熟，冷却系统是采用数学模型和先进的控制系统策略实现了末端水量的精确控制。在全自动化控制水量中引入的过程控制 PID 调节是目前工业控制中应用最为广泛的一种控制方式，该种控制方式的重点和难点在于软件编程和调试，一般外部线路的连接和硬件设备都比较简单，存在现成的成熟解决方案。

第 12 章 冷却塔冷却能力评估及其强化措施

12.1 概述

冷却塔是工业循环冷却水系统主要的单元之一,其冷却能力的好坏制约着整个循环冷却水系统的能耗。作为致力于研究流体系统节能的 MOAR,其"提升元件能效"法则可以有效指导冷却塔的能耗提升措施,并从提升冷却塔冷却能力出发进而逐步降低整个工业循环冷却水系统的能耗。

冷却塔的作用是将携带废热的流体在塔内与空气进行热交换,使废热传给空气并散入大气,作为一种排除工业废热的装置,广泛地应用于发电业、石油化工业、空调与制冷业、钢铁业、造纸业、食品业等工业。冷却水循环利用的关键在于冷却塔进出水的温度,精心设计、维护冷却塔,保证良好的冷却效果,对于节能增效有着重要的意义。而目前大部分工厂循环水系统中的冷却塔,因为使用年限或者环境等影响,导致散热效果下降,不能达到其设计的冷却能力,给系统增加额外的能耗。

循环水冷却塔长期运行后,受水质、环境以及不合理使用等的影响,会出现塔体老化及填料损坏、布水不均匀等问题,从而导致冷却能力下降,能耗增大。如果我们通过对冷却塔填料、配水、风机等结构进行优化、改造,提高冷却塔的处理能力和冷却效果,那么在生产工艺不改变的情况下,就可以降低冷却塔的出水温度,也就是生产设备的进水温度,从而提高循环水的温差,带来的效果就是我们可以减少循环水的流量而保证其带走的热量不变,在不影响生产的同时,提高系统的节电率。

根据调查,目前大量工业循环冷却水系统的冷却塔由于选型或操作的不合理,并没有达到其设计的冷却效果,而且其出水温度与极限冷却温度,即空气的湿球温度都还有很大的差距,因此,通过对冷却塔风机、填料、配水等结构进行优化改造,完全可以使冷却塔出水温度至少降低5%,进而带走末端用户更多的热量。而从另外一个角度来说，当然也可以使末端用户的热量不变，直接减少循环水的流量，也就实现了节能的目的，所以提升冷却塔的制冷能力，可以从源头上提升工业循环冷却水系统的能效。

本章首先简要地介绍了冷却塔设计、校核和组成等基础知识，并根据其特性归纳了相关的计算方法；然后总结了冷却塔节能改造技术现状，针对冷却塔的各种改造方法，分析其各自的原理、操作方法及产生的效果；最后推导出冷却塔性能评价及判定的计算方法，能根据现场收集和测量的数据，判断出冷却塔实际的冷却能力，分析其存在的问题，选择合适的改造方法，并对改造后能够提升的能效进行预估。

12.2 冷却塔的基础知识

12.2.1 冷却塔的作用

工业生产或制冷工艺过程中产生的废热，一般要用冷却水来导走。从江、河、湖、海等天然水体中汲取一定量的水作为冷却水，冷却工艺设备吸取废热使水温升高，再排入江、河、湖、海，这种冷却方式称为直流冷却。当不具备直流冷却条件时，则需要用冷却塔来冷却。

冷却塔的作用是将挟带废热的冷却水在塔内与空气进行热交换，使废热传输给空气并散入大气。

冷却塔中水和空气的热交换方式之一是流过水表面的空气与水直接接触，通过接触传热和蒸发散热，把水中的热量传输给空气。把这种冷却方式称为湿式冷却塔。湿塔的热交换效率高，水被冷却的极限温度为空气的湿球温度。但是，水因蒸发而造成损耗，蒸发又使循环的冷却水含盐度增加，为了稳定水质，必须排掉一部分含盐度较高的水；同时风吹也会造成水的损失。这些水的亏损必须有足够的新水持续补充，因此，湿塔需要有补给水的水源。缺水地区，补充水有困难的情况下，只能采用干式冷却塔。干塔中空气与水（也有空气与乏汽）的热交换，是通过由金属管组成的散热器表面传热，将管内的水或乏汽的热量传输给散热器外流动的空气。干塔的热交换效率比湿塔低，冷却的极限温度为空气的干球温度。

12.2.2　冷却塔的原理

冷却塔运行过程中，主要通过塔内的填料，使热水与空气进行充分的热量交换，达到降低循环水温度的目的。水和空气的热交换过程有蒸发散热、接触散热和辐射散热三种形式，在冷却塔中辐射传热可以忽略不计，只考虑蒸发散热和接触散热。

接触散热是指两种不同温度的物质接触，热量从温度高的一方传向温度低的一方。当低温度空气通过高温度水面时，水面也会通过接触散热，把热量传给空气。

蒸发散热则是通过物质交换完成，即通过水分子不断扩散到空气中来完成。水分子有着不同的能量，平均能量由水温决定。在水表面附近，一部分动能大的水分子克服临近水分子的吸引力，逃出水面成为水蒸气。由于能量大的水分子逃离，水面附近的水体能量变小，因此水温降低，这就是蒸发散热。

冷却塔内的热交换过程可分为以下四个阶段：

①水温大于空气干球温度，接触散热和蒸发散热都从水面散向空气，水温降低，水量产生蒸发损失。

②水温等于空气干球温度，接触散热停止，蒸发散热照常进行，水温降低，水量产生蒸发损失。

③水温低于空气干球温度，但是高于空气湿球温度，接触散热从空气向水中进行，水面蒸发散热照常进行，从水面散向空气，蒸发散热量大于接触散热量，水温降低。

④水温等于空气湿球温度，接触散热从空气向水中进行，蒸发散热从水面散向空气，蒸发散热量等于接触散热量，水温不再降低，但是蒸发仍在发生。此时达到水冷却的极限情况，如果水温继续下降，从空气向水中进行的接触散热将大于从水面散向空气的蒸发散热，水温又会升高，所以空气的湿球温度是水冷却的极限。

上述过程中，水体是有限的，空气量是无限的，空气参数不因蒸发和接触散热而变化。由于散热而使水温降低，当水温降到空气的干球温度时，接触散热变为零，只剩下蒸发散热。当水温再降低，接触散热变为负值，即有空气向水传热，总散热量越来越小。当水温降到湿球温度时，水的蒸发散热量等于空气向水中所输入的接触传热量，总散热量为零，水温不再下降。

而冷却塔运行时，空气量是有限的，由于水体蒸发，空气中的湿度会加大，最后达到饱和，水温和气温也会由于接触散热而达到相等，热交换停止。此时的温度称为平衡温度，但空气参数已发生变化，所以平衡温度要高于空气的湿球温度。另外，如果冷却后水温接近湿球温度，进出口空气的焓差将很小，散热很慢，塔体积必须非常大。因此冷却塔冷却后的水温不可能达到空气的湿球温度，总要比湿球温度高几度，称之为冷却幅高，一般为 3 ~ 5℃。

12.3　冷却塔的性能测试

在判断一个冷却塔有无改造空间的时候，首先需要对其进行性能测试，通过测试收集各种相关的信息、参数，并进行数据的处理、分析，最终经过热力计算，考核冷却塔的冷却能力，对冷却塔的散热效果进行评估。

冷却塔的性能测试依据《DLT - 1027 - 2006 工业冷却塔测试规程》的要求进行。

12.3.1　测试条件

测试条件包括：

①测试宜在夏季气温较高、无雨天、系统热负荷较大时进行。

②机械通风冷却塔的环境平均风速不应大于 4.0 m/s，阵风每分钟平均风速不应大于 6.0 m/s。

③自然通风冷却塔的环境平均风速不应大于 3.0 m/s，阵风每分钟平均风速不应大于 5.0 m/s，从风筒排出的湿热空气流目测宜充满风筒出口。

④自然通风冷却塔不应在大气温度存在逆温层条件下进行测试；大气逆温是指大气温度随高度的增加而增加，通常情况大气温度随高度的增加应减小，大气逆温会使塔的通风量减小，影响塔的抽力。

12.3.2　测试项目及方法

冷却塔的热力性能需要测试以下参数：

(1)大气压力

大气压力宜采用空盒式大气压力表，分辨率 100 Pa，测量误差不超过 200 Pa，在冷却塔附近 10 ~ 15 m 范围内的水平地面上测试。

每 10 min 测量 1 次，不少于 6 次。

(2)进塔水流量

进塔水流量宜在冷却塔进水管上测量，可采用超声波流量计测量，测量精度不低于 2.5 级。

每 10 min 测量 1 次，不少于 6 次。

（3）进、出塔水温

进、出塔水温可用便携式铂电阻数字点温计或热电阻温度计测量，仪表分辨率不小于 0.1℃，精度不低于 0.2 级。进塔水温宜在进塔水管上测量，出塔水温可在出塔水管或集水池出口测量，也可在水泵入口测量。现场条件不允许时，也可采用红外测温仪测量。测量出塔水温时要选择冷却塔集水池中没有补充水注入和排污水排出的时候进行测量。

每 10 min 测量 1 次，不少于 6 次。

（4）进塔空气干、湿球温度

进塔空气干、湿球温度宜选用机械通风阿斯曼干湿球温度计，分辨率不应大于 0.2℃，精度不应低于 0.5 级。

自然通风冷却塔可沿塔周围均匀布置测点 2 ~ 4 处，测点距塔进风口的距离为 3 ~ 5 m，高度为距集水池上缘 1.5 ~ 2.0 m。

对于单侧和双侧进风的矩形机械通风冷却塔，当进风口高度不大于 4.0 m，且宽度不大于 6.0 m 时，在每侧进风口宽度的 1/2、集水池上缘 1.5 ~ 2.0 m 处设测点一处，测点距进风口百叶窗的距离在 2.0 m 之内；当进风口高度大于 4.0 m，宽度大于 6.0 m 时，在每侧进风口宽度的 1/2、高度的 1/4 和 3/4 处各设测点一处，测点距进风口百叶窗的距离在 2.0 m 之内。

对于周围进风的多边形和圆形机械通风冷却塔，可沿塔周围均匀布置 4 处测点，当进风口高度不大于 4.0 m 时，在集水池上缘 1.5 ~ 2.0 m 处设测点一处，测点距进风口的距离在 2.0 m 之内；当进风口高度大于 4.0 m 时，在进风口高度的 1/4 和 3/4 处各设测点一处，测点距进风口百叶窗的距离在 2.0 m 之内。

每 10 min 测量 1 次，不少于 6 次。

（5）进塔空气流量

机械通风冷却塔进塔空气流量宜采用皮托管及微压计测量，测点宜布置在风机吸入侧的风筒断面上，被测断面气流应稳定，且气流方向与断面垂直，测试断面与风机叶片轴线间垂直距离不宜小于 0.4 m，在测试断面上选择两条相互垂直的直径，每条直径上均匀布置 2 ~ 4 个测点。

当无条件在风机吸入侧风筒内测量时，也可在冷却塔进风口或风筒出口，采用旋桨式或热球式风速仪测量，同样是在测试断面上选择两条相互垂直的直径，每条直径上均匀布置 2 ~ 4 个测点。

每 30 min 测量 1 次，不少于 2 次。

（6）出塔空气干球温度

当空气流量现场无法测量时，也可通过测量出塔空气干球温度，假设出塔空气接近饱和状态，计算出进出塔空气的焓差，再结合进塔水量、进出水温度，利用热平衡估算塔内空气流量。

出塔空气干球温度可用便携式铂电阻数字点温计或热电阻温度计测量，仪表分辨率不小于 0.1℃，精度不低于 0.2 级。测点可布置在风筒出口或风机进风侧的风筒平面内，在测试断面上选择两条相互垂直的直径，每条直径上均匀布置 2~4 个测点。

每 30 min 测量 1 次，不少于 2 次。

12.3.3　测试数据整理

将所测数据进行归类、整理，检查有无明显的记录错误，舍去每项参数测量数据中的最大值和最小值，进行算术平均。然后按下式计算热平衡误差：

$$\Delta\varepsilon = \left[\, 1 - \frac{G(h_2 - h_1)}{C_W Q(t_1 - t_2)} \,\right] \times 100\% \qquad (12-1)$$

式中：$\Delta\varepsilon$——热平衡误差(%)；

$\quad C_W$——水的比热[kJ/(kg·℃)]；

$\quad Q$——冷却水的质量流量(kg/h)；

$\quad t_1$——进塔水温(℃)；

$\quad t_2$——出塔水温(℃)；

$\quad G$——进塔空气的质量流量(kg/h)；

$\quad h_1$——进塔湿空气比焓(kJ/kg)；

$\quad h_2$——出塔湿空气比焓(kJ/kg)。

热平衡误差不大于 ±7%，则测量数据有效，否则需重新测量，再进行核算。如果风量是用热平衡算出的，则不必做此检查。

就目前湖南山水节能科技股份有限公司的工程实践来说，风量都是通过软件直接估算出来，所以不需要进行热平衡误差的计算。

12.3.4　其他数据的测试、收集

为了更准确的分析冷却塔的实际冷却效果，一般还需收集一些冷却塔的设计及运行数据，主要有以下内容：

①冷却塔的塔型和主要几何尺寸(塔总高、风机高度、配水高度等)。

②淋水填料的类型、尺寸(长、宽、高)及设计的热力、阻力特性。

③除水器的类型。

④配水系统的形式、塔内溅水喷头的类型、数量及口径。

⑤机械通风冷却塔的风机传动型式、设计风量、全压、功率以及叶轮直径、

叶片角度，电机的额定电压、额定电流、额定功率、效率及功率因数，电机的实际运行电流。

⑥冷却塔的设计热力特性曲线和设计参数（包括水量、进出水温度、风量、进口空气干湿球温度、气象条件等）。

利用上述所测数据，结合冷却塔的设计参数，即可进行冷却塔的热力计算，并评估其实际的冷却能力。

12.4　冷却塔的热力计算及冷却效果评估

12.4.1　冷却塔的热力计算

冷却塔的热力计算，其目的是根据所测数据，计算出冷却塔的实际冷却数，然后换算到设计工况，计算出实际的冷却能力。

根据国家标准，冷却塔的热力计算一般采用焓差法。焓差法主要是基于空气和水进行热质交换过程中的热平衡方程，如下式所示：

$$C_w Q(t_1 - t_2) = G(h_2 - h_1) \tag{12-2}$$

式中：C_w——水的比热$[kJ/(kg \cdot ℃)]$；

　　　Q——冷却水的质量流量（kg/h）；

　　　t_1——进塔水温（℃）；

　　　t_2——出塔水温（℃）；

　　　G——进塔空气的质量流量（kg/h）；

　　　h_1——进塔湿空气比焓（kJ/kg）；

　　　h_2——出塔湿空气比焓（kJ/kg）。

然后利用麦克尔公式对两边进行积分，可得：

$$\frac{K_a V}{Q} = \int_{t_2}^{t} \frac{C_W}{h'' - h} dt \tag{12-3}$$

式中：C_W——水的比热$[kJ/(kg \cdot ℃)]$；

　　　Q——冷却水的质量流量（kg/h）；

　　　t_1——进塔水温（℃）；

　　　t_2——出塔水温（℃）；

　　　V——淋水填料体积（m³）；

　　　K_a——填料容积散质系数$[kg/(m^3 \cdot h)]$；

　　　h——湿空气比焓（kJ/kg）；

h''——与水温相应的饱和空气比焓(kJ/kg)。

式(12-3)即上文中所说的冷却数的两种表示形式。在冷却塔性能测试的热力计算时，采用等式右边的表示形式，利用分段不小于 8 段的辛普逊近似积分法来求解冷却塔的实际冷却数：

$$N = \int_{t_2}^{t_1} \frac{C_W \mathrm{d}t}{h'' - h} \approx \frac{C_W(t_1 - t_2)}{3 \times n} \left\{ \begin{aligned} & \frac{1}{h''_1 - h_2} + \frac{4}{h''_{t_1 - \delta t} - (h_2 - \delta h)} \\ & + \frac{2}{h''_{t_1 - 2\delta t} - (h_2 - 2\delta h)} \\ & + \frac{4}{h''_{t_2 - s\delta t} - (h_2 - 3\delta h)} + \cdots \\ & + \frac{2}{h''_{t_1 - (n-2)\delta t} - [h_2 - (n-2)\delta h]} \\ & + \frac{4}{h''_{t_1 - (n-1)\delta t} - [h_2 - (n-1)\delta h]} + \frac{1}{h''_2 - h_1} \end{aligned} \right\}$$

$$(12-4)$$

式中：$\delta t = \dfrac{t_1 - t_2}{n}$——分段数 h''_1、$h''_{t_1 - \delta t}$、$h''_{t_1 - 2\delta t}$、$h''_{t_1 - 3\delta t}$、$h''_{t_1 - (n-2)\delta t}$、$h''_{t_1 - (n-1)\delta t}$、$h''_2$，宜大于等于 8；

$\delta h = \dfrac{h_1 - h_2}{n}$——对应水温为 t_1、$t_1 - \delta t$、$t_1 - 2\delta t$、$t_1 - 3\delta t$、$t_1 - (n-2)\delta t$、$t_1 - (n-1)\delta t$、t_2 时的饱和空气焓(kJ/kg)；

h_1——进塔湿空气比焓(kJ/kg)；

h_2——出塔湿空气比焓(kJ/kg)；

δt——等分段的水温差($^\circ C$)；

δh——等分段的湿空气焓差(kJ/kg)。

以上计算的是逆流式冷却塔的冷却数，对于横流式冷却塔，其热力特性可根据逆流式冷却塔冷却数，采用修正系数法计算：

$$N_h = \frac{N}{F_0} \tag{12-5}$$

$$F_0 = 1 - 0.106 \left(1 - \frac{h''_2 - h_2}{h''_1 - h_1} \right)^{3.5} \tag{12-6}$$

式中：N_h——横流式冷却塔冷却数；

N——按逆流式冷却塔计算公式计算出的冷却数；

F_0——修正系数

在热力计算过程中，需首先计算出以下参数才能最终计算出冷却数。

(1)饱和水蒸汽压力 p''

湿空气的压力等于干空气的分压力与水蒸气的分压力之和,如果与大气相通,就等于大气压力。当湿空气中水蒸气的分子含量达到最大,此时的水蒸气分压力称为饱和水蒸气压力,可用纪利公式计算:

$$\lg p'' = 2.0057173 - 3.142305 \left(\frac{10^8}{273.15+t} - \frac{10^8}{373.15} \right) + 8.2 \lg \frac{373.15}{273.15+t} -$$

$$0.0024804(100-t) \tag{12-7}$$

式中: p''——饱和水蒸气压力(kPa);

t——空气的(干球或湿球,根据所需确定)温度(℃)。

(2)空气的相对湿度 φ

相对湿度是指一立方米的湿空气所含水蒸气的质量,与同温度下的最大水蒸气含量之比。根据国家标准,可用下式计算:

$$\varphi = \frac{p''_\tau - 0.000662 p_a (\theta - \tau)}{p''_\theta} \times 100\% \tag{12-8}$$

式中: φ——空气相对湿度(无量纲);

p''_τ——空气温度等于 τ 时的饱和水蒸气压力(kPa);

p''_θ——空气温度等于 θ 时的饱和水蒸气压力(kPa);

P_a——大气压力(kPa);

θ——空气干球温度(℃);

τ——空气湿球温度(℃)。

(3)空气的含湿量 χ

含湿量是指 1 kg 干空气中的水蒸气含量。可用下式计算:

$$\chi = 0.622 \frac{\varphi p''_\theta}{p_a - \varphi p''_\theta} \tag{12-9}$$

式中: χ——空气的含湿量(无量纲);

Φ——空气的相对湿度(无量纲);

P_a——大气压力(kPa);

p''_θ——空气温度等于 θ 时的饱和水蒸气压力(kPa)。

(4)湿空气比焓 h

焓是一种状态参数,其单位是能量单位 J,单位质量的焓称为比焓,单位为 J/kg,对于一定含湿量、一定干球温度 θ 的湿空气来说,其比焓就是把 1 kg 干空气和 1 kg 水,从 0℃加热到干球温度 θ 的湿空气所需要的热量,可用下式计算:

$$h = C_d \theta + \chi (r_0 + C_v \theta) = C_d + 0.622 \frac{\varphi p''_\theta}{p_a - \varphi p''_\theta} (r_0 + C_v \theta) \tag{12-10}$$

式中: h——湿空气比焓(kJ/kg);

C_d——干空气的比热，可取 1.005 kJ/(kg·℃)；

C_v——水蒸气的比热，可取 1.842 kJ/(kg·℃)；

θ——空气干球温度(℃)；

r_0——水在 0℃时的汽化热，可取 2500 kJ/kg；

χ——空气的含湿量(kJ/kg)。

(5)饱和空气比焓 h''

当空气达到饱和，即相对湿度 $\Phi = 1$ 时的空气比焓称为饱和空气比焓，由上式(12-10)可得

$$h'' = C_d\theta + 0.622 \frac{p''_\theta}{p_a - p''_\theta}(r_0 + C_v\theta) \tag{12-11}$$

式中：h''——饱和空气比焓(kJ/kg)。

(6)湿空气密度 ρ

单位体积湿空气的质量即为湿空气的密度，等于湿空气中干空气的密度和水蒸气的密度之和，可用下式计算：

$$\begin{aligned} \rho &= \frac{(p_a - \varphi p''_\theta) \times 10^3}{287.14 \times (273.15 + \theta)} + \frac{\varphi p''_\theta \times 10^3}{461.53 \times (273.15 + \theta)} \\ &= \frac{1}{273.15 + \theta}(3.483 p_a - 1.316\varphi p''_\theta) \end{aligned} \tag{12-12}$$

式中：ρ——湿空气密度(kg/m³)；

θ——空气干球温度(℃)；

P_a——大气压力(kPa)；

Φ——空气的相对湿度(无量纲)；

p''_θ——空气温度等于 θ 时的饱和水蒸气压力(kPa)。

12.4.2 冷却效果评价指标及方法

在计算出冷却塔实际的冷却数后，结合其设计参数及设计的热力特性，就可以对冷却塔的实际冷却能力进行评价，一般有两种评价方法。

(1)冷却水量对比法

根据实测工况参数，计算出实际冷却数，然后反算出修正到设计工况条件下的气水比和冷却水量，再与设计水量相比，评价指标按下式计算：

$$\eta_{sQ} = \frac{G_t}{Q_d\lambda_c} = \frac{Q_c}{Q_d} \times 100\% \tag{12-13}$$

式中：η_{sQ}——评价指标(%)；

G_t——实测进塔空气的质量流量(kg/h)；

Q_d——设计进塔冷却水质量流量(kg/h);

Q_c——修正到设计工况下的进塔冷却水质量流量(kg/h);

λ_c——修正到设计工况下的气水比。

(2)冷却水温对比法

根据实测的气水比,按设计或制造单位提供的冷却塔热力性能曲线或公式,计算出冷却塔应有的冷却数,然后反算出在该冷却数时的冷却水温差,再把该工况下的实测冷却水温差与计算的冷却水温差相比。

$$\eta_{st} = \frac{\Delta t_t}{\Delta t_d} \times 100\% \qquad (12-14)$$

式中:η_{st}——评价指标(%);

Δt_c——实测冷却水温差(℃);

Δt_d——计算冷却水温差(℃)。

在实际操作中,多采用冷却水温对比法,而且对其进行了一定的改进,即根据实测工况参数,计算出实测工况下的冷却数,然后根据实测的冷却数,反算出修正到设计工况条件下的冷却水温差,再与冷却塔的设计水温差相比。

12.5 冷却塔改善方法

通过冷却塔性能试验的热力计算后,如果判断冷却塔实际的冷却能力没有达到其设计的冷却能力,就可以考虑通过改造冷却塔来提高其冷却能力。针对机械通风逆流式冷却塔,改造的方向主要有三个方面:一是调整风机的风量,可以通过调整风机转速或者调整叶片角度来实现;二是优化填料的性能,可以通过对填料进行清理、修复或者增加填料高度、更换新型填料来实现;三是提高配水的均匀度,可以通过优化配水管网、使用高效新型的喷头来实现。可以对其中单独的一个方向进行改造,也可以从两个、三个方向同时进行改造,以达到最优的效果。

12.5.1 调整风机风量

(1)风机风量变化对冷却塔的影响

在其他参数条件(水量、进水温度、环境参数、进塔空气干湿球温度等)不变的情况下,分析风量变化对冷却塔产生的影响。风量变化主要影响冷却塔填料的热力性能,进而影响整塔的冷却效果。

填料的热力性能可用下式表示:

$$N = A\lambda^m = A\left(\frac{G}{Q}\right)^m \qquad (12-15)$$

式中：λ——气水比；

  G——进塔空气的质量流量（kg/h）；

  Q——冷却水的质量流量（kg/h）；

  A——常数；

  m——经验指数。

当填料的种类、尺寸确定后，其热力特性参数，即上式（12-1）中的 A、m 可以查询相关资料或经过试验得到，在水量不变的条件下，填料冷却数与风量的 m 次方成正比。

得到不同风量对应的冷却塔冷却能力即冷却数后，根据冷却塔的热力计算，在已知水量、进水温度、环境参数、进塔空气干湿球温度的条件下，可以反算出不同冷却数对应的出水温度，然后利用 EXCEL 或其他工具，将不同的风量与对应的出水温度在坐标系中进行描点、拟合，最后得到出水温度与风量的关系曲线。

反算时，利用已编好的计算程序，依据出水温度与冷却数，即风量大小成反比的基本关系，采用试算的方法，代入不同的出水温度值，得到相应的冷却数，然后与通过式 $N = A\lambda^m$ 计算出的冷却数进行比较，直到两者相吻合。

计算过程中，首先选择一种填料并查表获得其热力性能曲线，然后代入一组工况数据，并拟合出了该工况下出水温度与风量的关系曲线。以某型填料为例，其热力性能为 $N = 1.69\lambda^{0.54}$，拟合得到的出水温度与风量的关系如图 12-1 所示。

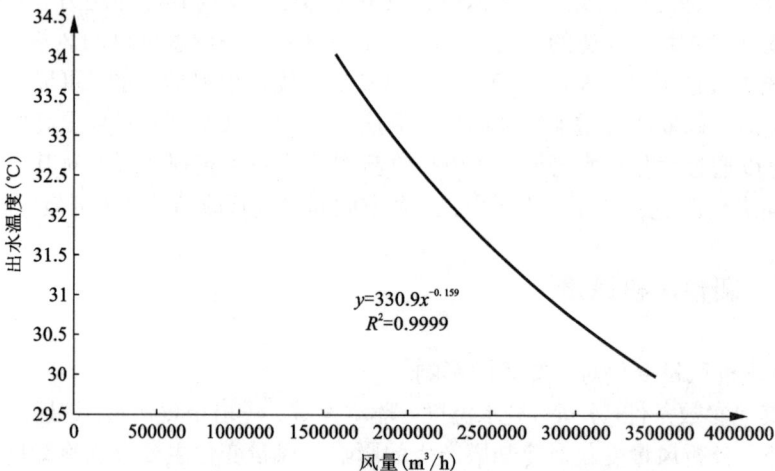

$$y = 330.9x^{-0.159}$$
$$R^2 = 0.9999$$

图 12-1 风量与出水温度拟合曲线图

从上图可以看出，在其他参数条件一定时，循环水的出水温度随风量的增加而减小，冷却塔的冷却效果随风量的增加而增加，当风量增加到一定程度后，冷却效果的增加会慢慢减小，直至不变，极限是出水温度达到空气的湿球温度。

另外，风量变化还会影响冷却塔的整体阻力。以机械通风逆流式冷却塔为例，其气流阻力主要分为以下几个方面：

①进风口处气流阻力损失。

②填料下雨区的气流阻力损失。

③从水平转向进入填料的气流转弯损失。

④填料段气流阻力损失。

⑤气流穿过配水装置的阻力损失。

⑥收水器的气流阻力损失。

⑦风机进口气流阻力损失。

⑧风筒气流阻力损失。

⑨风筒出口气流能量损失。

以上各部分的气流阻力损失均可以用下式表示：

$$\Delta P_i = \varepsilon_i \rho_i \frac{v_i^2}{2} \tag{12-16}$$

式中：ΔP_i——各部分的气流阻力损失（Pa）；

　　　ε_i——各部分的阻力系数（无量纲）；

　　　ρ_i——各部分的气流密度（kg/m³）；

　　　v_i——各部分的气流速度（m/s）。

其中，填料部分的阻力一般达不到速度的平方，阻力系数不是常数，如下式所示：

$$\Delta P = A \rho g v^n \tag{12-17}$$

式中：ΔP——填料的阻力损失（Pa）；

　　　ρ——通过填料的气流密度（kg/m³）；

　　　g——重力加速度（9.8 m/s²）；

　　　v——通过填料的气流速度（m/s）；

　　　A、n——与填料类型及淋水密度有关的系数（无量纲）。

由式（12-16）、式（12-17）可以看出，如果不考虑空气密度的变化，机械通风逆流式冷却塔的整体阻力基本上与风速的二次方，也就是风量的二次方成正比关系。

（2）调整风机风量的方法

调整风机的风量可以从两个方面进行，一是调整风机的转速，通过改变电机或者减速机的转速，带动叶轮变化转速，从而达到调整风量的目的；二是调整风机叶片的角度，不同的叶片角度对应不同的风量，这是轴流风机的特性，通过改变叶轮叶片角度就可以调整风机的风量。

1）调整风机转速

调整风机的转速主要有变频调速、齿轮调速、皮带调速这三种办法。

①变频调速法。

对于冷却塔风机来说，其负载特性属于平方转矩型，即其轴上需要提供的转矩与转速的二次方成正比。故根据流体力学原理，对同一台风机，在满足几何相似、运动相似和动力相似的情况下，当输送的流体密度不变，仅转速 n 改变时，其性能参数的变化遵循以下比例定律：

$$\begin{cases} \dfrac{Q_2}{Q_1} = \dfrac{n_2}{n_1} \\[2mm] \dfrac{H_2}{H_1} = \left(\dfrac{n_2}{n_1}\right)^2 \\[2mm] \dfrac{P_{in2}}{P_{in1}} = \left(\dfrac{n_2}{n_1}\right)^3 \end{cases} \qquad (12-18)$$

式中：Q_1、Q_2——转速 n_1、n_2 下的流量；

$\quad\quad H_1$、H_2——转速 n_1、n_2 下的压力；

$\quad\quad P_{in1}$、P_{in2}——转速 n_1、n_2 下的风机的轴功率。

而作为驱动风机的电动机，其转速满足如下关系式：

$$n = \frac{60f}{p}(1-s) \qquad (12-18)$$

式中：n——电动机的实际转速；

$\quad\quad f$——电动机的运行频率；

$\quad\quad p$——电动机的极对数；

$\quad\quad s$——电动机的转差率。

从式（12-18）可见，在不改变电动机结构的情况下，电动机的极对数及转差率可近似看做常量，电动机的实际转速正比于电动机的运行频率，调节电动机的供电频率就能改变电动机的实际转速，这就是变频调速的基本原理。

我们再联立式（12-17），对于同一台冷却塔风机，当空气密度不变时，其风量大小与风机转速成正比关系。也就是说，当我们调节电动机的供电频率时，电机的转速、风机的转速会随之按比例变化，风量也会随风机转速按比例变化，从而达到调整风量的目的。

②齿轮调速法。

工厂应用的中大型冷却塔的风机一般都带有减速机，而且多是齿轮减速。其主要作用是传递动力，利用不同齿数、不同大小的齿轮的互相啮合，把电机的高转速调整为较低的输出转速，同时把电机的低转矩调整为较高的输出转矩，从而达到工作需要。

减速机的种类繁多、型号各异，主要分类如下：

a. 按照传动类型可分为：齿轮减速机、蜗杆减速机、齿轮—蜗杆减速机、行星齿轮减速机、摆线针轮减速机和谐波齿轮减速机；

b. 按照传动级数不同可分为：单级减速机和多级减速机；

c. 按照齿轮形状可分为：圆柱齿轮减速机、圆锥齿轮减速机和圆锥–圆柱齿轮减速机；

d. 按照传动的布置形式可分为：展开式减速机、分流式减速机和同轴式减速机。

减速机最重要的组成部分是其传动机构，其选项和设计可参照相关机械设计手册。

③皮带调速法。

皮带减速机有多种型式，其调速的原理都是相同的，利用大小带轮线速度相同，圆周长度不同的特性，使其具有不同的角速度，也就是使带轮对应的轴具有不同的转速。

皮带减速的传动比等于小带轮与大带轮的转速比，也等于大带轮与小带轮的节圆直径之比再加上弹性滑动率的影响，可用下式表示：

$$i = \frac{n_1}{n_2} = \frac{d_2}{d_1(1 - \varepsilon)} \qquad (12 - 19)$$

式中：i——传动比；

　　　n_1——小带轮的转速（r/min）；

　　　n_2——大带轮的转速（r/min）；

　　　d_1——小带轮的节圆直径；

　　　d_2——大带轮的节圆直径；

　　　ε——弹性滑动率（取 0.01~0.02）。

由上式（12-19）可以看出，只需改变大小带轮的直径就可以调整皮带减速机的传动比，使其输出所需的转速。要注意的是，调整完带轮的直径后，皮带的长度也要进行相应的调整，并进行预紧，大小带轮轴的强度也要进行核算。

轴承强度的校核与上文齿轮调速中的轴承强度校核方法相同，此处不再说明。

2）调整风机叶片角度

①风机叶片角度的测量。

冷却塔风机属于轴流风机，叶轮一般采用翼型叶片，空气从轴向流入叶轮并沿轴向流出，其工作原理基于叶翼型理论：空气由一个攻角进入叶轮时，在翼背上产生一个升力，同时在翼腹上产生一个大小相等方向相反的作用力，该力使气体排出叶轮呈螺旋形沿轴向向前运动。同时,风机进口处由于压差的作用,气体不断地被吸入。

针对冷却塔风机叶片角度,一般厂家会配备一把专用的万用角尺,也可以用角度仪,在叶片末端 25~90 mm 处沿叶片截面,即翼型弦长位置,放置一块长度大于叶片宽度的直尺或钢板等平直度较好、厚度较小的物件,然后用万用角尺或角度仪测量该物件与叶轮旋转平面(也就是水平面)的夹角,即为叶片的安装角 βL。

②风机叶片角度的调整。

风机叶轮由叶片和轮毂组成,一般有固定式、半调节式和全调节式三种。固定式的叶片在出厂时已经按一定角度直接与轮毂焊接在一起,无法调节;半调节式的叶片只能在停机后通过人工改变叶片定位销的位置进行角度调节,风机运转时不能调节;全调节式叶片在风机运转时可以随时改变叶片安装角度,叶轮配有动叶调节机构,通过调节杆上下移动,带动拉杆一起移动,从而改变叶片安装角。

半调节式的轴流风机在出厂时,会按照角度可调整范围,在轮毂和叶片上分别钻出对应数量的定位孔,在停机并把叶片拆卸后,只能根据风机规定的角度,顺时针或逆时针方向扭转叶片,并加以固定,利用角度差值法的原理调整叶片角度。角度差值法是利用轮毂上定位孔间的圆心角度与叶片上定位孔间的圆心角度之差,来达到调整叶片角度的目的。

全调节式的轴流风机可以在风机运转中或停机后不拆卸叶轮的情况下,在一定范围内任意调节叶片的安装角。全调节式有机械调节和液压调节两种,目前较常见的是液压调节。

液压调节机构采用控制压力油的压力,使液压缸或者活塞移动,再通过曲柄连杆机构转动叶片,使叶片角度得到调节。

(3)风机平衡的检测

为了保证风机在运转中振动不超过允许值,在风机安装或检修后,一般都进行平衡检查。当转子上留有不平衡质量时,在运转时,转子就会产生由于不平衡质量引起的扰动力,失去平衡而产生强烈振动,严重时会使叶片脱落,打穿机壳,飞出伤人,甚至损坏整个机组。转子有静不平衡、动不平衡和静动混合不平衡三种,读者可阅读相关专业文献详细了解风机平衡的检测过程。

(4)冷却塔水轮机系统

冷却塔的水轮机也叫水动风机,与传统意义上的水轮机有一定的差别。水动风机冷却塔是一种新型的节能环保改进型冷却塔,近年来逐步开始应用于国内钢铁、化工等企业的工业循环冷却水系统并得到了大力宣传和市场的推广。水动风机冷却塔的核心技术是以微型冷却塔专用水轮机取代电机作为风机动力源,使冷却塔的风机驱动方式由电力改为水力,水轮机的输出轴直接或通过减速机间接与风机相连而带动其旋转，用水力来推动冷却塔风叶，达到通风换热目的。

水动风机本身并不节能，而是消耗循环水系统中的富裕能量，其节能主要在于取消了驱动风机的电机，节省了风机消耗的这部分电能。

循环水系统在设计时，由于不能精确计算出管网各组成的阻力损失以及各工艺所需水量，一般在水泵选型时，都留有一定的富裕能力，而在实际的生产中，这部分富裕能量大部分都消耗在了阀门上。因为生产中普遍采用的是低效的进、出口阀门调节与负荷的变化相适应，也就是在输送流体的管道上利用改变阀门的开度，来调节系统的流量。这种调节方法通常也称为节流调节，它是利用改变管道系统阻力的办法，变更管道阻力特性曲线，以便获得适合用户需要的工作点。但是节流调节并没有改变系统从电网吸收的能量，有相当一部分能量消耗在阀门上，虽然阀门的输出达到了工况要求，但是能量利用率降低了，损耗增加了。冷却塔水动风机就是通过合理调整阀门开启度，降低节流调节的阻力损失，把这些损耗的能量变为水轮机的动力来源，合理的利用系统的富裕能量。

冷却塔水动风机改造时，首先要确定系统的富裕能量有多少。在不改动泵和管路布置的情况下，只需观测循环水系统中各个阀门的开度及对应开度时的阻力，这些阻力之和减去各个阀门全开时应有的阻力之和，即可看做整个系统的富裕能量。当然，在实际操作过程中，由于生产工艺的要求，并不是所有阀门都可以随意调节的，一般只有水泵进出口阀门、供回水母管上的阀门以及冷却塔进水阀门等部分阀门可以进行调节。而且这些富裕能量并不一定全部可以用作冷却塔水动风机的动力来源，需要根据系统生产工艺实际确定，节省的阀门阻力损失要与水动风机改造后增加的阻力相当，以保证用水设备的流量不变。

如果用水设备的水压没有上限要求，那么所有阀门可节省的富裕能量理论上均可作为水动风机的动力，前提是整个系统的总阻力特性不变；如果用水设备水压有要求，则用水设备前的阀门可节省能量不能完全用于驱动水动风机，因为根据流体的伯努利方程，在保证系统总阻力特性不变的情况下，用水设备前阀门可节省的水头会先作用在用水设备上，使其水压增加，然后再沿着流向作用于其后的系统，最后作为水动风机的动力被消耗。

得知可利用的富裕能量后，乘上水动风机的效率，就可以得出这些富裕能量通过水动风机后能输出的有效功率，然后与冷却塔正常运行时风机的轴功率进行比较，如果其大于风机的轴功率，就可以进行水动风机的改造，否则不能改造。

水轮机按工作原理一般可分为冲击式水轮机和反击式水轮机两大类，冲击式又分为水斗式、双击式和斜击式，反击式又分为混流式、轴流式、斜流式和贯流式。冲击式水轮机的转轴始终处于大气中，来自压力水的水流在进入水轮机之前已转变成高速自有射流，冲击转轮的部分轮叶，并在轮叶的约束下发生流速大小和方向的改变，从而将其动能大部分传递给叶轮，驱动转轮旋转。在射流冲击叶轮的整个过程中，射流内的压力基本不变，近似为大气压。反击式水轮机转动区内的水流在通过转轮叶片通道时，始终是连续充满整个转轮的有压流动，并在转轮空间曲面形叶片产生一个反作用力驱动转轮旋转。当水流通过水轮机后，其动能和势能大部分被转换成转轮的旋转机械能。对于冲击式水轮机而言，属于无压流，需尽可能减小管道面积以输出更多的能量，进水口处都有明显的变径，也就相当于在管道上增加了一个阀门，多消耗了一部分能量。对于反击式水轮机而言，属于有压流，需尽可能增加势能以输出更多的能量，通过反击式水轮机的转轮来完成能量的转换，满足输出功率要求，没有管道变径，不存在额外的能量损耗，效率较高。

现有水轮机多用于水利发电，其流量和扬程变幅都很大，远大于循环水冷却塔的水量和水头，因此都不能直接使用于冷却塔中。目前市场上的冷却塔水动风机都是非标设备，没有固定的规格型号，需要根据每个循环水系统及冷却塔的实际运行情况进行研发、定制，通过现场实际参数的采集和分析，遵照水轮机输出轴功率与现场风机运行的实际轴功率需相互匹配的基本原则，确定水轮机的效率和各项性能指标要求，利用各种制图及模拟分析软件，确定水轮机的基本构造、运行机构和各主要部件的加工，最终制造出最吻合用户冷却塔实际运行工况点、运行效率最佳的水轮机。

12.5.2 优化填料性能

填料是冷却塔最重要的组成部分，其产生的温降效果在整塔的冷却效果中比重最大。填料性能主要体现在两个方面，一方面是散热效率，另一方面是气流阻力。散热效率越高，气流阻力越小，填料性能越好，冷却塔的整体冷却能力越高。

设定一组工况条件，选择一种双向波填料，填料高度为 1 m，其设计热力特性为 $N = 1.37\lambda^{0.69}$。假设该填料在设定工况时的冷却数小于其设计值，通过计算、举例来简要说明优化填料性能的三种方法。

(1)对填料进行清理、除垢、修复

随着填料清理、除垢、修复的程度不同，其散热效率，即冷却数会逐渐升高，逼近其设计的热力特性，冷却塔的冷却效果也会逐渐升高。取湿球温度和干球温度分别为25℃和28℃，大气压力取100 kPa，水量和风量分别为4500 m³/h 和2.5×10⁶ m³/h，利用计算程序可以拟合出出水温度与冷却数的关系曲线，如图12-2所示，出水温度随冷却数的升高而降低。

采用清理、修复的方法，在增加填料散热效率的同时，一般还会降低填料的气流阻力，进而减小整塔的阻力，通过系统的平衡，风机的风量会相应增加。根据上文风量变化对冷却塔效果的分析结果，风量增加冷却塔冷却效果也会增加。

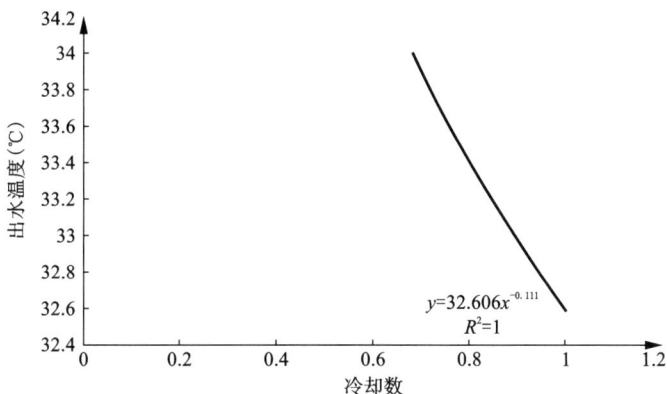

图 12-2　出水温度与冷却数拟合曲线图

因此采用清理、修复的方法优化填料性能，在图 11-2 计算结果基础上，冷却塔冷却效果还会进一步增加。

（2）增加填料高度

根据大量的填料模拟试验，冷却塔相关专家们总结出，增加填料高度，可以提高填料的散热效率。通过查阅图表，找到该双向波填料不同高度对应的设计热力特性，分别如下：

高度 1 m 时，热力特性为 $N = 1.37\lambda^{0.69}$；

高度 1.25 m 时，热力特性为 $N = 1.55\lambda^{0.63}$；

高度 1.5m 时，热力特性为 $N = 1.75\lambda^{0.69}$。

通过计算程序，计算出在设定工况条件下，该填料不同高度的冷却数及对应的出水温度，如图 12-3 所示，出水温度随填料高度的增加而降低。

增加填料高度虽然提高了填料的散热效率，但是同时也加大了填料的气流阻力，在不改造风机的前提下，会使风机的全压增加，风量有所减少，导致其真实的冷却效果达不到上面计算的结果。因此，在增加填料高度时，通常都会同时对风机进行一定的调整，使风量不会减少，保证冷却效果。

（3）更换新填料

选择两种新填料，其热力特性分别如下所示。

斜折波填料：

高度 1 m，热力特性为 $N = 1.40\lambda^{0.61}$；

高度 1.25 m，热力特性为 $N = 1.65\lambda^{0.59}$；

高度 1.5 m，热力特性为 $N = 1.78\lambda^{0.63}$；

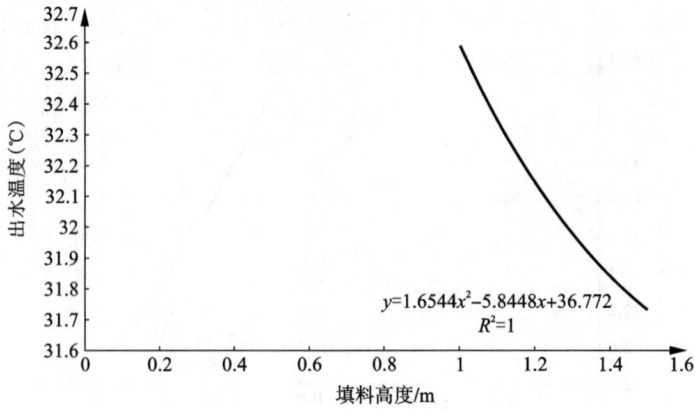

图 12 - 3　出水温度与填料高度拟合曲线图

双斜波填料：

高度 1 m，热力特性为 $N = 1.61\lambda^{0.66}$；

高度 1.25 m，热力特性为 $N = 1.90\lambda^{0.66}$；

高度 1.5 m，热力特性为 $N = 2.08\lambda^{0.76}$。

通过计算程序，计算出在设定工况条件下，以上两种填料不同高度的冷却数及对应的出水温度，然后与上文中双向波填料不同高度对应的冷却数及出水温度进行比较，通过计算，可以拟合出不同填料出水温度与填料高度的关系曲线，如图 12 - 4 所示，出水温度随填料热力特性的加强及高度的增加而降低。

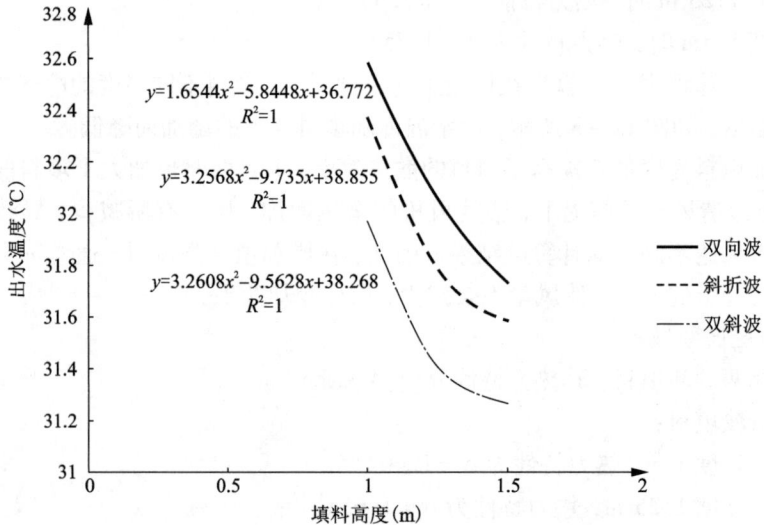

图 12 - 4　不同填料出水温度与填料高度拟合曲线图

不同填料的阻力特性也是不同的，填料的阻力特性需通过试验得到。针对现有的不同类型的填料，目前国内基本上已经通过试验得出了其对应的阻力特性参数，可通过查阅相关图表得到。我们在更换填料时，需考虑不同填料阻力特性的不同，在散热效率增加的同时，倘若气流阻力也减小，那么冷却效果自然会更好，如果气流阻力增加，则需要对风机或冷却塔其他部位进行一定的调整、改造，才能保证最终的冷却效果。

12.5.3　提高配水均匀度

冷却塔的配水系统是将进入冷却塔中的热水均匀地淋洒在填料的顶面上，淋水的均匀性对冷却塔的冷却效果影响极大。无论哪种填料，如果淋不到水，那么这一部分填料就不能起到冷却作用。若填料是点滴式填料，空气在没有淋水的填料区通过的量比有水区大，降低冷却塔的效率是明显的；对于薄膜式填料，空气的重新分配不如点滴式填料明显，但通过无水的填料区的空气没有参与塔内的热交换过程，塔的效率也必然是下降的。即使是填料都能够淋到热水，如果配水的均匀性不好，也会使冷却塔的效果变坏。

配水的均匀度通常用不均匀系数来作为判别标准。不均匀系数即喷洒在填料表面的淋水密度均匀程度，如下式所示：

$$\varepsilon = \frac{1}{A} \iint \frac{|q_i - q|}{q} \mathrm{d}A \qquad (12-20)$$

式中：ε——不均匀系数；

$\quad q_i$——填料表面某点的淋水密度$[t/(h \cdot m^2)]$；

$\quad q$——整个填料顶面的平均淋水密度$[t/(h \cdot m^2)]$；

$\quad A$——填料顶面积(m^2)。

不均匀系数越小，配水均匀度就越高，冷却塔的冷却效果就越好。但是目前并没有一个精确的计算方法能用来量化不均匀系数与冷却效果之间的对应关系，只能针对不同的冷却塔通过实际的试验来观察。

西北电力设计院曾对 4000 m³ 塔进行了一组试验，试验数据表明，配水不均匀系数由 0 增加到 0.2，出水温度升高 0.2℃；不均匀系数达 0.4 时，出水温度升高近 1℃；不均匀系数达 0.7 时，出水温度升高了 4℃。可见配水均匀性在冷却塔中所起的作用之大。

但是在现场，冷却塔的配水均匀度是无法去检测的，因为喷头和填料都是在塔体内部，冷却塔运行时，人或测量装置都无法进入其中。因此，对于配水的均匀度，一般是在现场通过观察填料下方各个部位水流量的情况来大致判断，如果填料下方有的地方水量很大，有的地方水量很小甚至没有水，那么说明该冷却塔的配水是不均匀的，这时就需要查阅冷却塔配水的设计图纸，检查配水管道及喷头的选型、布置是否合理，如有问题就对其重新进行设计，或者通过计算机仿真重新布置配水管道及喷头。

12.5.4　三种改善方法的联系与制约

在冷却塔改造时，调整风机风量、优化填料性能、提高配水均匀度这三种方法并不是单一使用，通常是互相配合，以达到最好的效果。而这三者之间主要是通过冷却塔整体阻力与风机性能匹配的问题联系起来的。

冷却塔风机通常都是单个叶轮，没有导叶的轴流式风机，叶片多是半调节式，只能在停机后通过人工改变叶片安装角度进行调节。

轴流式风机的性能曲线如图 12 −5 所示，是在叶轮转速和叶片安装角一定时测量得到的。其中，$p - q_v$ 表示全压与流量的关系曲线，在小流量区域内出现马鞍形形状，在大流量区域内开始下降，在 $q_v = 0$ 时，p 最大，左边马鞍形区域为不稳定工作区，一般不允许风机在此区域工作；$P_a - q_v$ 表示轴功率与流量的关系曲线，在 $q_v = 0$ 时，P_a 最大，随着 q_v 的增大 P_a 减小；$\eta - q_v$ 表示效率与流量的关系曲线，轴流风机的高效区比较窄，最高效率点接近不稳定分界点。

冷却塔整体阻力特性基本上与风量成二次方曲线关系，可以通过风机性能曲线和冷却塔阻力曲线的互相平衡，来分析不同改造方法之间的相互联系与制约。

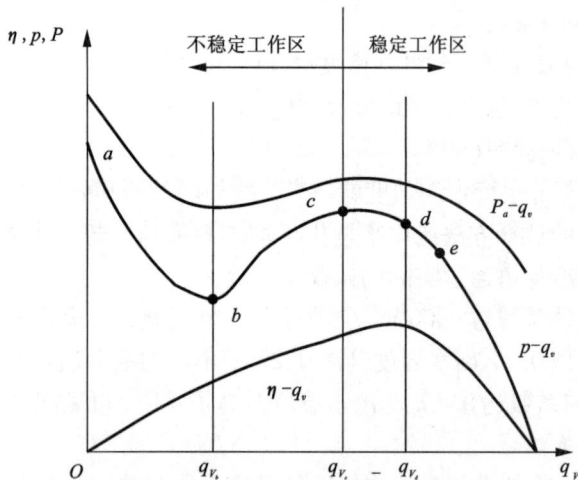

图 12 −5　轴流式风机的性能曲线

将冷却塔的阻力特性曲线按相同比例绘制在轴流风机性能曲线上，如下

图 12 - 6 所示 (只分析风机稳定工作区的运行情况), 曲线①表示冷却塔阻力特性曲线, 曲线②表示目前风机性能曲线, 曲线③表示增加转速后风机性能曲线, 曲线④表示增大叶片角度后风机性能曲线。

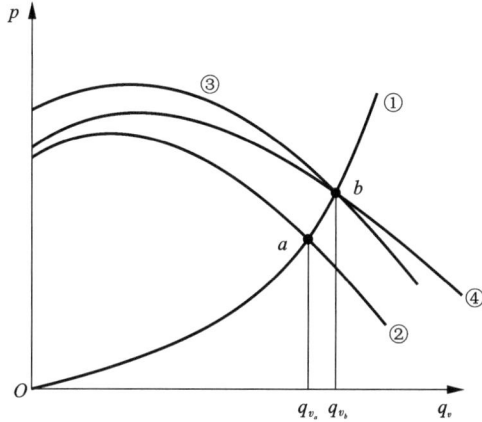

图 12 - 6　调整风机风量法

当采用增加风量的改造方法时, 不管是调转速还是调叶片角度, 只是改变了风机的性能曲线, 冷却塔本身的阻力特性没有改变, 风机工作点由 a 移到 b, 风量由 q_{v_a} 升高为 q_{v_b}。因此只需分析计算风量调整带来的冷效的提升, 然后依照用户需求, 选择合适的调整风量的方法。

当采用优化填料性能的改造方法时, 需要针对不同的优化方式进行分析。如果是对原填料进行清理、修复、除垢或者是更换一种热力特性、阻力特性均优于原填料的新型填料, 此时填料的阻力会有所下降, 冷却塔整体的阻力也会降低。如图 12 - 7(a) 所示, 曲线①表示目前冷却塔阻力特性曲线, 曲线②表示改造后冷却塔阻力特性曲线, 曲线③表示目前风机性能曲线, 风机的工作点由 a 移到 b, 风量由 q_{v_a} 升高为 q_{v_b}。

首先计算填料性能优化后所产生的冷却效果的提升, 用 ΔT_1 表示, 然后在其基础上增加风量由 q_{v_a} 升高为 q_{v_b} 所带来的冷效的提升, 用 ΔT_2 表示。如果同时对风量也进行一定的调整, 如图 12 - 7(a) 所示, 曲线 4 表示风机改造后性能曲线, 风机的工作点由 b 移到 c, 风量由 q_{v_b} 升高为 q_{v_c}, 就还需增加风量由 q_{v_b} 升高为 q_{v_c} 对冷效的提升, 用 ΔT_3 表示。那么改造后总的冷效的提升为 $\Delta T = \Delta T_1 + \Delta T_2 + \Delta T_3$。

如果优化填料时, 采用的是增加填料高度或者是更换一种热力特性优于原填料但阻力特性差于原填料的新型填料的方式, 那么冷却塔整体的阻力会升高。如图 12 - 7(b) 所示, 曲线①表示目前冷却塔阻力特性曲线, 曲线②表示改造后冷却

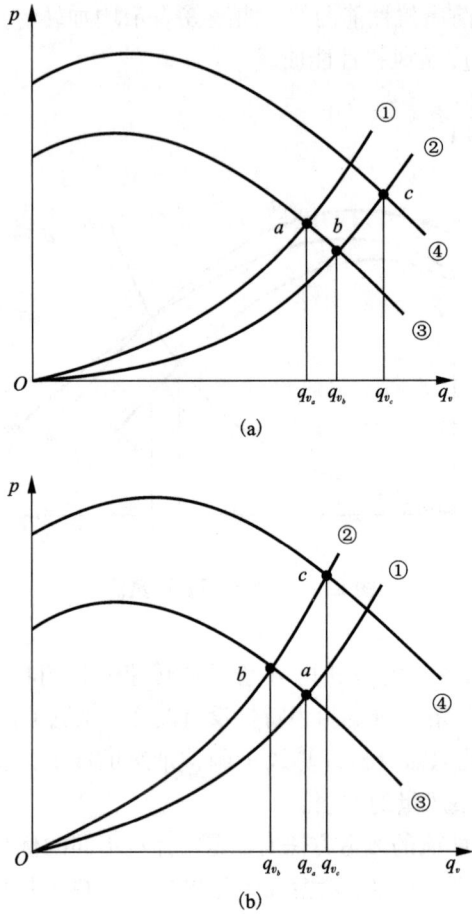

图 12 −7　风量填料法

塔阻力特性曲线，曲线③表示目前风机性能曲线，风机的工作点由 a 移到 b，风量由 q_{v_a} 降低为 q_{v_b}。需要在 ΔT_1 的基础上减去风量由 q_{v_a} 降低为 q_{v_b} 所带来的冷效的下降，也用 ΔT_2 表示。如果同时也对风量进行一定的调整，如图 12 −7(b) 所示，曲线 4 表示风机改造后性能曲线，风机的工作点由 b 移到 c，风量由 q_{v_b} 升高为 q_{v_c}，就需要再加上风量由 q_{v_b} 升高为 q_{v_c} 对冷效的提升，用 ΔT_3 表示。那么改造后总的冷效的提升为 $\Delta T = \Delta T_1 - \Delta T_2 + \Delta T_3$。

　　配水改造所产生的阻力变化很难精确的分析计算，而配水系统的阻力在冷却塔整体阻力中的比重很小，配水改造造成的阻力变化对冷却塔阻力特性的影响也非常微小，因此我们不考虑配水改造后的阻力变化。这样的话，不管是增加风量，还是优化填料，或者两者同时改造，如果同时对配水改造，就只需在其产生的冷效提升的基础上增加配水改造所带来的冷效提升即可。

12.6　冷却塔改造的节能收益

冷却塔改造的效果主要体现在其冷却能力的提升，也就是出塔水温的下降，并没有直接的收益。

但是，出塔水温的下降可以根据热平衡及热焓理论，转变为循环水水量的下降，进而可以通过切割修磨叶轮来改造水泵，产生实际的节电收益。

循环水系统用户末端释放的热量全部由循环水吸收，只要循环水的热焓不变，其吸收热量的能力就不会变化。冷却塔出塔水温下降，循环水温差就会增加，在保证热焓不变的情况下，水量就可以相应的减少。

根据摩尔理论指导下的工业循环冷却水系统节能实践经验，只要水量可以减少，就能够通过改造水泵实现整个系统的节能。而且水量降低的百分比一般就可以视作整个系统改造的节电率。也就是说冷却塔改造后整体出塔水温降低的百分比即可视为循环水系统水量可以下降的百分比，也就是节电率。这就是冷却塔改造最终产生收益所在。

整体出塔水温降低的百分比则需根据改造冷却塔数量的多少而定。因为系统整体出塔水温是由各个冷却塔出塔水流经过相互混合和充分的热量交换后达到的一个稳定的平衡值。混合后的水温可通过热平衡进行计算，即热水释放热量，冷水吸收热量，最终达到热量平衡。如下式所示：

$$C_w Q_h (t_h - t) = C_w Q_c (t - t_c) \tag{12-21}$$

式中：C_w——水的比热 $[kJ/(kg \cdot \mathrm{℃})]$；

$\quad Q_h$——热水的质量流量(kg/h)；

$\quad t_h$——热水水温(℃)；

$\quad Q_c$——冷水的质量流量(kg/h)；

$\quad t_c$——冷水水温(℃)；

$\quad t$——混合后水温(℃)。

通过上式可推导出混合后的水温：

$$t = \frac{Q_h t_h + Q_c t_c}{Q_h + Q_c} \tag{12-22}$$

根据现场实测各个冷却塔的运行参数，可以初步估算出每台冷却塔单独改造后可达到的出塔水温，然后根据上式，代入改造塔的流量、出塔水温和未改造塔的流量、出塔水温，即可算出总的出塔水温，进而得出对应的节电率。然后统计、计算现场冷却塔循环水系统实际消耗功率，根据当地电价、运行时间以及计算出的节电率，可初步估算出项目改造的收益。

12.7　小结

本章先从冷却塔的作用和原理等角度出发介绍了关于冷却塔的基础知识，在此基础上详细描述了冷却塔的性能测试、热力计算和冷却效果评估等方面的实用技术，然后结合具体事例阐述了三种常用的冷却塔改善方法及其相互之间的联系和制约，最后给出了冷却塔改造的经济技术分析原则。在工程实践中，需要结合地域情况、气候条件、生产工艺特点、冷却塔服役年限和运行维护能力等具体情况进行分析，因地制宜，综合各方面因素制定最优的冷却塔改造实施方案。

第 13 章　热轧时轧辊喷水冷却过程的计算机仿真及优化设计

13.1　概述

（1）背景介绍

热轧是指在再结晶温度以上对钢坯进行的轧制，热轧具有显著的优点：①热轧能显著降低能耗，降低成本。热轧时金属塑性高，变形抗力低，大大减少了金属变形的能量消耗。②热轧能改善金属及合金的加工工艺性能，即将铸造状态的粗大晶粒破碎，显著裂纹愈合，减少或消除铸造缺陷，将铸态组织转变为变形组织，提高合金的加工性能。③热轧通常适用于大铸锭的大压下量轧制，不仅提高了生产效率，而且为提高轧制速度、实现轧制过程的连续化和自动化创造了条件。轧辊是轧钢生产中的关键设备，其本身费用昂贵，轧辊的自身条件和配套设施的状况往往直接影响轧机的作业率、轧制产品的产量和质量。轧机部件中轧辊的工作条件最为复杂。轧辊在制造和使用前的准备工序中会产生残余应力和热应力。

生产实际中轧辊的失效多源于热应力的影响，而热应力的降低有赖于轧辊的冷却效果。据研究，提升轧辊工作寿命的关键在于改善轧辊的冷却效果，使得轧辊的温度保持在较低的水平且尽量地降低轧辊各区域的温度梯度，减小热应力。此外，轧制过程还需要使用大量循环冷却水进行轧辊、轧件和其他设备的冷却。因此，应用 MOAR 中的"调整系统供给"和"优化元件能效"两大原则，调整轧辊冷却过程中循环冷却水的配置和出水方式，并提高冷却效果，对提高轧辊质量和寿命，降低热轧用循环水的用水量具有重要意义，是企业提高生产效率、实现增产节约、降低消耗的有力举措。

（2）热轧过程高温对轧辊的影响

根据武汉钢铁集团条材总厂大型分厂何佳礼等人多年来的观察与研究，热轧过程中，高温坯料的热辐射和热传导使轧辊的温度不断升高。在 BD1/BD2 开坯区,坯料由于体积大、温度高,使得轧辊表面温度迅速升高,当轧辊温度较高时会降低表面硬度。轧辊表面被加热时会发生体积膨胀,但因轧辊整体温度降低而形成内外温差,从而产生较大的热应力;轧辊内部将对轧辊表面施加拉力,从而导致轧辊表面受到压应力作用,因此而产生的压应力对轧辊产生较大影响;压应力值的大小取决于轧辊内外温差,该应力值可以使轧辊弹性变形应力值升高到接近轧辊材料的屈服点,即材料的塑性变形点。有企业发生过,因开冷却水而造成轧辊表面的温度过高,导致辊身内外温差过大而产生部分裂纹,甚至造成了掰辊事故。

轧材离开轧辊后,热传导立即停止,轧辊表面温度随之下降,轧辊出现低温的现象,此状态呈周期性变化,容易产生热裂的事故,若轧辊表面出现很小的鳞片脱落,暴露出新的轧辊表面,则会在此加重损坏程度,损坏速率的高低具体取决于塑性应力值的大小。

通过上述分析可以得知,热轧过程对轧辊进行高效合理的冷却具有十分重要的作用,可以降低热疲劳、减小热应力。在较为合适的冷却条件下,可以有效地提高轧辊寿命、减小循环冷却水消耗、缩短停机时间,最终达到降低生产成本的目的。

具体而言,影响轧辊冷却效率的因素包括:

①冷却水流速。

②冷却水材质,若喷嘴材质不好,则腐蚀较快,引起冷却水水流曲线的变化。

③喷嘴到轧辊表面的距离,在可能的情况下,此距离应当尽可能的小。

④冷却水水质,冷却水中如果含有盐分、水垢、杂质和油污等混合物,则会对轧辊产生一定的不良影响,严重时甚至引起喷嘴堵塞。

⑤冷却水的分布状况,整个冷却区域的喷水曲线应当均匀分布,这样才能产生最佳的冷却效果。因为冷却水压力值一般较高,有人认为在此情况下,方形喷嘴可保持正常的工作状态。若此时改用椭圆形喷嘴的话,则将使其丧失喷水均匀性。此外,一般在轧辊的边部,喷水密度会大幅度地下降,这将会对轧辊产生不良的影响。

(3)轧辊冷却的仿真研究方法

国内对轧辊冷却过程流体分布特性、冷却效果及轧辊温度分布方面的研究较少。英国、德国和意大利等多个国家从 2004—2007 年开展了长达三年多的 EWRCOOL 项目,该项目主要是针对线材轧辊冷却系统进行研究,以提高生产品质并取得轧辊的长寿命和高稳定性效果,同时旨在将带材轧辊冷却系统的先进技术转移到线材领域。研究重点包括冷却碰头设计和轧辊表面冷却的高湍流技术。研究的技术亮点是使用了有限元分析仿真方法开发了计算模型,通过实验验证了模型的有效性并推出了相应的计算软件包。有限元仿真软件主要是解决传热、应力和裂纹生长问题，而关于流体部分涉及较少。然而流体行为问题毫无疑问发挥了主导性作用，研究者对这一块则开展了大量的实验研究，试制了各种不同的喷嘴、喷水管并在不同的压力、流量、喷水角度和距离下进行了一系列的测试，包括通过测温群的测试推算了最为关键的对流传热系数的分布值。此外，研究者们还花费大量精力研究了水质对冷却效果的影响，认为有机油脂对对流传热系数的影响比较大，而无机物的影响则相对比较小。疲劳损坏是导致轧辊破坏并最终引起轧件质量降低、生产成本上升的关键因素，对此设计了热应力循环测试等多组试验，得到了大量的数据。本项目是多个西欧国家共同参与实施的技术开发项目，项目规划得比较全面和完善，各成员的分工及项目进度控制得到了保证。除了管理上的措施之外，技术上对各部分内容进行分解把控得十分到位。该研究项目的选题和研究思路，既从流体、传热、热应力、裂纹和疲劳等多个学科领域进行了大量基础应用研究，各自相对独立但又衔接成为一条主线；又具有较大的现实意义和历史意义，即利用已经取得一定成果和成功实施经验的板材轧制技术转移至带材领域。

13.2　轧辊喷水冷却过程的流体行为仿真研究

（1）问题简介

高速线材热轧过程的工艺控制好坏和产品质量及生产成本密切相关。其中，轧辊的冷却过程是热轧工艺控制的关键环节，只有合理地调节轧辊温度分布才能充分保证轧辊的高效率长寿命运行。热轧过程轧辊的冷却是通过喷水管直接喷淋冷却水来进行的，如何既保证充分合理的冷却效果，又尽量减少不必要的喷水浪费，是一个值得深入研究的重要问题。本章重点针对循环冷却水自喷水管入口流动至轧辊区域，最终离开轧辊表面的过程进行"空气－水"两相流动过程的建模和数值计算，并通过计算结果中喷淋水流动行为的分析来研究如何尽可能地使冷却水喷射至受热的滚槽区域以减少不必要的浪费。

（2）模型介绍

以陕西汉中某钢铁公司轧钢厂热轧车间的粗轧轧辊为研究对象，抽取喷管以及轧辊表面空气包，使用三维绘图软件制作成三维水体模型，如图 13－1 所示。图中轧辊直径为 610 mm，槽宽为 110 mm，需要指出的是图 13－1 中为了观察方便对视角进行了旋转处理。其中的喷管水体包括了 42 个喷水孔洞等详细信息，详见图 13－2。对全水体合并后划分数值计算的网格，网格尺寸为 10 mm，共计约 25 万个节点，125 万个单元，见图 13－3。

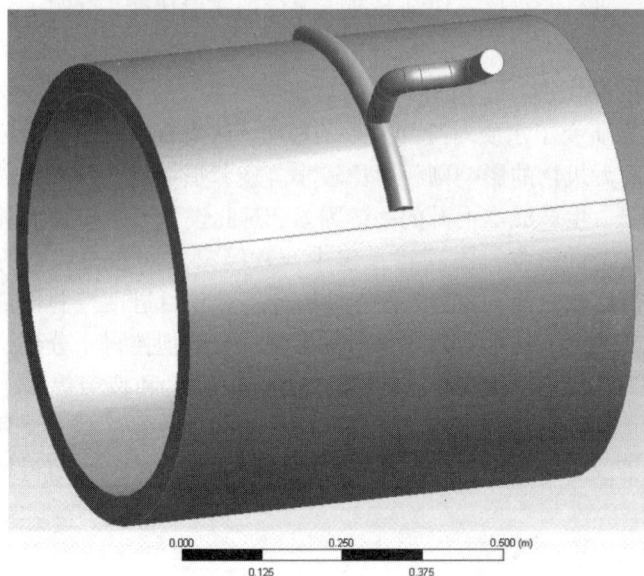

图 13 - 1　三维全水体模型

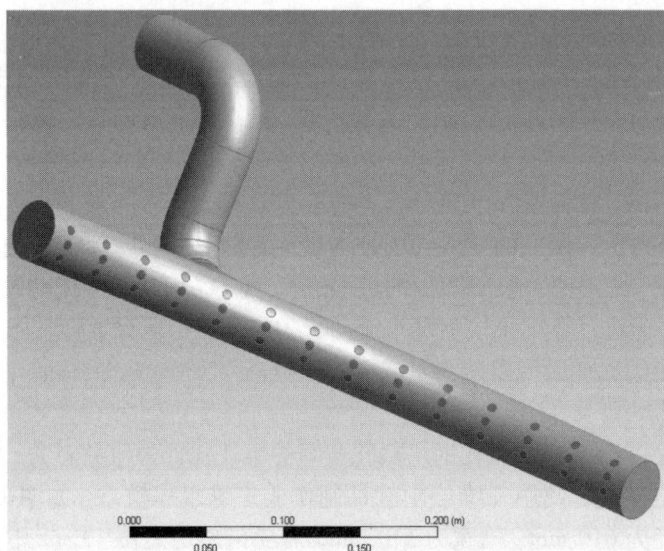

图 13 - 2　三维喷管水体

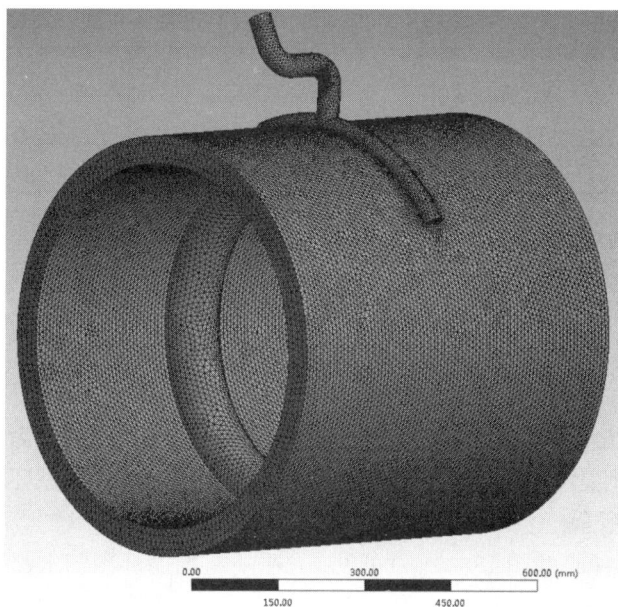

图 13 – 3　网格划分

在计算流体力学软件中设置流体力学模型，包括水和空气两相，二者的材料属性见表 13 – 1，整个 CFD 模型包含水区和空气区这两个计算域，边界条件和各个计算域的初始条件分别见表 13 – 2 和表 13 – 3。

表 13 – 1　水和空气两相的材料属性

编号	名称	密度(kg/m^3)	动力黏度($kg \cdot m^{-1} \cdot s^{-1}$)
1	水	997.0	8.899×10^{-4}
2	空气	1.185	1.831×10^{-5}

表 13 – 2　边界条件

类型	位置	具体设置
进口	喷水管进口(喷水管与供水管网的接头)	总压 0.4 MPa，水的体积分数为 1
出口	空气域端面及下部面	平均静压为 0Pa
交界面	喷水孔	交换通量守恒
壁面	其他位置	光滑壁面，零滑移

表 13 - 3　流体域初始条件设置

名称	流动速度(m/s)	静压强(Pa)	体积分数	
			水	空气
循环水域	0	0	1	0
空气包域	0	0	0	1

基于上述设置建立 CFD 模型及计算求解文件,并完成数值计算,得到收敛结果。

(3)现有方案的理想布置情况

根据现有方案设计图,在喷水管距离轧辊外沿径向距离恰好为喷水管中轴线直径与轧辊直径之差这一理想布置情况下时,热轧冷却过程的循环冷却水流动行为如图 13 - 4 所示。

由图 13 - 4(a)和图 13 - 4(b)可见,几乎所有的循环冷却水都喷射在轧辊的辊槽区域,但其分布是很不均匀的,主要体现出两头多中间少的特点。绝大部分冷却水都能较好地汇集在辊槽内,仅少量反弹回来,形成两翼式分布[图 13 - 4(b)]。由图 13 - 4(c)的流线图和图 13 - 4(d)的速度矢量分布图可以发现流动情况较为理想,几乎没有出现向辊槽两侧散射的情况。因此,对现有的设计方案而言,喷水管摆放位置合理的情况下,绝大部分循环冷却水能够喷射至辊槽内部而不散射至其他区域,但是 0.4 MPa 压力下水流流速较大,出现了相当部分水流回弹溅射的现象。由于无法确定保证冲刷油脂所需的最小流速,故难以精确评估水的流速大小是否合理。此外,水流并非恰好从喷管的喷孔垂直流出,故导致辊槽内喷水区域中间水量少而两头多的现象,如图 13 - 5 所示。

(4)影响因素的比较

根据现场实践经验及大量的文献调研,喷管的安放位置(即与轧辊的距离)、喷管上的孔洞排布(边缘孔与中间孔的夹角)以及孔洞的形状(由圆形变为椭圆形等)都可能影响循环冷却水的流动行为。因此以下分别进行单因素对照研究,找出影响循环冷却水流动的主要因素,进而有针对性地对轧辊冷却问题进行优化研究。

①安放位置。

将喷管的安放位置在原有的基础上沿径向外移 100 mm,这种喷管布置下得到的轧辊区域循环冷却水流动行为如图 13 - 6 所示。由图 13 - 6 可见,出现了明显的水流散射至辊槽外部的现象,呈现蝴蝶形分布,但水流回弹现象有所减弱。

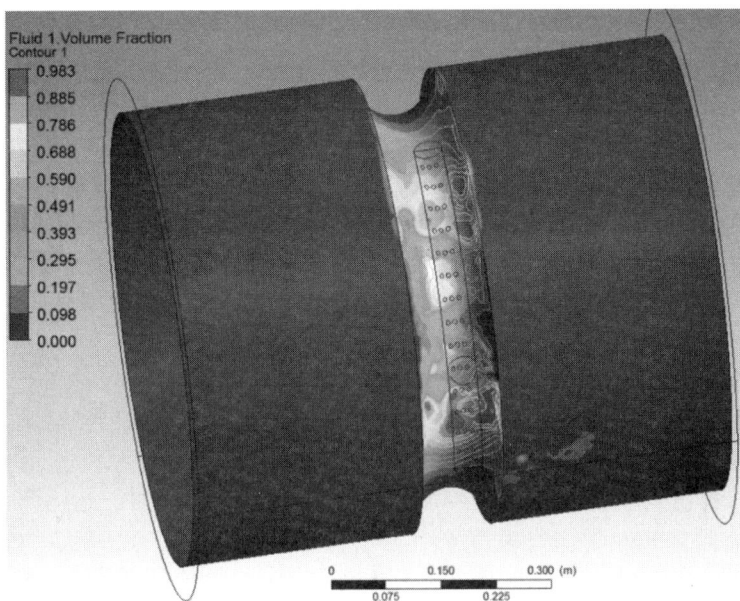

(a)

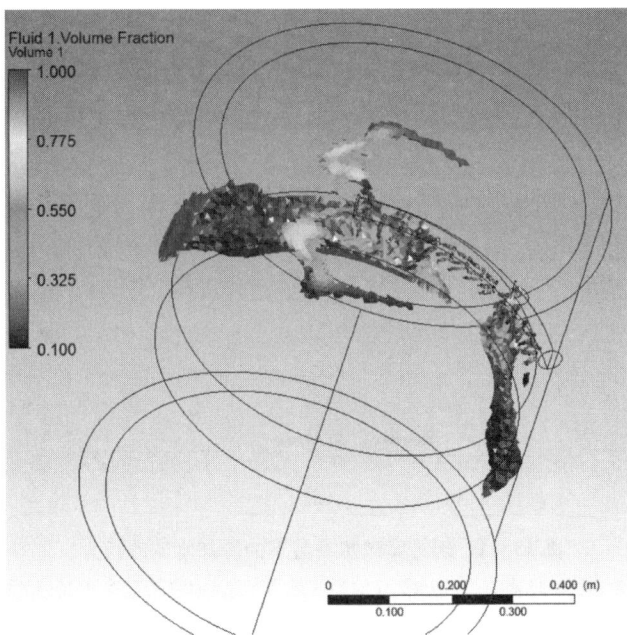

(b)

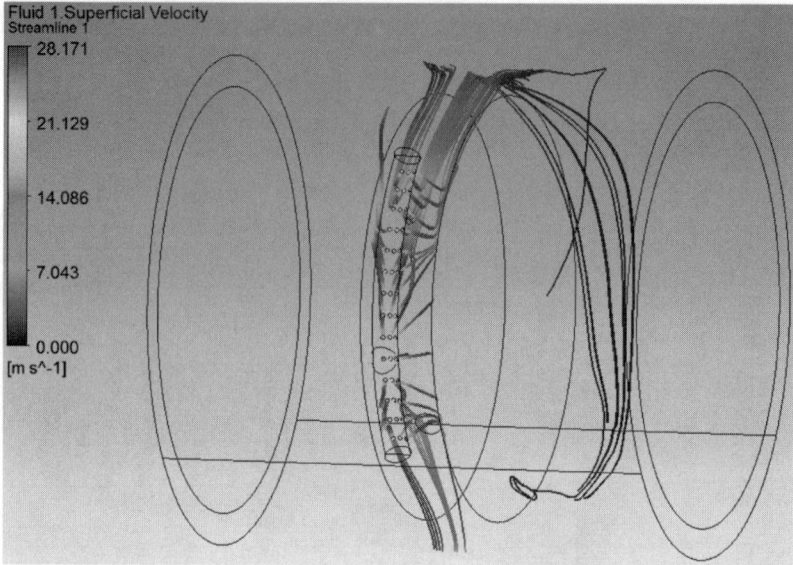

(c)

(d)

图 13 - 4　现方案理想布置下的冷却水流动行为

(a)轧辊表面冷却水的体积分布；(b)空气域中冷却水体积分数大于10%的区域；
(c)空气域中冷却水的流线分布；(d)空气域中冷却水的速度矢量分布

图 13 - 5 喷水管内循环冷却水流动矢量分布

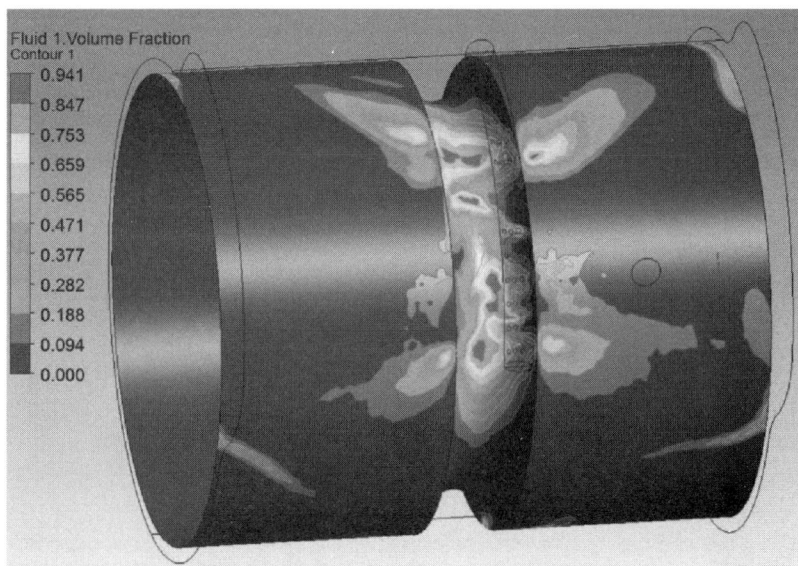

(a)

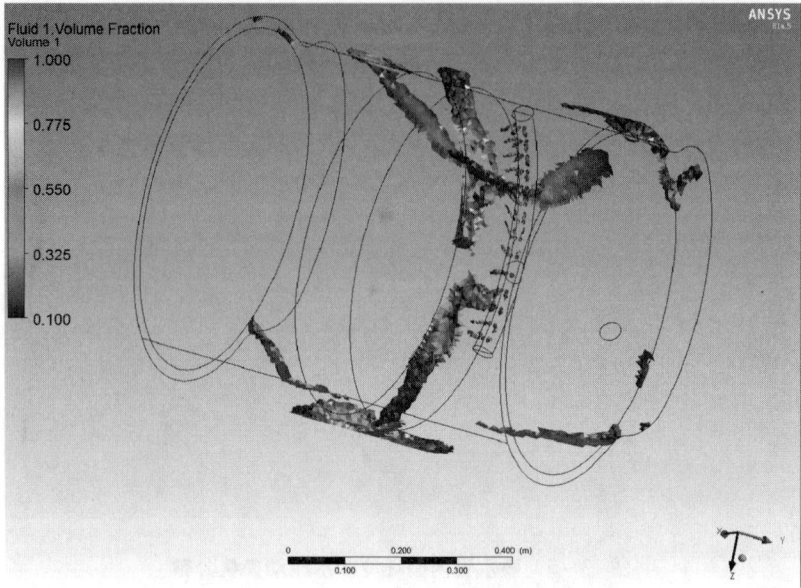

(b)

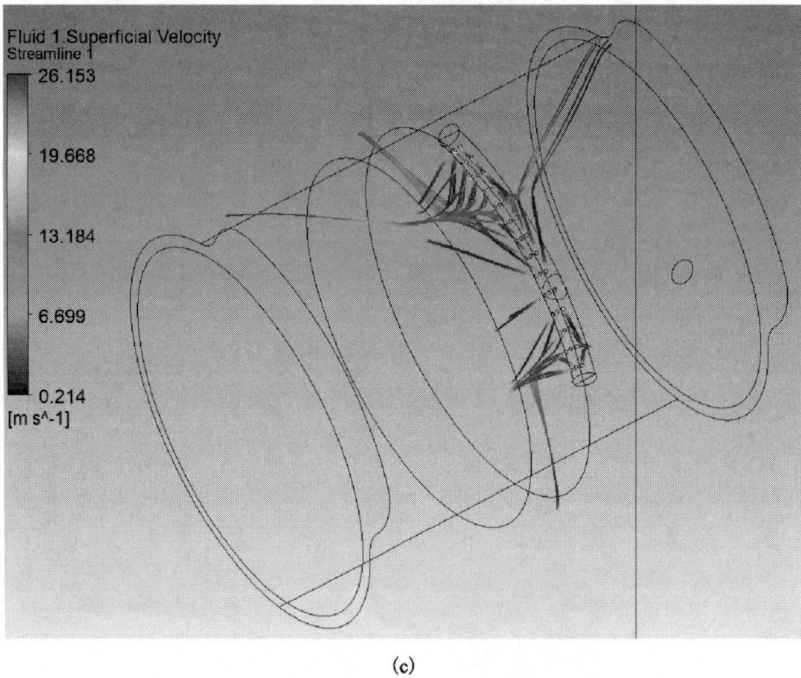

(c)

图 13 – 6　安放位置外移 100 mm 的冷却水流动行为

(a)轧辊表面冷却水的体积分布；(b)空气域中冷却水体积分数大于 10% 的区域；
(c)空气域中冷却水的流线分布

②孔洞排布。

在喷管安放位置外移 100mm 的基础上，调整喷孔的排布，即将边缘排与中间排的角度由现有设计方案的 30°减小至 20°，此时轧辊区域循环冷却水流动行为如图 13 - 7 所示。与图 13 - 6 相比，冷却水的散射现象大大减弱了。这是因为边缘喷孔与中间喷孔夹角的减小起到了收窄流束的效果。

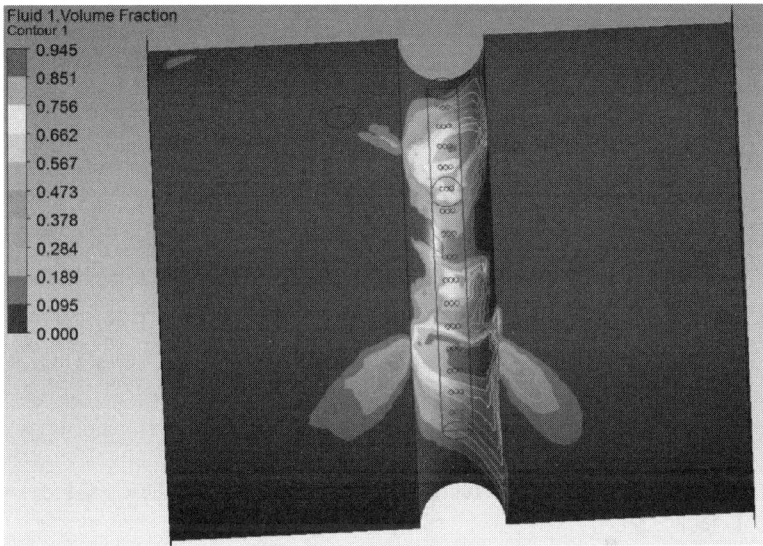

(a)

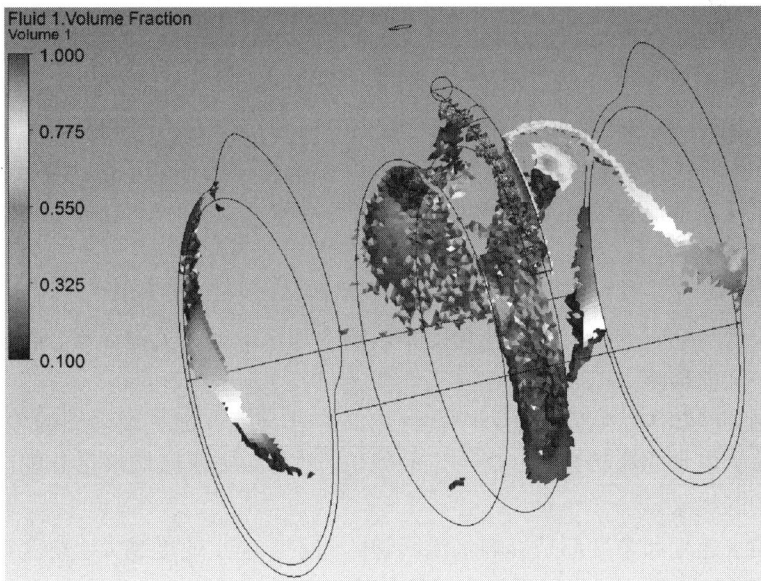

(b)

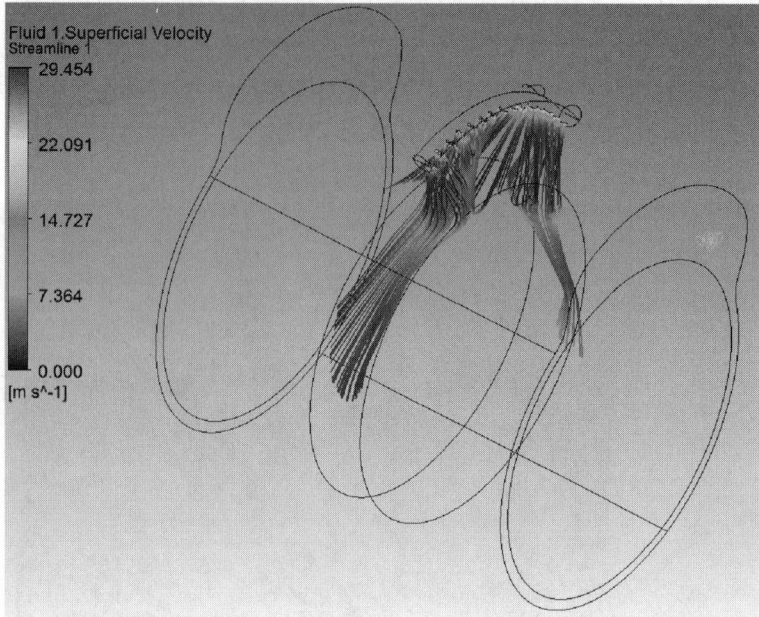

(c)

图 13 – 7　安放位置外移 100 mm 且喷孔夹角 20°时的冷却水流动行为
(a)轧辊表面冷却水的体积分布；(b)空气域中冷却水体积分数大于 10% 的区域；
(c)空气域中冷却水的流线分布

③孔洞形状。

在喷管安放位置外移 100 mm 的基础上，喷孔的排布及面积不变，但将其形状变为竖向的椭圆，此时轧辊区域循环冷却水流动行为如图 13 – 8 所示。与图 13 – 6 相比，其循环冷却水散射的现象并未得到多少改善。这说明与喷孔夹角相比，喷孔形状对流动束角度的影响较小，毕竟为了保证流动阻力不至于过大，不能过于任意地改变喷孔形状与尺寸。

(5)结论与建议

结论：

①喷管与轧辊的距离和喷孔角度是影响冷却水散射的关键因素，而喷孔形状也具有一定的影响。

②循环冷却水从喷管的系列喷孔流出时并非与喷孔面呈现理想的垂直夹角，而是沿喷管内水的流动方向呈现一定的偏角，故导致喷水区域水量分配出现两头多中间少的现象。

③喷水速度和角度都是影响水流回弹的因素。喷水速度越大、角度约接近垂直，则越容易回弹。但为保证油脂冲刷效果，必须保证一定的水流速度。

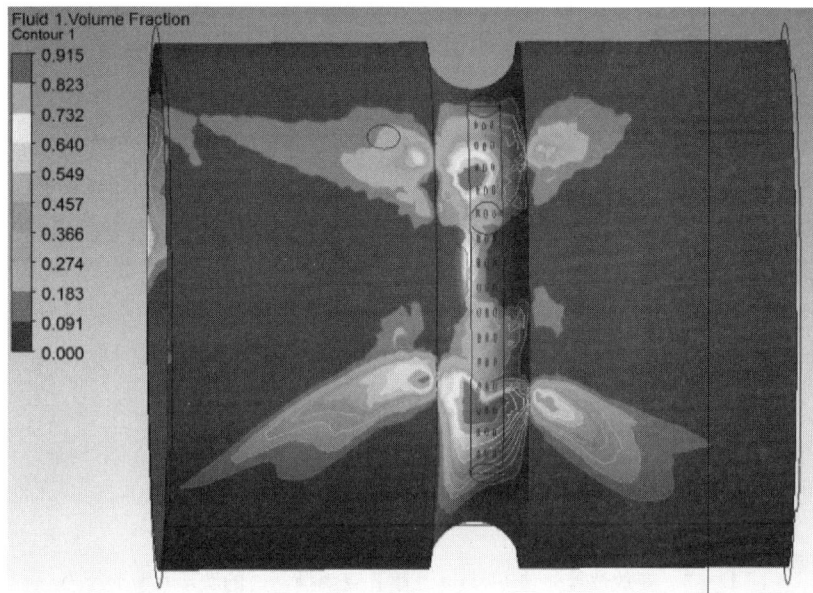

(a)

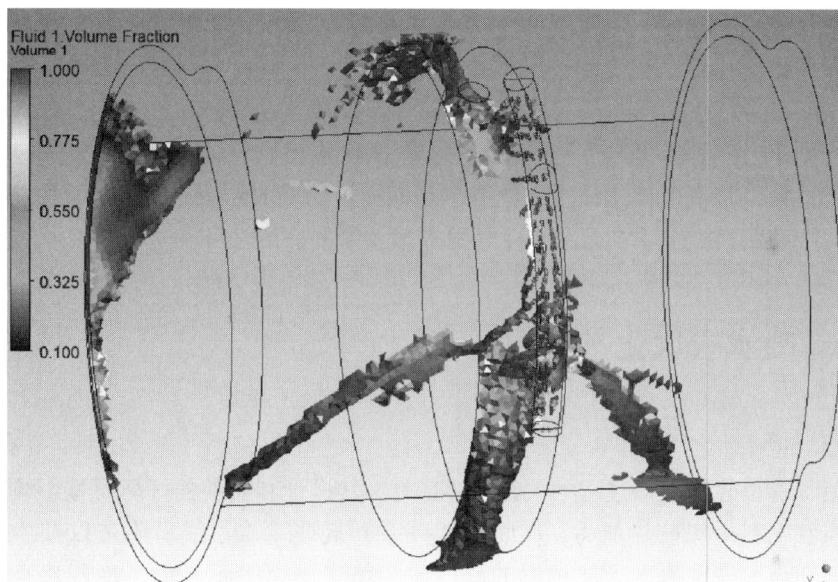

(b)

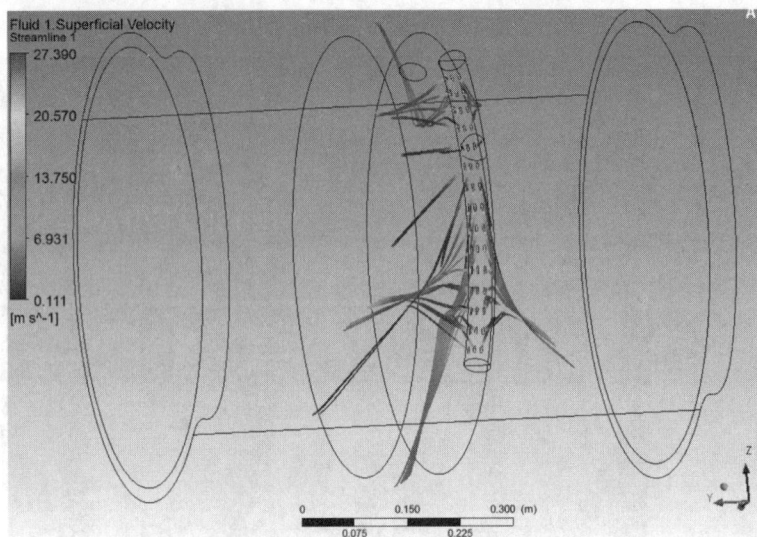

(c)

图 13 – 8 安放位置外移 100mm 且喷孔变为椭圆时的冷却水流动行为

(a)轧辊表面冷却水的体积分布;(b)空气域中冷却水体积分数大于 10% 的区域;
(c)空气域中冷却水的流线分布

优化建议:

①除了进行喷孔形状的改进研究,重点还应该放在喷管与轧辊距离以及喷孔夹角的优化上面来,这方面工作可采用计算机仿真与试验结合的方式来进行;

②日常工艺中应该充分注意调节控制好喷管的安放位置,尤其是关注喷管与轧辊的合理距离,这样才能保证良好的冷却效果并节约浊环用水量。

13.3 喷水管优化方案

(1)问题简介

喷水管是轧辊冷却过程的关键性零部件,其设计和安装的好坏直接影响着水流分布状况和冷却散热能力,从而密切关系到轧辊寿命、线材质量以及生成能耗。前期经过轧辊喷水冷却过程的流体行为仿真研究揭示了循环冷却水喷射特征,并发现现有的设计方案存在着喷水分布不均匀的问题,这一问题对轧辊的均匀冷却和高效长寿命工作产生了极为不利的影响。为了解决上述问题,通过多次数值模拟试验,提出了一种"导流型均布式节能喷水管"设计方案,通过"空气 – 水"两相流仿真以及传热学分析,最终结果与现有方案对比表明,新的结构设计方案科学合理，并具有显著的节能效果。

（2）最优喷水管结构设计方案

基于流体力学理论和流体输配管网原理设计了一系列喷水管结构改进方案，并经过计算流体力学试验优选出来最佳设计方案，如图13 -9所示。图中所示的喷水管结构在维持现有支管接头和弧度角幅不

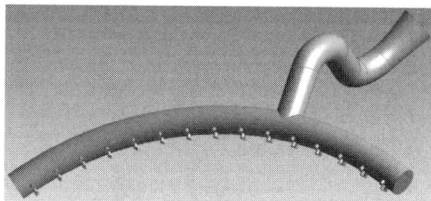

图13 -9 喷水管最优结构设计方案

变的情况下，采用了变径式引流弯头设计，并在开孔上增加了可调式导流喷管，结构简单有效，加工和维护方便，成本低廉。

（3）"空气 - 水"两相流仿真结果分析

在维持支管接头入口总压0.4 MPa不变的情况下，按照相同的设置模型，计算了采用新喷水管设计方案下的轧辊区域循环冷却水的流体力学行为。喷管内的水流矢量分布如图13 -10所示，图中可以看到喷管内流体流动轨迹光顺，每个喷管内喷射出的流体束基本均匀一致，规则交错地喷射至轧辊表面。与现有方案相比，新的喷管结构设计方案从源头上解决了循环冷却水分布不均的问题。由于导流管还具有可调节功能，故能够灵活地根据现场实际情况精确控制喷射角度，杜绝不必要的冷却水散射问题。

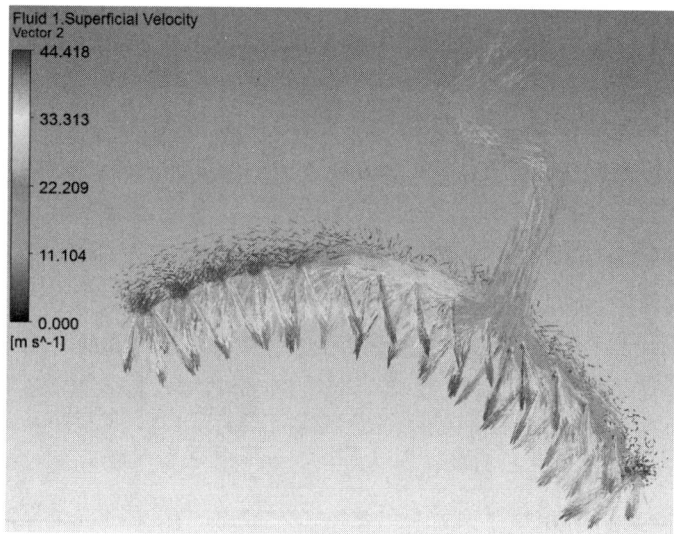

图13 -10 喷水管内循环冷却水流动矢量分布

　　新的喷水管设计方案下，轧辊表面及其周围区域的循环冷却水流体力学行为如图 13 - 11 所示。

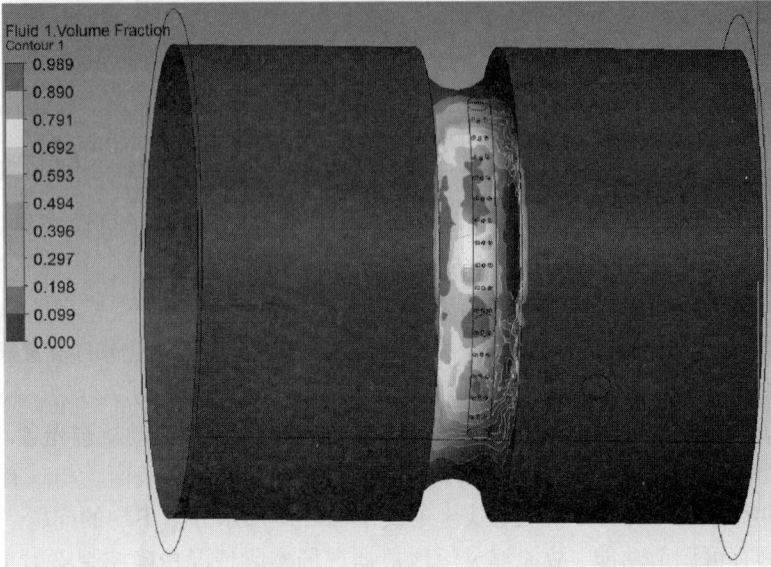

(a)

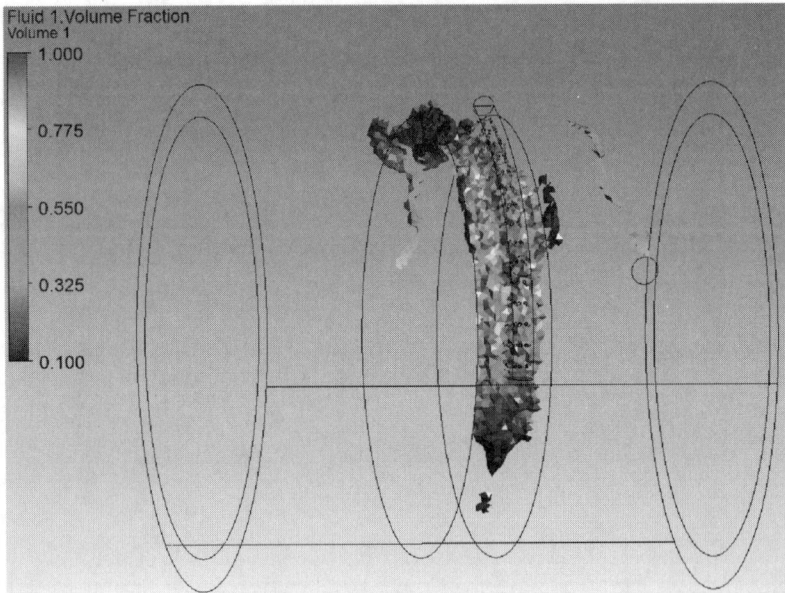

(b)

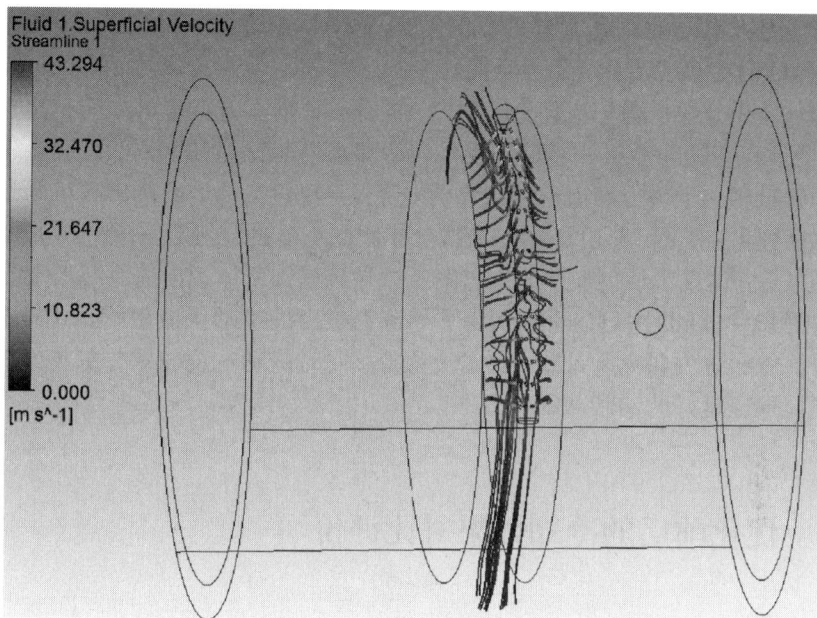

(c)

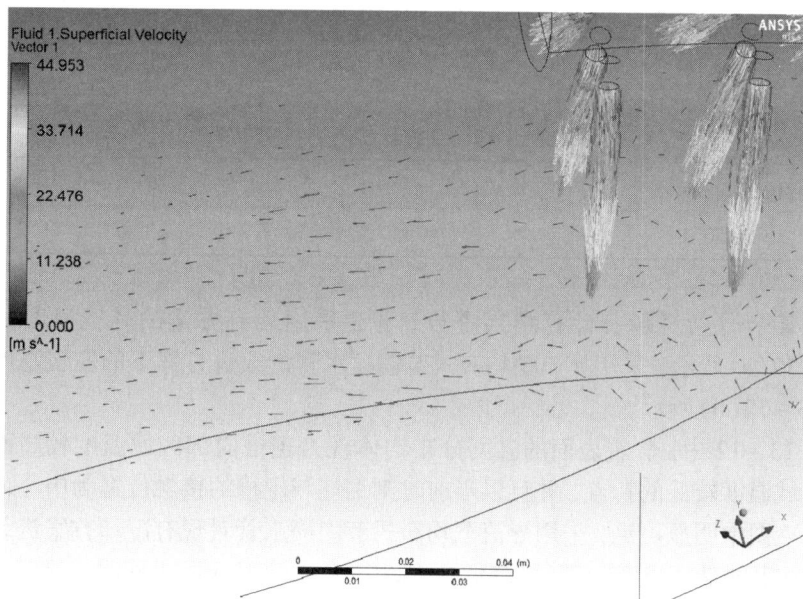

(d)

图 13 – 11　改进方案下的冷却水流动行为

(a)轧辊表面冷却水的体积分布；(b)空气域中冷却水体积分数大于 10% 的区域；

(c)空气域中冷却水的流线分布；(d)空气域中冷却水的速度矢量分布

　　与现有方案对比，改进方案下的循环冷却水流动行为得到了显著地改善。图 13-11(a)中可以看出，不但全部的冷却水都喷射至辊槽区域，而且辊槽表面的冷却水体积分数普遍较高且分布均匀，没有出现现有方案中的中间少两头多的现象；图 13-11(b)在进一步验证辊槽内冷却水均匀分布的同时，可以显示冷却水的回弹量相对于现方案出现了大幅度地降低，仅仅在辊槽两侧出现了两条细小的带状回弹水迹；图 13-11(c)的流线分布图则十分的规则整齐，呈现"蜈蚣"状特点，这充分体现了该创新性改进方案经过导流设计所体现出的冷却水流"均布"特点；图 13-11(d)中可以看到从每个导流管喷出的冷却水流散射角小，流动方向与导流管布置方向完全一致，故水流可控，同时流动速度较快，在减少水量的同时还能保证良好的油脂冲刷能力。

13.4　优化前后的冷却效果对比评价

　　为了研究采用改进方案下的轧辊的具体冷却效果，建立有限元热仿真分析模型，计算得到冷却水在冷却状态下的轧辊温度瞬态分布情况。有限元分析模型中轧辊材料的热属性见表 13-4。

表 13-4　轧辊材质的热属性

密度($kg \cdot m^3$)	比热($J \cdot kg^{-1} \cdot K^{-1}$)	导热系数($W \cdot m^{-1} \cdot K^{-1}$)
7850	500	60.5

　　取某个时刻对瞬态计算结果进行讨论，采用现有方案的轧辊温度分布见图 13-12(a)所示，采用导流型均布式节能喷水管的改进方案下的轧辊温度分布见图 13-12(b)所示。

　　图 13-12 中，轧辊表面的温度分布均体现为辊槽内部区域温度较高而辊槽外部区域温度较低的特点，并且以当前时刻钢坯与辊槽的接触位置为中心而向四周递减。图中明显可见，采用导流型均布式节能喷水管对现有冷却方案进行改进之后，轧辊的最高温度从 338℃降低至 252℃，降幅高达 86℃；同时辊槽区域的温度梯度也有着明显的下降。

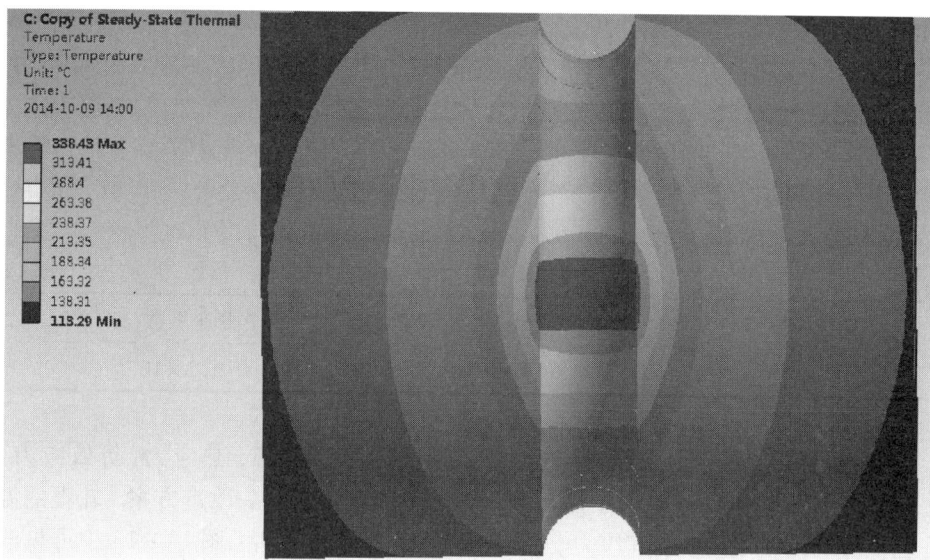

(a)

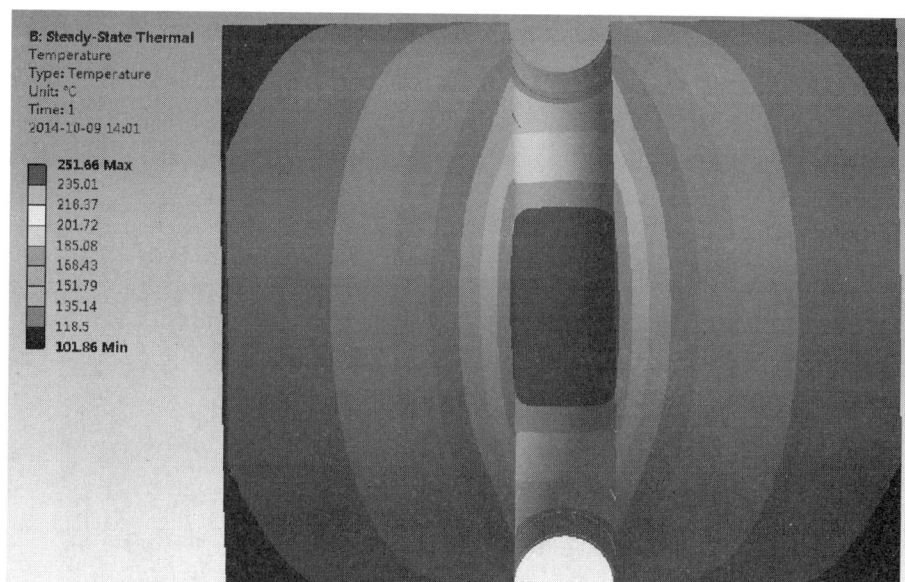

(b)

图 13 - 12　轧辊温度分布的有限元分析结果

(a)现有方案；(b)采用导流型均布式节能喷水管的改进方案

13.5　优化前后热应力分布的对比评价

在计算得到改进前后轧辊温度分布的基础上，利用热分析计算结果对轧辊进行结构分析，结构分析采用的材料属性见表 13 – 5。

表 13 – 5　轧辊材质的结构分析用材料属性

弹性模量(Pa)	泊松比	热膨胀系数(K^{-1})
2×10^{11}	0.3	1.2×10^{-5}

计算得到的改进前后轧辊热变形分布情况见图 13 – 13，热应力（等效应力）分布见图 13 – 14。由于采用了导流型均布式节能喷水管这一改进方案，轧辊的温度更低且均匀度更好，故其应力、应变得到了大幅度地改善：图 13 – 13 中可见改进方案中轧辊的最大变形量为 0.73 mm，显著低于现有方案下的 0.89 mm，且与钢坯接触区域的变形情况相比不太显著；相应地，图 13 – 14 中改进方案下的最大热应力仅仅为 127.6 MPa，远远小于现有方案下的 219 MPa，由图中可见原方案下的应力最高区域处于辊槽上与钢坯接触的位置，而改进方案下将较高的热应力分散至两个区域，故应力最大值得到了显著地降低，这无疑有助于提高轧辊的工作寿命并改善轧钢质量。

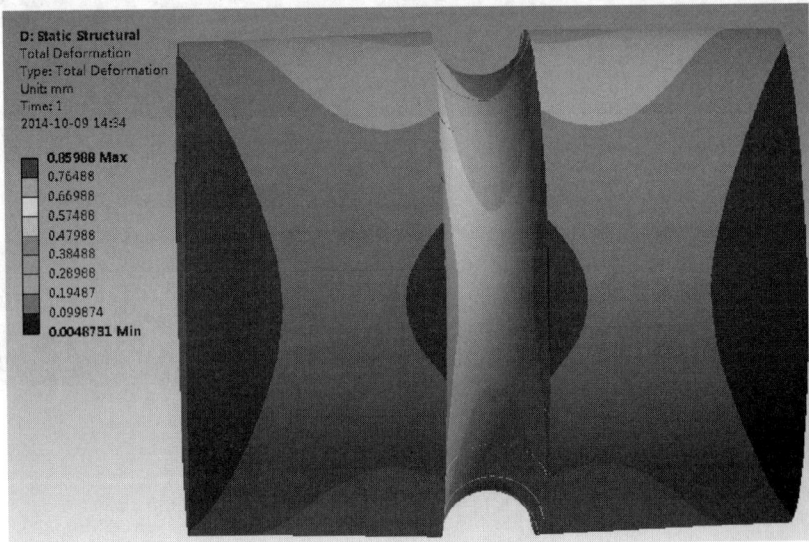

(a)

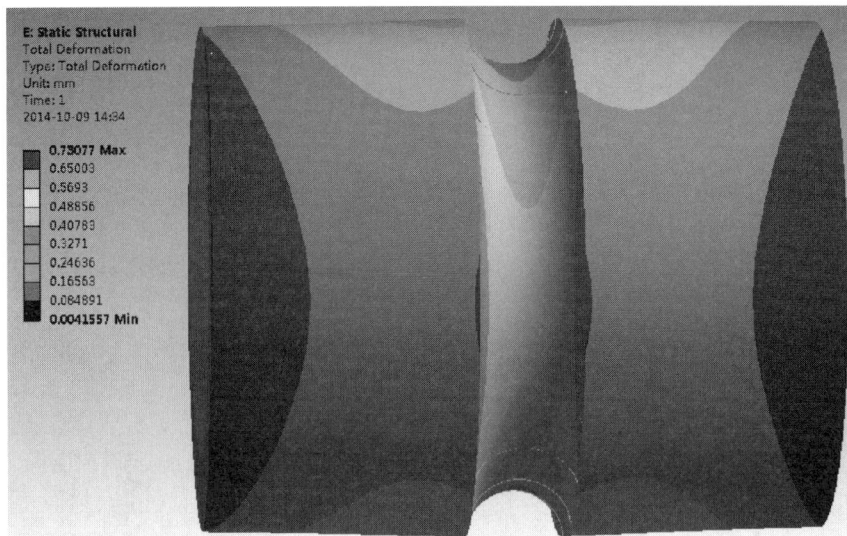

(b)

图 13 – 13　轧辊热变形分布的有限元分析结果

（a）现有方案；（b）采用导流型均布式节能喷水管的改进方案

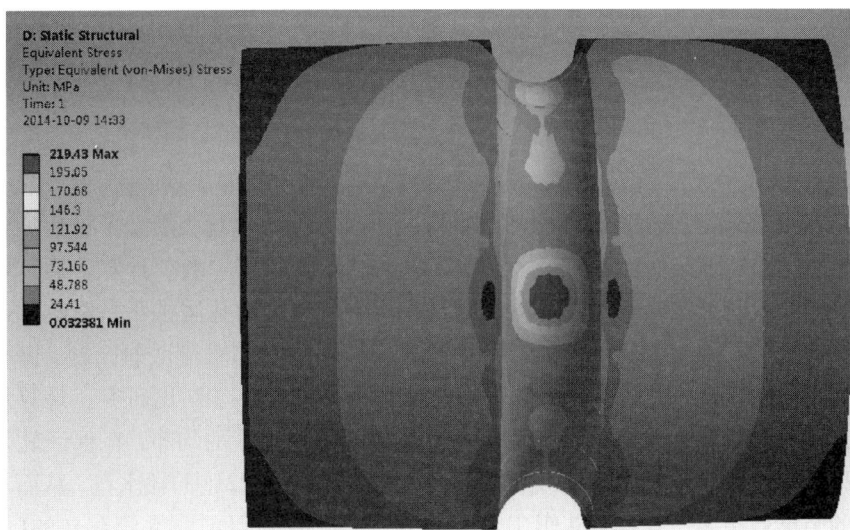

(a)

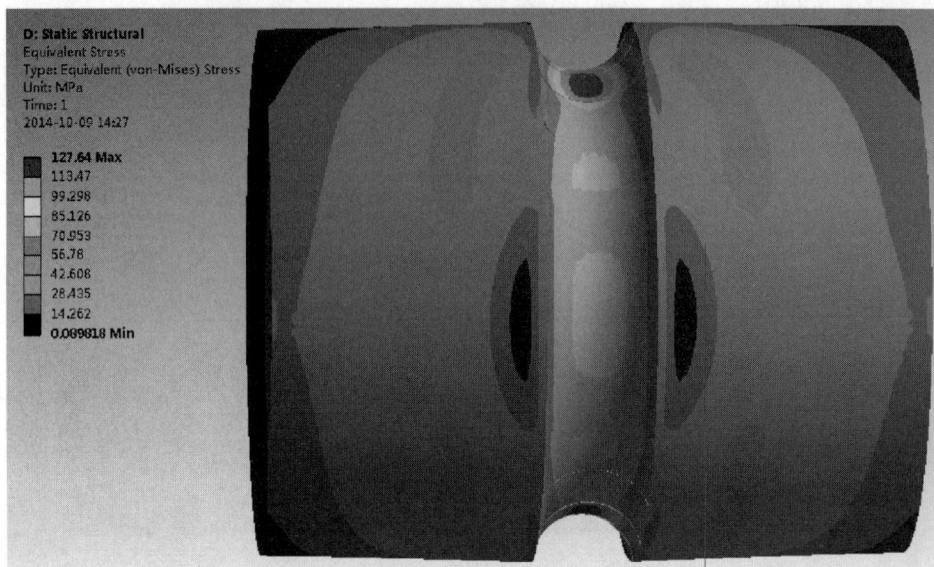

(b)

图 13 – 14　轧辊热应力分布的有限元分析结果

(a)现有方案；(b)采用导流型均布式节能喷水管的改进方案

13.6　小结

针对汉钢轧钢厂浊环循环冷却水系统轧辊喷水冷却过程，建立了包括喷管水体、空气层和轧辊壁面的"空气 – 水"两相流模型，并进行了数值计算。通过对不同喷管排布设计及安放位置的比较，结果表明安放距离和孔洞排布是影响冷却效果的关键因素。在此基础上，针对冷却水流分布不均匀和水流散射问题，进行了喷水管的结构优化，并对优化效果进行了流体力学和传热学对比研究。计算结果表明，采用创新型结构设计的喷水管能够较好地实现水流的均布，在保证轧辊冷却效果和温度均匀度显著优于现有方案的前提下节约了22%的耗水量，从而具有显著的节能效果，并有利于轧辊工作寿命的延长。针对目前喷水管存在的问题，提出了导流型均布式节能喷水管这一改进方案，其具体的有益效果如下：

①计算流体力学试验表明，改进方案下的流体分布更为均匀，循环冷却水的散射及回弹问题得到了基本解决，耗水量下降22%。

②有限元热分析结果表明，改进方案下的轧辊温度得到了显著降低，且温度

梯度有所下降。

③有限元结构分析表明,改进方案下的轧辊热变形和热应力也得到了显著降低,有利于提高轧辊工作寿命。

该研究取得的成果已在某热轧车间进行工业试验,初步试验结果完全符合研究预期指标。

参考文献

[1] ZHANG Hehui, QU Yingjie. MOAR theory: a new system energy-saving method for industrial circulating cooling water system [J]. International Conference on Advances in Energy, Environment and Chemical Engineering, Changsha, 2015: 90 – 93.

[2] 张翾辉, 邓胜祥, 瞿英杰. MOAR 系统节能理论在石油、石化中的应用[J]. 能源与节能, 2015(8): 85 – 86.

[3] 张翾辉, 邓胜祥, 瞿英杰. MOAR 在工业循环水系统节能中的应用[J]. 资源节约与环保, 2015(10): 36 – 38.

[4] ZHANG Hehui, QU Yingjie, DENG Shengxiang. High working efficiency of rapid custom design [J]. World Pumps, 2016(3): 34 – 36.

[5] 张觐桐. 2014 中国石油和化工行业节能进展报告[J]. 青岛: 中国化工节能技术协会, 2014: 3 – 5.

[6] 刘辉. EMS 能量管理系统建立与应用实践[C]. 福州: 中国石油学会, 2015: 55 – 61.

[7] 王瑞, 张杨, 彭国峰. 新建催化裂化装置余热锅炉节能技术改造应用分析[C]. 第二届中国石油、石化节能减排技术交流大会, 福州, 2015: 457 – 462.

[8] 王季军. 延迟焦化的能量优化与节能减排[C]. 第二届中国石油、石化节能减排技术交流大会, 福州, 2015: 454 – 456.

[9] 李楠. 天然气长输管道的节能分析[J]. 第二届中国石油、石化节能减排技术交流大会, 福州, 2015: 239 – 242.

[10] 汪家铭. 工业循环水系统节能优化技术[J]. 合成技术及应用, 2014(04): 29 – 33.

[11] 唐长忠, 汤中彩, 沈新荣. 工业循环水 WECS 改造技术的应用探讨[J]. 工业仪表与自动化装置, 2013(2): 58 – 61.

[12] 汤跃. 工业循环水系统节能策略研究[D]. 镇江: 江苏大学, 2013.

[13] 周洪煜, 杜学森, 张振华. 多边界条件下热泵利用循环水余热的 CPCS – RBF 预测控制 [J]. 中国电机工程学报, 2014, 34(0): 1 – 7.

[14] 王蓓蓓, 李扬, 高赐威. 智能电网框架下的需求侧管理展望与思考[J]. 电力系统自动化, 2009, 33(20): 17 – 22.

[15] 张智勇. 一种工业循环水系统的优化方法[P]. 中国, 201210108862.7. 2012 – 04 – 13.

[16] 余学军, 张智勇, 刘通. 一种供水系统多末端支管同步调节流量的方法: 中国, 201310260464.1. 2013 – 06 – 27.

[17] 胡俊. 循环水冷却塔节能改造必要性[J]. 铜业工程, 2014(4): 83 – 86.

［18］孙肖润，王晓强，孙攀.水轮机在循环水系统中的应用［J］.化工管理，2014，(10)：109.

［19］王维兴.钢铁工业用水和节水技术［J］.金属世界，2008，5：1－5.

［20］张智勇.一种叶片在线可调离心水泵：中国，201310120909.6 .2013－04－09.

［21］张翩辉，和远鹰.换热器冷却水流量控制系统及其调节方法：中国，201510731623.0 .2015－11－02.

［22］陈宝林.最优化理论与算法［M］.北京：清华大学出版社，1989.

［23］严熙世，刘遂庆.给水排水管网系统［M］.北京：中国建筑工业出版社，2002.

［24］王晓东.基于遗传算法的雨水管网的优化设计［M］.上海：同济大学，2000.

［25］李立军.城市雨水管网系统优化设计研究［M］.长沙：湖南大学，2003.

［26］胡涛，刘遂庆.给水管网目标函数中的技术经济问题［J］.城市给水，2003，17：2.

［27］伊学农.排水管网优化设计软件方法［D］.上海：同济大学，2003.

［28］伊学农，任群，王国华，王雪峰.给水排水管网工程设计优化与运行管理［M］.北京：化学工业出版社，2007.

［29］姚平经.过程系统工程［M］.上海：华东理工大学出版社，2009.

［30］华贲.过程能量综合的研究进展与展望［J］.石油化工，1996，25(1)：60－76.

［31］俞红梅.全过程系统能量综合方法研究［D］.大连：大连理工大学，1998.

［32］熊文强，郭孝菊，洪卫.绿色环保与清洁生产概论［M］.北京：化学工业出版社，2002.

［33］杨国安.机械设备故障诊断与实用技术［M］.北京：中国石化出版社，2013.

［34］杨国安，王亚锋，何新风，翟敏军.便携式采油设备状态监测与故障诊断智能维护系统，石油矿场机械［J］，2005，34(3)：77－79.

［35］隋金雪，杨莉.复杂流体网络分析与控制［M］.北京：电子工业出版社，2013.

［36］刘剑，贾进章，郑丹.流体网格理论［M］.北京：煤炭工业出版社，2002.

［37］刘宜，方桂笋，李晨晨，刘案伟.基于 PLC 的泵站供水控制系统的设计［J］.排灌机械，2007，25(6)：17－22.

［38］周荣敏，林性粹.应用单亲遗传算法进行树状管网优化布置［J］.水利学报，2001，12(6)：14－18.

［39］赖宇阳.Isight 参数优化理论与实例详解［M］.北京：北京航空航天大学出版社，2012.

［40］骆力明，王华炎.基于单亲遗传算法的管网优化［J］.计算机应用于软件，2008(6)：68－75.

［41］贺尚红，李旭宇，钟掘.复杂流体网格动态建模与仿真新方法［J］.机械工程学报，2001，37(3)：41－45.

［42］付祥钊，肖益民.流体输配管网［M］.北京：中国建筑工业出版社，2010.

［43］张树勋.钢铁厂设计原理［M］.北京：冶金工业出版社，1994.

［44］王令福.炼钢厂设计原理［M］.北京：冶金工业出版社，2009.

［45］周传典.高炉炼铁生产技术手册［M］.北京：冶金工业出版社，2002.

［46］杨吉春.连续铸钢生产技术［M］.北京：化学工业出版社，2011.

［47］雷亚.炼钢学［M］.北京：冶金工业出版社，2010.

［48］龙荷云.循环冷却水处理(第三版)［M］.南京：江苏科学技术出版社，2001.

[49] 袁熙志.冶金工艺工程设计[M].北京：冶金工业出版社，2003.

[50] 曲克.轧钢工艺学[M].北京：冶金工业出版社，1991.

[51] 孙明全，刘洋.轧钢生产中节能技术分析[J].科技与企业，2014(1)：144.

[52] 陈冠军.轧钢系统节能技术分析[J].冶金动力，2010，8：100 – 103.

[53] 蔡九菊.钢铁企业能耗分析与未来节能对策研究[J].鞍钢技术，2009(2)：1 – 6.

[54] 戴铁军，陈连生.轧钢系统能耗分析与节能对策[J].河北理工学院学报，2001(4)：25 – 42.

[55] 黎丽霞.热轧带钢厂层流冷却水供水泵配置讨论[J].钢铁技术，2007(4)：49 – 50.

[56] 王维兴.钢铁工业用水和节水技术[J].金属世界，2008(5)：1 – 2.

[57] 张洪才.ANSYS 14.0 理论解析与工程应用实例[J].北京：机械工业出版社，2015.

[58] ANSYS, Inc. , ANSYS 15.0 Help, 2014.

图书在版编目（CIP）数据

MOAR 系统节能理论与技术应用／瞿英杰等著.
—长沙：中南大学出版社，2016.12（2024.5 重印）
ISBN 978 - 7 - 5487 - 2649 - 4

Ⅰ．①M… Ⅱ．①瞿… Ⅲ．①节能—研究 Ⅳ．①TK018

中国版本图书馆 CIP 数据核字（2016）第 299720 号

MOAR 系统节能理论与技术应用
MORA XITONG JIENENG LILUN YU JISHU YINGYONG

瞿英杰　张翮辉　张智勇　瞿思危　著

□出 版 人　林绵优
□责任编辑　刘颖维
□责任印制　唐　曦
□出版发行　中南大学出版社
　　　　　　社址：长沙市麓山南路　　　　邮编：410083
　　　　　　发行科电话：0731 - 88876770　　传真：0731 - 88710482
□印　　装　长沙鸿和印务有限公司

□开　　本　710 mm×1000 mm 1/16　□印张 18.25　□字数 364 千字
□版　　次　2016 年 12 月第 1 版　　□印次 2024 年 5 月第 2 次印刷
□书　　号　ISBN 978 - 7 - 5487 - 2649 - 4
□定　　价　128.00 元

图书出现印装问题，请与经销商调换